Frank Schönefeld

Praxisleitfaden
Enterprise 2.0

Frank Schönefeld

Praxisleitfaden Enterprise 2.0

Wettbewerbsfähig durch neue Formen der Zusammenarbeit, Kundenbindung und Innovation

Basiswissen zum erfolgreichen Einsatz von Web 2.0-Technologien

HANSER

Bibliografische Information Der Deutschen Nationalbibliothek
Die Deutsche Nationalbibliothek verzeichnet diese Publikation in der Deutschen Nationalbibliografie; detaillierte bibliografische Daten sind im Internet über http://dnb.d-nb.de abrufbar.

Internet: http://www.hanser.de
Lektorat: Lisa Hofmann-Bäuml
Herstellung: Ursula Barche
Umschlaggestaltung: Büro plan.it, München, unter Verwendung eines Bildmotivs von © Felix Möckel-istock
Druck und Bindung: Kösel, Krugzell
Printed in Germany

ISBN 978-3-446-41800-4

Vorwort und Dank

Das Web 2.0 hält uns seit nunmehr fast fünf Jahren in Atem, sei es in unserem privaten oder im beruflichen Bereich. Zunehmend verstehen wir das Potenzial und die Einsatzmöglichkeiten dieser häufig auch als soziale Software bezeichneten Technologien und sind in der Lage, geordnete Einsatzszenarien, Vorgehensweisen und notwendige Veränderungen im Unternehmen zu charakterisieren.

Der Wunsch, dieses Buch zu schreiben, entstand aus dem persönlichen Erlebnis und der tiefen Faszination an der transformierenden Kraft, die soziale Software bei Einsatz im Unternehmen und über seine Grenzen hinaus bewirkt. Insgesamt fließt ein Erfahrungshintergrund aus über fünf Jahren Praxiseinsatz sozialer Software im Unternehmen in das Buch ein.

Ich möchte mich bei allen bedanken, die zum Gelingen des Buches beigetragen haben. Da ist zunächst das Unternehmen zu nennen (T-Systems Multimedia Solutions), welches die notwendigen Freiräume einräumte und natürlich ständig als Erfahrungshintergrund für das Gelingen oder Scheitern von Enterprise 2.0-Konzepten fungierte. Diskussionen mit vielen Kollegen und Studenten der Firma, mit Kunden, mit Partnern und Wegbegleitern sowie Peers aus der Enterprise 2.0 Community haben ermöglicht, Schlüsselkonzepte besser darzustellen und reale Anwendungsprobleme zu adressieren.

Besonderer Dank gilt meiner Kollegin, Simone Happ, die neben aller Theorie auch immer die praktische Seite der Medaille einforderte und wertvolle Anregungen zu Struktur und Inhalt des Buches gegeben hat. Einige Ideen des Buches fußen auf den Arbeiten von ihr und weiteren Kollegen. Dada Lin hat die Abbildungen erstellt und bereicherte die skizzierten Grundideen und existierenden Vorarbeiten mit eigener Kreativität und Humor.

Ich bin mir bewusst, dass längst nicht alle Fragen, die die Forschung zu Enterprise 2.0 betreffen, final geklärt sind und das ebenfalls nicht alle praktischen Fragen des Unternehmenseinsatzes geklärt sind.

Letzteres ändert nichts an meinen Grundüberzeugungen: Soziale Software wird zu einer neuen Art von Unternehmenssoftware führen. Der Einsatz sozialer Software und sozialer Medien im Intranet und Internet wird die Fähigkeit, das intellektuelle, kreative und innovative Potenzial des Unternehmens sowie all seiner Stakeholder (Kunden, Partner) schnell abzurufen, zu mobilisieren und im Verbund umzusetzen, nachhaltig transformieren und auf ein neues, höheres Niveau heben.

Damit wird Enterprise 2.0 zu einer Metapher für eine neue Form von Unternehmen und die Sicherung ihrer Wettbewerbsfähigkeit.

Herbst 2009 *Frank Schönefeld*

Inhalt

1 Das Enterprise 2.0 im digitalen Lebens- und Geschäftsraum

In diesem Jahrtausend wird es
zwei Arten von Geschäften geben:
Die im Internet und die, die es nicht gibt.

B. Gates

Fragen, die in diesem Kapitel beantwortet werden

- Welche grundlegende Veränderung hat sich in den letzten 15 Jahren für alle Unternehmen gleichermaßen ergeben?
- Was ist der digitale Lebens- und Geschäftsraum?
- Wie kann man diesen Raum quantitativ erfassen?
- Wie ist es zu Web 1.0, Web 2.0 gekommen?
- Wie wird diese Entwicklung weitergehen?

1.1 Die Herausbildung des digitalen Lebens- und Geschäftsraumes

In den vergangenen 15 Jahren ist durch das World Wide Web, die darunterliegende global erreichbare Netzinfrastruktur und die Nutzung der weitverbreiteten Personal Computer am Arbeitsplatz und im privaten Umfeld ein digitaler Lebens- und Geschäftsraum entstanden, durch dessen Adern heute täglich 5.000 Gigabit/Sekunde (also etwa 19 Milliarden Mal pro Tag der Bibeltext) fließen und den etwa 1,5 Milliarden Menschen der Erdbevölkerung nutzen.

Schätzungsweise 16 Milliarden $ werden täglich in diesem Lebens- und Geschäftsraum umgesetzt. Der Otto-Versand hat im Weihnachtsgeschäft 2008 erstmals mehr als 50 % seines Umsatzes in diesem digitalen Geschäftsraum abgewickelt.

Das Weltwissen ist in diesen digitalen Lebens- und Geschäftsraum umgezogen, die Daten der NASA-Planetenerkundungen befinden sich dort, ebenso die Daten der Sequenzanalyse des menschlichen Genoms. Die Daten des Large-Hadron-Collider-Projektes werden darüber zugreifbar sein. Wissenschaftliche Erstveröffentlichungen wandern (aufgrund der Schnelllebigkeit der Erkenntnisse) in diesen Lebensraum und werden im arXiv gespeichert. Das kollektive Wissensgedächtnis des Planeten bildet sich in der Wikipedia heraus. Die Digitalisierung und Verfügbarmachung alles jemals Geschriebenen, Fotografierten und Gefilmten ist nur noch eine Frage der Zeit.

3,5 Milliarden mobile Geräte (und ihre Benutzer) warten auf Einlass in diesen digitalen Lebens- und Geschäftsraum. Die Erfahrungen des privaten Alltags im digitalen Lebensraum (Einkaufen im Web, soziale Kontakte pflegen) werden in die geschäftliche Sphäre übernommen und prägen dort die Erwartungen.

Damit werden Unternehmen (Enterprises) vor völlig neue Bedingungen gestellt. Neben dem realen Raum, der durch das bisherige Leben, seine Medien und Kaffeetrinken geprägt ist, ist ein digitaler Lebens- und Geschäftsraum entstanden, in dem reale Menschen immer mehr ihrer Zeit verbringen und digitale Geschäfte oder soziale Interaktionen tätigen, die eine Rückkopplung in den realen Raum hervorrufen (Auslieferung einer Bestellung, Treffen mit einer digitalen Verabredung etc.). Die Auswirkungen sind einmal an den Außengrenzen des Unternehmens wahrzunehmen, zum anderen aber im Inneren des Unternehmens. Zunehmend kommt es zu einer Verwischung der klassischen Unternehmensgrenzen (siehe Kapitel 2).

1.2 Die Feinstruktur des digitalen Lebens- und Geschäftsraums

Den digitalen Lebens- und Geschäftsraum können wir als Ergebnis einer *technologischen* Entwicklung (Digitalisierung, Geräte, Netzwerke), aber ebenso einer Entwicklung als *Medium* für Information, Kommunikation und Transaktion verstehen, in dem sowohl private und *soziale Nutzung* als auch eine *geschäftliche Nutzung* aufeinandertreffen und sich gegenseitig durchdringen (siehe Bild 1.1).

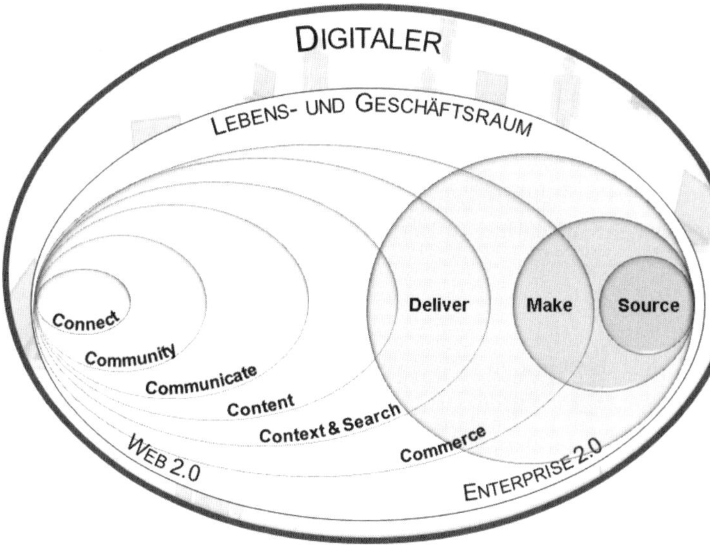

Bild 1.1: Strukturen im digitalen Lebens- und Geschäftsraum. Die „Wellen" der privaten und sozialen Nutzung des Web treffen auf die „Webwellen" der Unternehmen.

Eine Betrachtung von Einzelphänomenen hilft uns, das scheinbar homogene Ganze (des Raumes) in seine Substrukturen und Mechanismen zu zerlegen. Dieses Verständnis erleichtert und verbessert die Beantwortung von Einzelfragen in der Positionierung unseres Unternehmens (Erreichbarkeit meiner Zielgruppen, Verkaufsstrategien, Servicestrategien, Technologien).

Nebenbei gewinnen wir bei Betrachtung der Parameter über der Zeit auch Wissen über die Weiterentwicklung der Gesamtstruktur (Wachstum oder Sättigung) des Raumes und können dementsprechende Schlüsse (z. B. Investition oder Konsolidierung in E-Commerce) ziehen. Wir wollen dabei der Struktur der Abbildung[1] folgen und einen kurzen (und nicht vollständigen) Überblick über folgende Themen verschaffen:

- Connect: Daten zur Infrastruktur des Internets, Zugängen, Datenvolumina.
- Communicate: Daten zur kommunikativen Nutzung des Internets.
- Community: Daten zu den sozialen Netzwerken im Web.
- Content: Daten zum Informationsvolumen im Web.
- Context & Search: Daten zum Suchaufkommen und Suchverhalten.
- Commerce: Daten zur kommerziellen Nutzung im Consumer-to-Consumer-(C2C-)Bereich.
- Source, Make, Deliver: Daten zur geschäftlichen Nutzung des Internets. Wir abstrahieren ein Unternehmen hier auf seine Beschaffung (Source), Produktion (Make) und Auslieferung (Deliver). Dieses Modell geht auf Zarnekow und Brenner zurück.[2]

Connect

- Anfang 2009 befinden sich etwa 625 Millionen *Rechner* (mit eigener IP-Adresse) im Internet (Quelle: www.isc.org/solutions/survey). Das Wachstum hat sich im Verlauf der letzten zehn Jahre von durchschnittlich 33 % auf 15 % (2008 zu 2009) reduziert.
- Laut dem RIPE Network Coordination Centre (www.ripe.net) werden in Deutschland etwa 19,5 Millionen Hosts im Netz gezählt. Das Wachstum liegt etwa noch bei 4 %.

---

[1] Das 6-C-Modell kann als Erweiterung des 4-C-Modells von Stähler (Stähler 2002) verstanden werden und ist in HSS 2007 genau beschrieben.

[2] „Integriertes Informationsmanagement – Vom Plan, Build, Run zum Source, Make, Deliver", in: Zarnekow, R.; Brenner, W.; Grohmann, H. H. (Hrsg.): *Informationsmanagement – Konzepte und Strategien für die Praxis*, Dpunkt, Heidelberg 2004, S. 3–24

- Die Anzahl der *Webserver* im Netz weltweit beträgt im Januar 2009 etwa 185 Millionen (www.netcraft.com), davon werden etwa 75 Millionen als aktive angesehen (der Schlupf kommt von der Abbildung verschiedener Domainnamen auf eine Contentbasis, z. B. registriert eine Firma die Domain-Endungen .com, .de, .eu und bildet diese alle auf ein System ab). Das Wachstum hat sich auch hier verlangsamt von durchschnittlich 33 % der letzten fünf Jahre auf 20 % im letzten Jahr (2007 auf 2008).
- In Deutschland beträgt die Zahl der Domains mit dem Ende .de 12,5 Millionen im Januar 2009 (www.denic.de). Das durchschnittliche Wachstum der letzten fünf Jahre betrug 12 %. Von 2008 auf 2009 wurden 7 % Wachstum erreicht.
- Eine noch tiefere Ebene der Betrachtung liefern die AS – die sogenannten *Autonomous Systems*. Sie korrespondieren grob mit wirtschaftlichen oder institutionellen Einheiten, die den Zugang zum Internet anbieten und managen (sogenannte ISPs – Internet Service Provider). Davon gibt es ca. 5.000 Stück, im Kern des Internets sind es noch etwa 1.500 autonome Systeme (www.caida.org). Eine aktuelle Studie hat eine Verdopplung der AS etwa alle fünf Jahre ergeben.[3]
- *Breitbandzugänge*: In den Ländern der OECD (30 Industrieländer) existierten Mitte 2008 250 Millionen Breitbandzugänge, davon entfallen auf Deutschland 21,6 Millionen und auf die USA 75 Millionen. Bezüglich der angebotenen Bandbreite liegt Deutschland im Mittelfeld der OECD (www.oecd.org/sti/ict/broadband). Jeder zweite Haushalt in Deutschland hat Breitbandzugang (2007), sogar drei von vier Haushalten (76,8 %) haben Zugang zu einem PC (Personal Computer, Stand 2006).
- Von den geschätzten 6,7 Milliarden *Menschen* der Erde haben Ende 2008 etwa 1,5 Milliarden Internetzugriff (www.internetworld stats.com), d. h., 23,5 % der Weltbevölkerung „sind" im Internet. In Nordamerika sind 73 %, in Europa 48,5 % der Bevölkerung im Internet. Für Deutschland werden 37 Millionen „unique visitors" Ende 2008 pro Monat im Web gezählt (www.comscore.com), etwa 60 Millionen Deutsche haben generell Zugang. Das Wachstum in den entwickelten Ländern verlangsamt sich deutlich. Wenn man an-

[3] www.physorg.com/news151162452.html (Abruf 01/09)

nimmt, dass die Zahl der Breitbandzugänge und die Zahl der „unique visitors" korrelieren, kann man ebenfalls von weniger als 3 % Wachstum (abflachend) ausgehen.

- *Datenaufkommen*: Glaubt man dem Cisco Whitepaper,[4] hatten wir im Jahr 2008 ein globales IP-Datenaufkommen von 12.000 Petabyte pro Monat. Das macht etwa ein Volumen von 36 Terabit pro Sekunde, welches durch die Leitungen fließt. Cisco erwartet, dass sich dieses Volumen bis 2012 etwa verdreifacht (auf 44.000 Petabyte pro Monat). Ein Großteil des Volumens (50 %) wird durch Internetvideoaufkommen erwartet. Der reine Webverkehr wächst nur noch gemäßigt an. Insgesamt wird eine CAGR (Compound Annual Growth Rate) für IP-Daten von 46 % vorhergesagt. (Bei den Zahlen müssen wir berücksichtigen, dass Cisco ein Hersteller von Netzwerkausrüstung ist.)

Zusammenfassung Connect: 1,5 Milliarden Internetnutzer, 625 Millionen Hosts sind im Netz. Fast alle technischen Infrastrukturparameter haben ihre Wachstumskurve verlangsamt. Die Durchdringung der Haushalte in Deutschland lässt noch ein Wachstum von 15 % bis 20 % zu, um auf die Durchdringungsrate der Länder Skandinaviens zu kommen. In Korea sind 95 % der Haushalte Breitbandnutzer. Das Datenvolumen wächst noch zweistellig, bedingt durch neue Nutzungsformen (Video, Peer-to-Peer [P2P]) im Web.

Communicate/Communitys

- Aus der Anzahl der Nutzer im Internet lässt sich auch leicht eine Abschätzung für die Anzahl der Mailboxen gewinnen (≥ 1,5 Milliarden). Allerdings kann man natürlich mehrere Mailboxen besitzen. Aus einer Studie von IDC für die EMC[5] wissen wir, dass etwa 1,6 Milliarden Mailboxen im Jahr 2006 existierten, sie verteilen sich etwa gleichmäßig auf Businessnutzer und Privatnutzer. Davon sind etwa 450 Millionen Free Mail Accounts. Die dominierende Zugriffsmethode ist inzwischen der Browser(!). Etwa 41 Milliarden sinnvolle E-Mails werden täglich versendet. Dazu kommen etwa die

---

[4] www.cisco.com, Approaching the Zettabyte Era

[5] www.emc.com/digital_universe

gleiche Anzahl Spam-Mails. Das Datenvolumen in E-Mails beträgt etwa 6,3 Petabyte (10^{15}) jährlich. Die jährliche Wachstumsrate liegt zwischen 4 und 5 %.

- Einen der verbreitetsten Kommunikationsdienste im Web stellt der Dienst Skype (www.skype.com) dar. Nach der selbst geführten Statistik[6] wurde die Software inzwischen mehr als 1,1 Milliarden Mal heruntergeladen. Insgesamt 405 Millionen registrierter Nutzer werden geführt[7] (Quelle: eBay Financial Report 2008), 2,6 Milliarden Gesprächsminuten wurden über Skypeout weltweit geführt, mit einem Wachstum von 61 % im Vergleich zu 2007. Belastbare segmentierte Werte für Regionen liegen nicht vor.
- Als ein Beispiel für die Daten eines Social Network soll Facebook unter die Lupe genommen werden.[8] Im Februar 2009 sind dort 175 Millionen aktive Nutzer geführt, davon ändern 15 Millionen ihren Status jeden Tag. Im Schnitt besitzt ein Facebook-Nutzer 120 Freunde. Drei Milliarden Minuten werden täglich auf Facebook „verbracht" (weltweit). 850 Millionen Fotos werden jeden Monat auf die Seite geladen. 52.000 Applikationen sind durch 660.000 Entwickler zur Verfügung gestellt worden, 95 % aller Nutzer nutzen eine dieser Applikationen. In Deutschland sind 44 % aller Besuche auf Social Network Sites gerichtet, führend sind MySpace- und studiVZ-Seiten.[9] Der am schnellsten wachsende Dienst im Umfeld ist Twitter mit 750 % Wachstum von 2007 auf 2008 (ca. fünf Millionen Nutzer).

Zusammenfassung Communicate/Communitys: Jeder der 1,5 Milliarden Internetnutzer besitzt statistisch einen E-Mail-Account. Das E-Mail-Aufkommen wächst noch mit ca. 4 bis 5 % jährlich. Rund ein Viertel aller Internetnutzer nutzt den Voice-over-IP-Dienst Skype. Das Wachstum im Gesprächsaufkommen liegt deutlich im zweistelligen Bereich (61 %). Es liegen keine genauen Zahlen für die Nutzung sozialer Netzwerke vor.[10] Aus den Zahlen der einzelnen

---

[6] share.skype.com/stats_rss.xml

[7] investor.ebay.com/result.cfm

[8] www.facebook.com/press/info.php?statistics

[9] www.comscore.com/press/release.asp?press=1737

[10] www.web-strategist.com, das Blog von J. Owyang führt für viele soziale Netzwerke die aktuellen Statistiken und Links.

Netzwerke kann man abschätzen, dass Anfang 2009 jeder zweite Internetnutzer Mitglied eines Netzwerks ist. Es ist anzunehmen, dass die Nutzung sozialer Netzwerke die gleiche Durchdringung wie die Nutzung von E-Mail (100 %) erreichen wird. Anders als bei der reinen Infrastruktur (Connect) haben wir es hier also mit einem dynamischen Wachstumsfeld zu tun.

Content, Context & Search

- *Wie groß ist das Web*? Aus einem Blogpost von Google[11] im Juli 2008 geht hervor, dass die Suchmaschine inzwischen eine Billion (10^{12}) Seiten (unique URLs) indexiert, d. h., dass statistisch 666 Seiten auf jeden Internetnutzer kommen. Google räumt selbst ein, dass es nicht alle verfügbaren Seiten indexiert, unbekannt ist nach wie vor die Zahl der Seiten aus dem „Dark Web", also den Seiten, die sich aus Datenbanken, Content-Management-Systemen etc. generieren lassen. Der Durchmesser[12] des WWW (durchschnittlicher Linkabstand zweier beliebiger URLs) beträgt 19, d. h., mit 19 Clicks ist man von einem Dokument beim anderen. Die Berechnung stammt aus dem Jahr 1999, wo man noch von acht Milliarden Webseiten ausging, es ist unbekannt, ob sich dieser Parameter im Laufe der Zeit geändert hat. Detaillierte Daten zu Wachstumsraten liegen nicht vor. 2000 wurden durch Google nur eine Milliarde URLs indexiert, also ein Wachstum von drei Größenordnungen in acht Jahren.
- *Blogs:* Aus dem Blogreport von Technorati[13] wissen wir, dass es etwa 184 Millionen Blogs weltweit gibt, 346 Millionen Besucher lesen Blogs. Technorati hat seit 2002 133 Millionen Blogeinträge indexiert. Zwischen 2003 und 2006 verdoppelte sich die Anzahl der Blogs alle fünf Monate. Von 2007 auf 2008 betrug das Wachstum noch über 100 % (von 70 Millionen auf 184 Millionen). Dennoch scheint das Wachstum abzuflachen, die Datenlage im Moment ist nicht klar.

---

[11] googleblog.blogspot.com/2008/07/we-knew-web-was-big.html

[12] Albert, Jeong, Barabasi: „Diameter of the WWW", *Nature* Vol. 401, September 1999

[13] technorati.com/blogging/state-of-theblogosphere

- *Video:* Nach offiziellen Angaben YouTubes[14] werden pro Minute 13 Stunden Videomaterial hinzugefügt. Nach M. Wesch[15] liegen etwa 80 Millionen Videos auf YouTube (2008). In Deutschland werden pro Monat von 28 Millionen Nutzern durchschnittlich 119 Videos angeschaut (3,3 Milliarden Videos in Summe). Ca. 75 % des deutschen Videoverkehrs kommen von YouTube.[16] Das Wachstum in der Nutzung ist weiterhin ungebrochen und lag bei etwa 10 % von 2007 auf 2008.
- *Wikipedia:* Wir konzentrieren uns auf die deutsche Wikipedia.[17] Zum November 2008 pflegten etwa 71.000 Wikipedianer die ca. 845.000 Einträge. Etwa 26 % der Beiträge (Edits) kamen von anonymen Nutzern. Das Wachstum von 2007 auf 2008 an Wikipedianern betrug 18 %, an Artikeln 24 %. Das durchschnittliche Wachstum der letzten fünf Jahre betrug 356 % (Wikipedianer) bzw. 249 % (Artikel). Die Anzahl neuer Artikel pro Tag ist von 524 (2007) auf 502 (2008) zurückgegangen. Also Einpegeln auf Normalität können wir als Fazit festhalten.
- *Context:* Kontext im Web wird entweder über professionelle Verzeichnisdienste oder über UGC – User Generated Content – generiert. Die Werbeanzeigen der Suchmaschinen auf entsprechende Keywords können auch als Kontextproduktion verstanden werden. Der größte kommerzielle Anbieter von Context/Content (im Gegensatz zu reiner Suche) ist Yahoo! mit etwa 600 Millionen Besuchern pro Monat, Milliarden von Suchen pro Monat und Milliarden Seitenansichten pro Tag (Quelle: Doug Cutting, nicht öffentlicher Vortrag). Die Social-Bookmark-Dienste Delicious und Digg besitzen jeder etwa fünf Millionen Nutzer, über 150 Millionen Lesezeichen werden in Delicious geführt. Im Open Directory Project dmoz werden etwa 4,5 Millionen (davon 480.000 deutschsprachige) von Menschen begutachtete Links in 700 Kategorien gepflegt (Quelle: Wikipedia).
- *Suche:* Auch hier nur die Zahlen für Deutschland.[18] Etwa 110 Suchanfragen pro Nutzer pro Monat (Juli 2008) werden gestellt, in

---

[14] googleblog.blogspot.com/2008/09/future-of-online-video.html
[15] mediatedcultures.net/ksudigg/?p=163
[16] www.comscore.com/press/release.asp?press=2721
[17] stats.wikimedia.org/EN/TablesWikipediaDE.htm
[18] www.comscore.com/press/release.asp?press=2484

Summe 3,8 Milliarden Suchanfragen pro Monat, also etwa 46 Milliarden Anfragen im Jahr. 80 % des Suchtraffics laufen über Google. 1,6 Millionen Deutsche nutzen ein mobiles Gerät zur Onlinesuche. Wachstumszahlen liegen nicht vor, es ist anzunehmen, dass sie ebenfalls 20 % (von 2007 auf 2008) wie in den USA betragen.

Zusammenfassung Content, Context & Search: Die Inhalte im WWW haben sich in den letzten acht Jahren um drei Größenordnungen auf etwa eine Billion Seiten vervielfacht. Die Nutzung von Suchdiensten wächst noch mit 20 % pro Jahr. Etwa zwei Billionen Suchen werden weltweit auf Google ausgeführt. Die Wikipedia konsolidiert sich auf hohem Niveau. Die schiere Unendlichkeit des Contents benötigt Such- und Kontexthilfsdienste, um navigierbar zu bleiben. Soziale Kontextdienste wachsen überdurchschnittlich.

Commerce

- Eine einfache Aussage über von Nutzern selbst generierten Commerce gewinnen wir aus den Zahlen von eBay.[19] Danach werden auf den Marktplätzen von eBay weltweit etwa 48 Milliarden $ umgesetzt (2008), etwa 516.000 Läden (Stores) werden gehostet. Der Umsatz über die Warengruppe Autos beträgt zusätzlich noch einmal etwa 11,5 Milliarden $. 70 Millionen Kunden nutzen die Bezahldienste von eBay (PayPal), um ca. eine Milliarde Bezahltransaktionen im Jahr abzuwickeln. In Deutschland geht man von 14,5 Millionen aktiven eBay-Nutzern aus. In den zehn Jahren des Bestehens von eBay in Deutschland wurden etwa 1,1 Milliarden Waren (Stück) im Wert von 42 Milliarden € gehandelt.[20] Die Zahlen von Amazon[21] erlauben keine Rückschlüsse auf den Anteil des C2C-Geschäfts.

Zusammenfassung Commerce: Die Gesamtgröße des C2C-Marktes kann im Moment nicht korrekt abgeschätzt werden. Allein der chinesische Auktionsmarkt muss als mindestens ebenso groß wie der von eBay dominierte angesehen werden.

---

[19] investor.ebay.com/result.cfm

[20] www.chip.de/news/Geburtstag-10-Jahre-eBay-Deutschland_35240594.html

[21] phx.corporate-ir.net/phoenix.zthml?p=irol-irhome&c=97664

Source, Make, Deliver

Von der EITO[22] liegen die Zahlen für den B2B (Source) und B2C Commerce (Deliver) in Europa und Deutschland vor. In der Europäischen Gemeinschaft (EU 15) wurden 2006 182 Milliarden € im B2C- und 1.300 Milliarden € im B2B-Umfeld umgesetzt. 2010 werden jeweils 580 Milliarden bzw. 2.000 Milliarden € Umsatz erwartet, also jährliche Wachstumsraten von 34 bzw. 12 %. Für Deutschland wird für 2010 von 145 Milliarden € Umsatz im B2C- und von 636 Milliarden im B2B-Segment ausgegangen. In den USA wird von einem Rückgang des E-Commerce (B2C) Wachstums in den nächsten fünf Jahren in den einstelligen Prozentbereich ausgegangen (comscore.com). 2007/2008 wurde ein Wachstum von 6 % erzielt. Demgegenüber wird bis 2011 ein Wachstum im Collaborationssegment (Make) von 41 % (CAGR)[23] erwartet.

Zusammenfassung Source, Make, Deliver: Das Wachstum im E-Commerce von Unternehmen zu Konsumenten (B2C) als auch von Unternehmen zu Unternehmen (B2B) in Europa ist nach wie vor zweistellig. In den USA flacht das Wachstum schon stärker ab als in Europa. Die Durchdringung von Unternehmen selbst mit Webtechnologie ist noch nicht abgeschlossen, im Markt für Zusammenarbeitssoftware wird mit hohen zweistelligen Zuwachsraten gerechnet.

Statistische Zusammenfassung der Nutzung im Digitalen Lebens- und Geschäftsraum : Jeder der 1,5 Milliarden Nutzer des Web versendet drei E-Mails täglich, stellt 3,6 Suchanfragen täglich und verbraucht etwa zwei Gesprächsminuten VoIP jährlich. Für jeden Nutzer stehen 666 Seiten Webinhalte und etwa 0,1 Webvideos zur Verfügung. Jeder zweite ist Mitglied eines sozialen Netzwerks. Er gibt 27 Cent pro Tag im C2C und 74 Cent im B2C Commerce aus.

Der deutsche Internetnutzer stellt pro Tag vier Suchanfragen und schaut pro Tag vier Webvideos. Jeder zweite deutsche Webnutzer hält sich in sozialen Netzwerken auf. Er gibt pro Tag 0,80 € im C2C und 10,90 € im B2C Commerce aus.

---

[22] European Information Technology Observatory 2007, www.eito.org

[23] www.pcworld.com/businesscenter/article/139771/businesses_discover_social_software

Natürlich ist klar, dass diese Art der Zusammenfassung eine rein statistische ist, sie stellt die Größenordnungen dar, über die man sich im Klaren sein muss. Es gilt für die jeweils eigene relevante Zielgruppe dieses Profil zu ermitteln und in seinen Nuancen (z. B. Aktivität in sozialen Netzwerken) zu vertiefen. In diesem „statistischen Umfeld", welches sich in den letzten 15 Jahren herausgebildet hat, bewegen sich unsere Unternehmen und müssen sich den veränderten Umfeldbedingungen anpassen.

Wie ist es zur Herausbildung dieses digitalen Lebens- und Geschäftsraumes gekommen? Rückblickend können wir nur staunen, auf welchen (vergleichsweise) einfachen Prinzipien diese heutige Komplexität entstanden ist.

Technische Grundlage für die geschilderte Entwicklung sind Fortschritte der Gerätetechnik (PCs, mobile Geräte), Fortschritte der Netzwerktechnik und der verfügbaren Bandbreiten sowie als Treiber der Entwicklung die Herausbildung des Internets und des WWW.

Letzterer wollen wir uns kurz in den folgenden Abschnitten widmen. Ohne Detailschritte seiner Entwicklung zu betrachten (vgl. dazu Abbate 1999), sind wir eher am Charakter seiner Ausbreitung und Nutzung in Unternehmen und im privaten Bereich interessiert. Dazu betrachten wir neben zeitlichen Aspekten und einigen technischen Parametern insbesondere den Wandel in den Nutzungsszenarien, den Nutzergruppen, die Bedeutung besonders wichtiger Anwendungen („Killerapplikationen") sowie qualitative Merkmale bzw. wichtige Basiskonzepte.

Der Zweck dieser Betrachtungen liegt darin, die zugrunde liegenden Grundströmungen, die zur Veränderung der äußeren und inneren Umweltbedingungen von Unternehmen führen, zu erkennen, und letztlich die Anpassungsnotwendigkeiten und -möglichkeiten zu beschreiben.

1.3 Phasen und Wirkungsradien in der Entwicklung des Internets

Die Entwicklung des Internets lässt sich seit nunmehr über 40 Jahren verfolgen, technische und algorithmische Grundlagen wurden seit den frühen 60er-Jahren des 20. Jahrhunderts gelegt.

Wir unterscheiden für die Zwecke der vorliegenden Untersuchung vier Phasen in der Entwicklung des Internets: das technische Internet (oder E-Mail-Internet) der frühen Jahre (1972 bis 1992), das Web 1.0 (oder das Shop-Internet von 1992 bis 2004), das Web 2.0 (oder das Bloginternet von 2004 bis heute) sowie das zukünftige Web X.0 (oder ubiquitäres Internet), dessen Grundlagen sich heute bereits abzeichnen (Bild 1.2).

Im Folgenden werden die einzelnen Phasen kurz charakterisiert, mit dem Ziel, die Grundströmungen dieser Entwicklung herauszuarbeiten und zu verstehen.

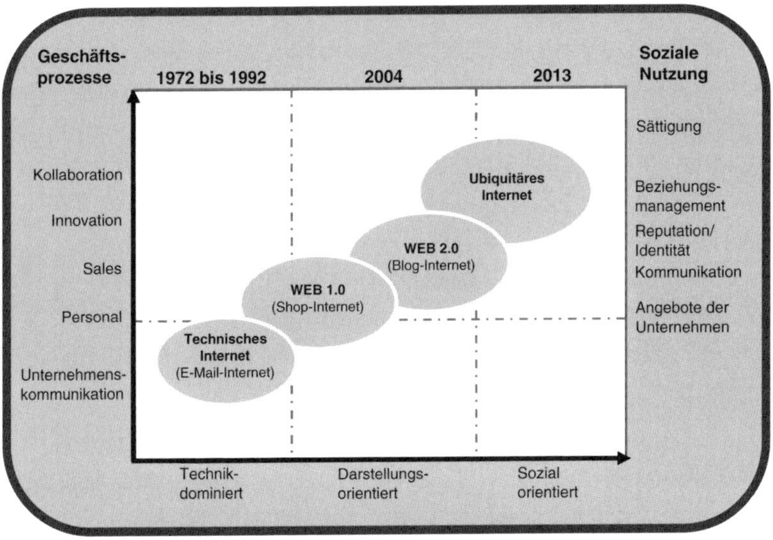

Bild 1.2: Entwicklungsphasen in der Entwicklung des Internets (technisches Internet, Web 1.0, Web 2.0, ubiquitäres Internet). Während die frühe Phase als technikdominiert charakterisiert werden kann, entdeckt sich das Web in seiner frühen Phase als Medium (darstellungsorientiert), um dann als eine Plattform für soziale Verbindungen genutzt zu werden (sozial orientiert).

1.3.1 Das technische Internet

Technische Grundlagen

Mit den seit Mitte der 70er-/Anfang der 80er-Jahre verfügbaren Technologien und Methoden des Internets können beliebige Computer und Geräte in eine Kommunikationsbeziehung treten. Dazu müssen ein *Adressierungsschema* für die Teilnehmer der Kommunikation (die IP-Adressen), ein *Kommunikationsprotokoll* (TCP/IP), das den Ablauf der Kommunikation regelt, sowie eine gewisse Kenntnis der *Topologie* und der Transportwege des Netzwerks (*Routingtabellen*) bekannt und geregelt sein.

Basiskonzepte

Ein weiteres technisches Grundkonzept, welches den Erfolg des Internets maßgeblich beeinflusst hat, stellt die *Schichtenabstraktion* („layering") dar. Darunter versteht man das Zusammenfassen und Verbergen aller notwendigen Dienste zu einem gegebenen inhaltlichen Zusammenhang in einer Schicht, wodurch eine starke Komplexitätsreduktion für das Gesamtsystem ermöglicht wird.

Das ursprüngliche Modell für das ARPANet (dem Vorläufer des Internets) sah zwei Schichten vor: erstens das *Host-Laye*r, welches für die Nutzerschnittstelle (User Interface) zuständig war und die Verbindungen von Host (Rechner) zu Host (Rechner) verwaltete, und zweitens das *Communications Layer*, welches den Datentransport zwischen Host und IMP (Interface Message Processor, Verbindungsrechner zum Netz, wir würden heute Router sagen) und zwischen den IMPs im Netz realisierte.

Schlüsselerfindung für den Datentransport zwischen den IMPs stellte dabei die *Paketvermittlung* („packet switching") dar. Eine beliebige Nachricht wird dabei in Blöcke fester Länge zerteilt, mit Absender- und Empfängeradresse sowie weiteren technischen Erhaltungsinformationen versehen, und kann dann ihren einsamen Weg durch das Netz antreten, um beim Empfänger wieder zusammengesetzt zu werden. Dieses Prinzip ist Grundlage aller heutigen Entwicklungen im Datentransport geblieben, Voice over IP (VoIP) in modernen Telefonanlagen und -netzen oder der sehr bekannte Webdienst Skype basieren auf dieser Art der Datenübertragung.

Zwischen 1970 und 1971 kam zu den beiden Schichten eine dritte hinzu, das sogenannte *Application Layer* (*Anwendungsschicht*). In ihr wurden erste Anwendungen wie entferntes Einloggen auf einem Computer (rlogin, Telnet) und File Transfer (FTP) zwischen Computern realisiert.

Nutzungsszenarien

Neben den vielen militärischen Erwägungen, die die Planung des ARPANets bestimmten, hatte immer auch die Überlegung eine Rolle gespielt, die teuren Computerressourcen gezielt zu verbinden und effektiver auslasten zu können. Mit der fortschreitenden Verfügbarkeit preiswerterer Computertechnik wurde dieses Ziel immer unwesentlicher, sodass eine neue Begründung für die Weiterentwicklung der Weitverkehrsnetze und ihrer Technologien notwendig wurde.

E-Mail als Killerapplikation

Die Überraschung liegt darin, dass die gesuchte neue Begründung niemals geplant war, keine Kosteneinsparung und auch keine höhere Auslastung der teuren Ressourcen versprach, sondern einfach ein soziales Grundbedürfnis von Menschen, nämlich zu kommunizieren, unterstützte.

Die Rede ist von *E-Mail*, der *Killerapplikation* in der Phase des technischen Internets. Verfügbar ab etwa 1972 entwickelte sich E-Mail zum am meisten genutzten Dienst im gesamten ARPANet und als Treiber der Weiterentwicklung bei netzübergreifenden Fragestellungen. Allerdings war die Nutzung der frühen E-Mail-Programme nur einem kleinen Kreis von Computerspezialisten vorbehalten.

Während das Projekt also als technisches Projekt, um Computerressourcen miteinander zu verbinden, gestartet war, war sein Hauptergebnis die Entwicklung einer *sozialen Applikation:* die Verbindung von Menschen, die miteinander kommunizierten.

Weitere Entwicklung

Der technische Übergang vom ARPANet zum Internet ist durch die Weiterentwicklung der Transportprotokolle (Hostprotokolle, Transmission Control Protocol [TCP]) und die Vernetzung von Netzen (Internet Protocol [IP]) gekennzeichnet. Während die große Leistung von TCP darin besteht, sichere Paketvermittlung bei unsicherem Übertragungskanal zu gewährleisten, abstrahiert IP die spezifischen Netzwerkeigenschaften und erlaubt damit einen Netzübergang von Paketen.

Der weitere Fortschritt der Rechnernetzwerke fand vorübergehend in proprietären Architekturen und lokalen Netzwerken statt (z. B. IBMs Systems Network Architecture, Decnet von Digital Equipment, Novells Netware), machte aber gerade dadurch die Notwendigkeit einer netzwerkübergreifenden Kommunikation und offener Standards deutlich.

Wir halten fest: Die frühe Phase des Internets ist durch die technischen Prinzipien *Paketvermittlung*, *Schichtenabstraktion* („layering") durch die Implementierung und Nutzung von *Kommunikationsprotokollen* sowie die Fähigkeit, unterschiedliche Netze durch hierarchisch gegliederte *Adressierungsschemata* und Vermittlungsdienste (Nameserver, Routingtabellen) anzusprechen, gekennzeichnet. Erste Applikationen im Internet waren rlogin und Telnet zum entfernten Anmelden und Arbeiten an Netzwerkrechnern sowie der entfernte Dateitransfer (FTP). Zur Killeranwendung der frühen Phase hat sich *E-Mail* entwickelt, eine soziale Anwendung zur Kommunikation von Personen. Der Nutzerkreis der frühen Phase des Internets war im Wesentlichen auf Computerspezialisten und *Techniker* begrenzt. Die Auswirkungen auf Unternehmen blieben vorerst beschränkt. Datenaustausch und E-Mail im Unternehmen wurden zunächst über proprietäre Protokolle und Lösungen realisiert.

1.3.2 Das Web 1.0

Vorbemerkung

Der Begriff „Web 1.0" existierte bis 2005 nicht, erst mit dem Versuch, Web 2.0 als neuen Begriff zu definieren, entstand die Notwendigkeit, die Ära davor ebenfalls zu benennen. Wir können die Web-1.0-Phase von 1993 bis 2004 datieren.

Technische Grundlagen

Auf die eben skizzierte technische Grundlage des technischen Internets können Anwendungen gesetzt werden, deren bekannteste heute das World Wide Web (WWW) darstellt. Es nutzt dazu ebenfalls ein Adressierungsschema für Inhalte (*URL*, Uniform Resource Locator), ein eigenes Protokoll (*HTTP*, *Hypertext Transfer Protocol*) mit dessen Hilfe Inhalte von einem Server zu einem Client übertragen werden können, und verlässt sich für den Transport auf die oben erwähnten Transport- und Internetprotokolle.

Die Inhalte selbst werden durch die spezielle Sprache *HTML* (Hypertext Markup Language) beschrieben. HTML nutzt dafür spezielle Auszeichnungen (Markups), um zwischen Inhalt und seinem Layout bzw. Design zu unterscheiden. Das Layout beschreibt die zeitliche und örtliche Anordnung von Inhalten, das Design die Art und Weise der Darstellung des Inhalts (z. B. blinkender Text).

Basiskonzepte

Die ursprüngliche Idee des WWW lässt sich als die Idee global vernetzter Texte (*Hypertext* bzw. *Hypermedia*) verstehen. Das heißt, von einem Artikel aus kann ein Verweis auf einen anderen erfolgen, diesem Verweis kann sofort gefolgt werden, egal wo und in welchem Netz und auf welchem Rechner sich dieser andere Text befindet. Der Vater des WWW ist T. Berners-Lee, der seinerzeit am CERN (dem europäischen Kernforschungszentrum) tätig war.

Zur Anzeige und Verfolgung der Inhalte wird typischerweise ein *Browser* verwendet. Unter den zehn Dingen, die die Welt flach machen (Sinnbild für Globalisierung von T. L. Friedman), nimmt der frühe Mosaic-Browser (1993) von M. Andreessen den zweiten Platz ein (nach dem Fall der Berliner Mauer). Ein *Webserver* stellt die angeforderten Seiten dem Browser zur Verfügung.

Nutzungsszenarien

Mit der Verbreitung der Browser und der Webserver fand eine Explosion an Inhalten im WWW statt. Das Zeitalter der Homepage begann. Nach den Zahlen von M. Gray vom MIT[24] waren im Juni 1993 etwa 130 Homepages online, der HTTP-Verkehr machte 0,5 % der gesamten Backbone-Last aus. Ein früher Anbieter (1993) einer Homepage war das Weiße Haus in Washington. Zwei Jahre später war die Anzahl der Homepages auf 23.500 gestiegen, die HTTP-Last betrug ca. 24 % (allein auf den NSFNet Backbone [USA] bezogen). Im April 1997[25] wurde die 1.000.000-Marke geknackt und heute geht man von einer Anzahl von über 153.000.000 (153 Millionen registrierter Domains, Daten von www.zooknic.com) aus.[26]

Im Vordergrund der ersten Jahre des Web 1.0 standen die Informationsbereitstellung und insbesondere die ansprechende multimediale Aufbereitung durch Bilder und Navigationselemente. Damit wurden insbesondere die Abteilungen für Unternehmenskommunikation betraut, und damit eine Nutzergruppe, die weniger technisches Verständnis, dafür professionelles Wissen aus der Gestaltung anderer Medien mitbrachte.

Schon bald wurde deutlich, dass das neue Medium nicht nur für Zwecke der Information genutzt werden konnte, sondern auch eine Kommunikation mit Nutzern aufgebaut werden konnte, vorrangig über den Einsatz von E-Mail-Formularen, die in die Homepage integriert wurden.

Damit einher geht die umfassende Nutzung dieser Informationsangebote durch private Nutzer, angetrieben durch die weite Verbreitung von PCs und die immer besser werdende Versorgung mit Internetanschluss und Bandbreite (vgl. DeutschlandOnline 2004) und der guten Marktvorbereitung durch Bildschirmtext und ähnliche Onlineanwendungen.

Richtig spannend wurde es aber erst, als man erkannte, dass beliebige Prozesslogiken, also geschäftliche Transaktionen, in das eigentlich als

---

[24] http://www.mit.edu/people/mkgray/net/web-growth-summary.html (Abruf 10/2008)
[25] http://www.faqs.org/rfcs/rfc2235.html (Abruf 10/2008)
[26] http://www.zooknic.com/Analysis/tld_map.html (Abruf 10/2008)

Hypertext gedachte Medium integriert werden konnten. Dazu wurden insbesondere webserverseitige Erweiterungen (zunächst CGI, dann Webserver APIs, dann Application Server) verwendet (vgl. Schoenef 2005). Mit der Abbildung weiterer Geschäftslogiken wurden wieder andere Berufsgruppen mit dem Web vertraut, unter anderem die Personalabteilungen, die sehr früh erkannten, dass modernes Bewerbungsmanagement hervorragend im Web unterstützt werden konnte.

Alles in den Schatten stellte allerdings der aufkommende E-Commerce, d. h. die Fähigkeit, über das Web Waren anzubieten und den Geschäftsprozess auch weitgehend zu „elektronisieren" (besser: „digitalisieren"), wenn man von der physischen Auslieferung von nicht digitalen Gütern absieht.

Der E-Commerce-Shop als Killerapplikation

Es ist unklar, wer den ersten Shop in der Geschichte des Internets gebaut hat, es ist sehr klar, wer den bekanntesten gebaut hat: Amazon. Am Anfang stand die Vision von J. Bezos, seinen Nutzern nicht *einen* Buchladen im Web anbieten zu wollen, sondern jedem Nutzer seinen *eigenen* Buchladen. Ausgehend vom Gründungsdatum 1994 und dem Onlinegang 1995 kann man die Weitsichtigkeit bezüglich der später einsetzenden Entwicklung nur bewundern.

Qualitativ werden mit dem Web 1.0 zwei wichtige Hürden genommen:

- Die Geschäftswelt nimmt das Web in Besitz und erkennt es als Medium zur Abwicklung von Informations-, Kommunikations- und ganzen Geschäftsprozesstransaktionen.
- Die private Nutzung des Web nimmt dramatisch zu, in Deutschland sind Ende 2003 etwa 4,2 Millionen Breitbandanschlüsse (DeutschlandOnline 2004) vorhanden. Neben vereinzelten privaten Foren werden zunächst vorrangig die Angebote von Unternehmen genutzt.

Beide Entwicklungen bedingen einander, E-Commerce im B2C-Bereich funktioniert ohne private Kunden nicht, eine private Nutzung des Web ohne die Vielfalt kommerzieller Angebote scheint ebenfalls zunächst wenig sinnvoll.

Weitere Entwicklung

In die Zeit des Web 1.0 (von 1993 bis 2004) fällt die *Herausbildung globaler Servicestrukturen und Dienste*, um die Nutzung des gesamten Gebildes zu unterstützen oder erst zu ermöglichen. Neben den Shops ist sicher die *Suche* als wichtigster Service zu nennen. Bei geschätzten zwölf Milliarden Webpages im Jahr 2000 (ohne das Dark Web, d. h. die Seiten, die vorhanden, aber keiner Suchmaschine zugänglich sind) ist eine textgetriebene Suche unverzichtbar (wichtigste Vertreter Google, Yahoo!Search, MSN Search, früher Lycos, Altavista). Andere Dienste versuchen, Kategorien, Kontext und Verzeichnisse durch den Dschungel der Angebote zu legen und arbeiten damit als *Broker* (z. B. Yahoo!), eBay wird die größte *Auktionsplattform* im WWW.

Technisch entwickeln sich die Browser weiter, immer mehr Formate (auch Bewegtbild und Ton) werden unterstützt. Sicherheitsfeatures wie *HTTPS* und *SSL* werden integriert. Die Möglichkeiten, Layout und Design zu spezifizieren und vom eigentlichen Inhalt zu trennen, werden verstärkt (Cascading Style Sheet, *CSS*). Die Mutter aller Markup-Sprachen (*XML*) wird 1998 eingeführt und ermöglicht den strukturierten und semantisch gestützten Datenaustausch beliebiger (Web-) Applikationen. Eine Vielzahl von XML-Manipulationssprachen entsteht. Im Browser wird *Javascript* wieder salonfähig, um lokale Aktionen von/auf der geladenen Seite aus durchzuführen. Alles hätte so wunderschön weitergehen können, wenn die Nutzer nicht plötzlich auf eigene Gedanken gekommen wären.

Wir halten fest: Web 1.0 ist durch die massenhafte Einführung von geschäftlichen Webangeboten durch Unternehmen einerseits und private Nutzung dieser Angebote andererseits gekennzeichnet. Aus Unternehmenssicht wird das Web häufig als ein weiterer Medienkanal (unter vielen) verstanden. Aufbauend auf dem Grundprinzip *Hypertext*, dessen Angebot über einen *Webserver* und seiner Nutzung durch einen *Browser* hat sich eine erweiterte Nutzung als Informations-, Kommunikations- und *Transaktionsmedium* herausgebildet. Die *Digitalisierung* ganzer Geschäftsprozesse wird real erlebbar. Technische Grundlagen stellen die *URL, HTML* und *HTTP*, also Adressierungsschema, Inhaltsbeschreibungssprache und Übertragungsprotokoll dar. Im Web-1.0-Zeitalter entsteht eine *globale Dienste- und Servicestruktur (Suche, Broker, Auktionen).*

1.3.3 Das Web 2.0

Die Diskussion, ob es Web 2.0 eigentlich gibt, ist noch nicht abgeebbt. Während S. Ballmer das Web 2.0 als vierte Revolution der Computertechnologie als weitgehend abgeschlossen betrachtet (in seiner Rede zur Eröffnung der Cebit 2008)[27], stellt es für T. Berners-Lee einfach lockeren Sprachjargon dar[28], von dem keiner wisse, was er wirklich bedeute.

Unsere Meinung dazu ist erstens eine sehr pragmatische: Wir glauben, dass es sinnvoll ist, die Ära nach dem Platzen der Blase der New Economy, die durch Erholung und neues Vertrauen in Konzepte des Web gekennzeichnet war, mit einem Begriff zu belegen, also in diesem Sinne zunächst einmal eine Zeitspanne (die in die Zukunft noch offen ist) zu charakterisieren. Zweitens glauben wir, dass durch die linearen und inkrementellen Veränderungen auf einer Reihe von Gebieten des Web insgesamt eine neue Qualität entstanden ist, die ebenfalls einen neuen Begriff rechtfertigt.

Diese neue Qualität manifestiert sich in neuen Anwendungen, einem neuen Nutzungsverständnis, neuen Geschäftsmodellen und ebenfalls in den durch das Web induzierten Auswirkungen (siehe Kapitel 2).

Technische Grundlagen

Wir können aus (mindestens) vier Quellen einen Überblick über den momentanen Stand der technischen Grundlagen des Web erhalten:

- aus den Spezifikationen des World Wide Web Consortium[29],
- aus einer Untersuchung der Hauptentwicklungen interessanter Anbieter und Industriekonsortien im Browser-, Webserver- und Applikationsserverbereich (Microsoft Internet-Explorer, Mozillas Firefox, Googles Chrome; Apache Webserver; Tomcat),
- aus den Java Specification Requests, d. h. den Weiterentwicklungen der Programmiersprache des Web, Java[30] sowie
- aus Vorstößen und Hypes einzelner Entwicklungen.

---

[27] http://www.microsoft.com/presspass/exec/steve/2008/03-03cebit.mspx
[28] http://www-128.ibm.com/developerworks/podcast/dwi/cm-int082206.txt
[29] www.w3c.org
[30] http://www.jcp.org/en/jsr/all

Fassen wir die Erkenntnisse aus diesem Quellenstudium zusammen, ergibt sich folgendes Bild:

- Die technischen Grundlagen – Darstellung von HTML – haben sich nicht wirklich geändert, außer der graduellen Weiterentwicklung (neuere Standards für HTML, CSS etc.) zu folgen. Große Fortschritte ergeben sich allerdings in der *Nutzbarkeit*, z. B. durch die Verwendung von einzelnen Reitern (Tabs) für die parallele Verfolgung und Darstellung von Seiteninhalten sowie Zoomfunktionen für Grafiken und Inhalte.
- Neben den Browser treten weitere „Darstellungscontainer" für die Nutzung von Webservices, d. h., man kann die Ergebnisse von Abfragen in *Portlets* oder *Webwidgets* anzeigen. Während Portlets als Teil einer Seite nach wie vor im Browser laufen, kann man Widgets als kleine Programme verstehen, die eine spezielle (webbasierte oder nicht webbasierte) Ablaufumgebung benötigen. Typische Beispiele sind Wetterberichts-, Börsentickerwidgets oder die Einbindung von Bildern oder Videos aus anderen Webquellen.
- Die weitgehende Verwendung von *Ajax*[31] (Asynchrone Java and XML) tritt erst nach 2005 nachweisbar ein. Die Grundidee besteht darin, das zustandslose und seitenorientierte Kommunikationsprotokoll zwischen Browser und Server durch ein partielles Anfordern und Nachladen von Seiteninhalten zu ersetzen, womit für den Nutzer die Illusion einer lokalen, desktopbasierten Applikation entsteht und damit die Grundlage für viele der Webtop-Applikationen (Kunstwort aus Webapplikation und Desktop), z. B. Google Docs, entsteht.
- Weitere Hypes wurden durch Google erzeugt, einmal mit der Ankündigung von *Android* Ende 2007 als Betriebsplattform für mobile Geräte, zum anderen mit der Ankündigung von *OpenSocial*, einer Sammlung von APIs zur Verwaltung sozialer Netzwerke, ebenfalls Ende 2007. Während hinter Android die klare Erkenntnis steckt, dass die nächste Webrevolution eine der mobilen Geräte sein wird, ist OpenSocial auch eher als eine Sammlung existierender Technologien und ihre Anwendung auf ein neues Phänomen – die sozialen Netzwerke – zu verstehen (siehe Abschnitt Nutzungsszenarien und Kapitel 3).

---

[31] http://www.adaptivepath.com/ideas/essays/archives/000385.php

Basiskonzepte

Die Basiskonzepte des Web, Hypertext und Hypermedia, stellen weiterhin das dominierende Modell zum Verständnis dar, allerdings werden sie erweitert interpretiert und nun als *Hyperservices* verstanden. Das heißt, beliebige Zusammensetzungen (Composites) von Daten, Medien und Ablauflogiken sind konstruierbar.

Nutzungsszenarien

Das Web 2.0 ist insbesondere durch die stärkere Inbesitznahme des neuen Mediums durch private Nutzer gekennzeichnet – das Stichwort *User Generated Content* (nutzergenerierter Inhalt) steht insbesondere dafür. In diese Zeit fallen insbesondere die Starts der bekannten Content-Dienste Flickr (entstanden 2002, also vor dem offiziellen Web-2.0-Startdatum) für Fotos und YouTube (entstanden 2005) für Videos. Der Begriff „User Generated Content" unterschlägt ein bisschen, dass Nutzer neben reiner Content-Erstellung auch *Kontexterstellung* betreiben, also z. B. eine *Bewertung* abgeben oder eine *Wichtung* der Nachricht vornehmen. Am Ende des Spektrums stehen *User Generated Services* (z. B. Mashups, siehe Kapitel 3), die im Moment noch den technikaffinen Nutzern vorbehalten sind, in Zukunft durch Mashup-Plattformen (z. B. Microsofts Popfly oder den Dienst Dapper), aber auch wieder dem Technologiepopulismus unterliegen werden. Nutzer werden neben Consumern auch zu Produzenten, was häufig in dem Kunstwort „Prosumer" subsumiert wird.

Neue *Geschäftsmodelle* versuchen Platz zu finden, insbesondere *SaaS*, Software as a Service, gewinnt ein hohes Maß an Aufmerksamkeit. Software muss nicht mehr erworben werden, es reicht, wenn man die Nutzleistung der Software beziehen kann und das sowohl für geschäftskritische Applikationen (z. B. Kundenmanagement) als auch „jeden Tag"-Desktopprogramme.

Die (scheinbare) Wirksamkeit des *Long Tail* wird entdeckt, d. h. die Möglichkeit, Nischen im Kunden- oder Produktspektrum zu adressieren und über die Menge oder Fläche dieser Nischen einen erfolgreichen Verkauf organisieren zu können (Anderson 2007). Neuere Erkenntnisse scheinen die Allgemeingültigkeit der Erkenntnisse Andersons etwas einzuschränken. In dem Artikel von Elbersewird nachgewiesen, dass nur Poweruser, die die Mainstream-Produkte kaufen, auch überhaupt ein Interesse für Produkte des Long Tail aufweisen und es daher verkürzt sei, nur auf den Long Tail zu setzen (Elberse 2008).

Google erfindet das beste (und bisher einzige wirklich funktionierende) *Vermarktungsmodell* im Web 2.0 durch die Kombination von AdWords und AdSense. AdWords erlaubt einem Anbieter für ein Keyword zu bieten und dann bei Suche in Google zu diesem Keyword zu erscheinen.

Nehmen wir an, wir wollen zum Keyword „Enterprise 2.0" in den Anzeigen (die auf unsere eigene Homepage oder Landing Page verlinken) auf der Google-Homepage erscheinen und unser Medienbudget erlaubt uns Ausgaben von 1.000 € pro Monat. Täglich sollen maximal 100 € ausgegeben werden (d. h., im Extremfall ist nach zehn Tagen unser Monatsbudget alle). Ein einzelner Klick ist uns maximal 10 € wert. Wir wollen nur auf Suchanfragen in Deutschland reagieren. Sofern es weitere Bieter für diesen Begriff gibt, entscheidet Google nach dem Klickpreis für den Einzelklick (und nach einigen Qualitätskriterien), wer oben auf der Liste der Anzeigen erscheint (bis zu elf Anzeigen pro Keyword).

Nehmen wir an, es gibt einen weiteren Bieter für 20 € pro Klick, der dasselbe Tagesbudget (100 €) hat. Nach fünf Klicks ist sein Tagesbudget alle und dann kommen wir zum Zug und stehen oben – der Beginn einer wundervollen Freundschaft. Am nächsten Tag (oder Monat) beginnt das Spiel von Neuem. AdSense verfeinert die Methode insofern, dass auch fremde Seiten eine Google-Suche und/oder die Google-Anzeigen integrieren können, dann teilt sich Google den Erlös mit dem Fremd-Hoster der Anzeigen. Hier kommt erneut die Einzigartigkeit des neuen Mediums Internet/WWW in der Tat zum Tragen, diese Art von Werbung mit kontextsensitiver Echtzeitversteigerung von Werbeplatz ist in Zeitschriften oder TV schlicht nicht durchführbar (obwohl man im TV vielleicht einmal darüber nachdenken sollte), geschweige denn die Fremdnutzung anderer Zeitschriften oder TV-Kanäle (sogenannte Affiliates) für die Platzierung eigener Anzeigen mit Umsatzbeteiligung.

Killerapplikationen

Die bekanntesten und auch am meisten verbreiteten Anwendungen stellen sicher *Wikis* (hawaiianisch für „schnell") und *Blogs* (Zusammensetzung aus Web und Logbuch = Blog) dar. Obwohl Wikis Wurzeln haben, die bis in die 70er-Jahre zurückreichen, ist die hohe Popularität sicher auf den Erfolg der Wikipedia zurückzuführen, deren Siegeszug Ende 2000 begann und mit dem neuen Verständnis des Web zu hohen Nutzungs- und Autorenzahlen kommt (bis Ende 2004 entstehen 178.000 Artikel in der deutschen Wikipedia, im April 2009 sind es 780.000 Artikel, die Wachstumsphase kühlt inzwischen ab[32]). Dieser Erfolg dominiert auch unser heutiges Verständnis von einem Wiki, als einem Lexikon, welches von jedem editiert werden kann. Darüber darf man nicht die Herkunft der Wikis, insbesondere aus der Open-Source-Szene (Softwareentwicklung), vergessen, da man sich ansonsten vorschnell auf den Einsatz des Wikis als Glossar, Wörterbuch oder Lexikon versteift und seinen Einsatz als Werkzeug im Arbeitsprozess unterschätzt.

Die zweite Killerapplikation, das (oder der) Blog, kann in ihrer einfachsten Form als Tagebuch im Web verstanden werden, allerdings können andere das Tagebuch kommentieren oder mit ihrem eigenen Tagebuch verlinken. Auch bei Blogs lassen sich die Anfänge bis in die 90er-Jahre zurückverfolgen, das große Wachstum hat insbesondere in den Jahren 2003 bis 2006 stattgefunden, wo alle sechs Monate eine Verdopplung der Anzahl an Blogs stattgefunden hat (auf ca. 36 Millionen Webblogs Ende 2006). Das Blog ist wie kein anderes der neuen sozialen Medien mit dem Individuum verbunden und markiert so in besonderer Form den Übergang vom Read-Web zum Read-and-Write-Web und den Übergang vom Massennutzungsmedium zum Darstellungsmedium des Individuums.

Weitere Entwicklungen

Bild 1.3 stellt die wesentlichen Schritte, Technologien und Anwendungen in der Entwicklung des Internets und Web dar.

---

[32] Siehe stats.wikimedia.org

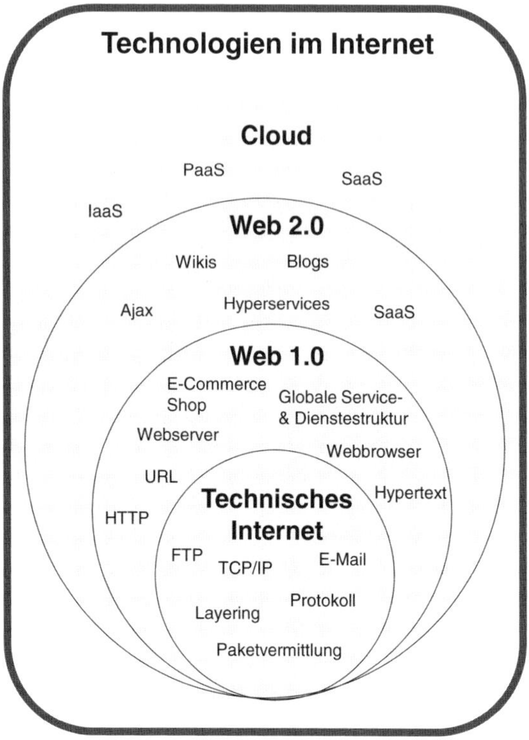

Bild 1.3: Vom technischen Internet zum Cloud Computing. Inzwischen ist es möglich, Infrastrukturservices (IaaS, z. B. Speicher), Plattformservices (PaaS, z. B. Rechenleistung) oder dedizierte Softwareservices (SaaS, z. B. E-Commerce as a Service) aus dem Internet (der Cloud) zu beziehen.

Die weiteren Entwicklungen werden wir im Ausblick für das ubiquitäre Internet zusammenfassen.

Wir halten fest: Das Web 2.0 ist durch eine neue Interpretation des Basiskonzepts Hypermedia – als *Hyperservices* und eine partielle Aufgabe des streng *seitenorientierten* Konzepts der Interaktion zwischen Browser und Server – gekennzeichnet (z. B. durch *Ajax*). Als Voraussetzung dafür musste ein global verfügbares Angebot von *Webservices* (und -APIs) geschaffen werden. *Portlets*, *Mashups* und *Webwidgets* sind, neben der klassischen Webseite, Möglichkeiten, diese Services zu gestalten und zu nutzen. Die Erweiterung der technischen Grundlagen ist eine inkrementelle und Verbesserungen werden insbesondere im Bereich der *Nutzbarkeit* (Usability) erzielt.

In den Nutzungsszenarien ergibt sich eine dramatische Verschiebung vom passiven Konsumenten zum aktiven Produzenten von Inhalten (*User Generated Content*), Kontext und Services. Eine Menge neuer Applikationen entsteht, bzw. eine massenhafte Nutzung dieser Applikationen (*Wikis, Blogs*) ist nachzuweisen. Die Geschäftsmodelle echtzeitbasierte/kontextsensitive *Anzeigenvermarktung* auch über Filialpartner (Affiliates) und *Software as a Service* (SaaS) entstehen bzw. werden neu definiert und verstanden. Durch SaaS wird Software damit erstmals vom Investitionsgut zum Verbrauchsgut. Neue Ansätze im Umgang mit digitalen Gütern und ihrer Nutzung werden diskutiert, die Creative Commons License (*CCL*) versucht, User Generated Content und seine Nutzungsbedingungen angelehnt an Lizenzmodelle der Open-Source-Bewegung zu gestalten.

1.3.4 Ausblick – Web X.0: Das ubiquitäre Internet

Gegenwärtig sind drei große Trends der Weiterentwicklung des Web und des Internets zu beobachten. Zum einen beobachten wir eine Ausdehnung in der Art der Teilnehmer, beliebige Gegenstände und Sensoren können Teil des Internets werden, wir sprechen dann vom Internet der Dinge oder vom erweiterten Internet (extended oder X-Internet). Eine zweite Entwicklung besteht in der Hinzufügung oder Extraktion von maschinenverarbeitbarer Semantik zu den Informationen des Web (das semantische Web). Damit einher geht der dritte Trend, das Web selbst als (verarbeitbare) Datenquelle zu verstehen und darüber wiederum Applikationen zu errichten, die weit über Suche hinausgehen. T. O'Reilly spricht vom Web im Quadrat – dem Web Squared[33] (**W**eb meets **W**orld) und fasst es vereinfachend in folgender Formel zusammen:

Web Squared = Web 2.0 + semantisches Web + mobiles Web + soziales Web + empfindsames (sensorisches) Web + virtuelle Welten + mehr …

Da sollte auch für empfindsame Naturen dann alles drin sein.

---

[33] www.web2summit.com/web2009/public/schedule/detail/10194

1.4 Zusammenfassung der Entwicklung im Internet und im Web

Wenn wir die dargestellte Entwicklung des Internets und des WWW noch einmal zusammenfassend bewerten wollen, stellen wir folgende Grundbewegungen fest (Bild 1.4):

1. **Verlagerung der Nutzergruppen**: von technikaffinen Spezialisten und Informatikern zur Nutzung durch Personengruppen, die die zugrunde liegenden Technologien nicht verstehen (müssen), einsetzender Technologiepopulismus.
2. **Verlagerung des Einsatzzwecks**: vom Ressourcenverbund für teure Computerressourcen zum Leitmedium für die Unterstützung sämtlicher Geschäftsprozesse und privater sozialer Interaktionen.
3. **Digitalisierung**: von der Digitalisierung von Basisdatentypen (Text, Bilder) zur Digitalisierung zeitsensibler Typen (Ton, Video).
4. **Mediumtransformation**: Übergang vom Informations- zum Kommunikations- und Transaktionsmedium durch Digitalisierung („Elektronisierung“) ganzer Geschäftsprozesse; Herausbildung zum bevorzugten sozialen Medium (zum Austausch zwischen Menschen).
5. **Wechselseitige Interferenz** zwischen Geschäftsraum und Lebensraum (Geschäftsmedium und sozialem Medium).
6. **Virtualisierung**: Abstraktion des Ortes der Leistungserbringung (im Netzwerk ist egal, wo der Dienst erbracht wird), Abstraktion der Servicezusammensetzung (ein Dienst kann sich aus verschiedenen Komponenten, die prinzipiell unabhängig voneinander sein können, zusammensetzen).

Die technischen Grundprinzipien für Internet und World Wide Web sind stabil, Weiterentwicklungen adressieren Details und Nutzerfreundlichkeit. Damit wird die vormals Technikern und Informatikern vorbehaltene Welt des Internets den normalen „Technologiepopulisten“ zugänglich. Neue Basiskonzepte sind in Umrissen erkennbar, aber noch nicht vollständig verstanden und abstrahierbar. Dazu zählen der Übergang zum Konzept der Hyperservices (welches eigentlich einen neuen Browsertyp erfordert, denn eine „zurück“-Semantik eines Dienstes ist eine andere als ein Zurückblättern einer Seite) sowie die Herausbildung einer *Cloud-Computing*-Infrastruktur, die als Endpunkt eines Software-as-a-Service-Paradigmas verstanden werden kann.

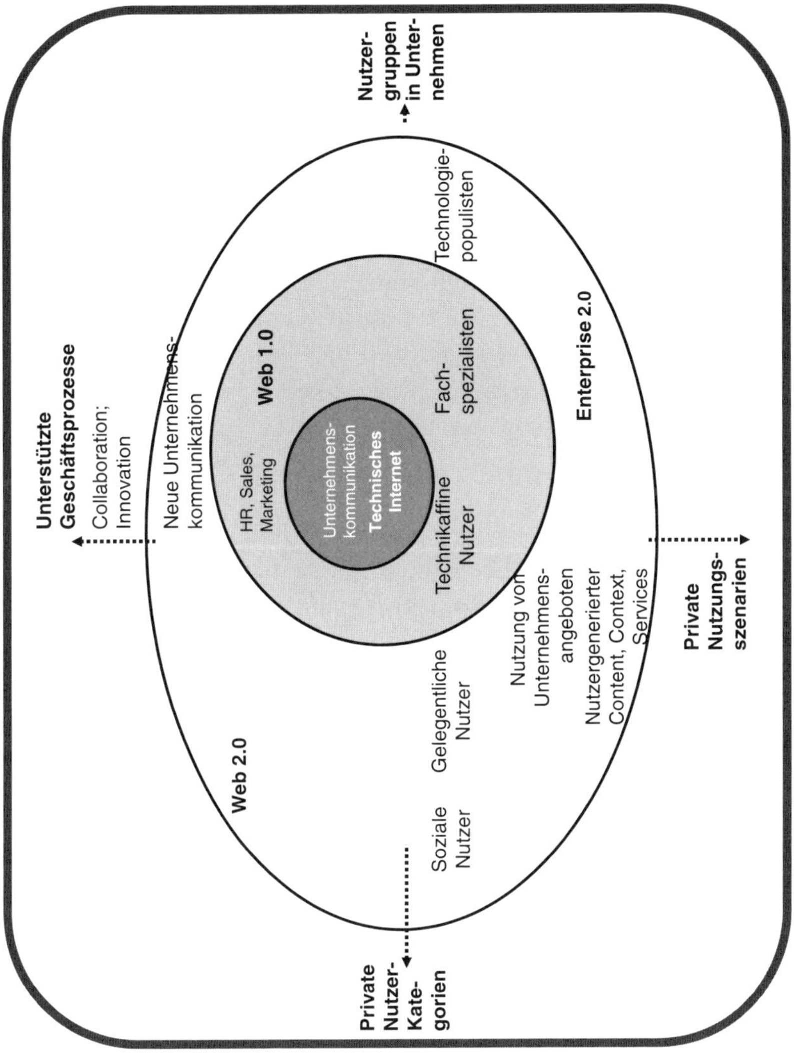

Bild 1.4: Wirkungsradius von Internet und WWW bezüglich Nutzergruppen und unterstützten Prozessen, das Enterprise 2.0 nimmt Entwicklungen des Web 2.0 auf und adaptiert diese für das Unternehmen.

Fazit: Die Internet- und Webrevolution hat im Bunde mit Weiterentwicklungen der PC- und Kommunikationstechnologie zur Herausbildung eines digitalen Lebens- und Geschäftsraumes geführt, in dem sich geschäftliche Nutzung und private Nutzung überlappen und wechselseitig die Erwartungen prägen. Für Unternehmen hat sich die größte anzunehmende Veränderung ihrer Umweltbedingungen (Kunden, Märkte, Sourcingbedingungen) ergeben und erfordert eine nachhaltige Anpassung. Die technologischen Treiber der Entwicklung (Web, PC, Infrastrukturen) sind noch nicht zur Ruhe gekommen, sondern nehmen im Gegenteil weitere Impulse aus neuen Gerätegenerationen, (nahezu) unbegrenzten Bandbreiten und darauf basierenden neuen Diensten auf.

Die Entwicklung des Internets ist sehr gut und ausführlich in J. Abbate: *Inventing the Internet*, The MIT Press, 1999 dargestellt.

Globalisierung und der Einfluss des Internets auf diese wird behandelt in T. L. Friedman: *The world is flat*, Penguin, 2006.

2 Vom Web 2.0 zum Enterprise 2.0

Nicht die Stärksten überleben oder die Intelligentesten, sondern die am meisten bereit zum Wandel sind.

C. Darwin

Anpassung ist die Stärke der Schwachen.

W. Herbst

Fragen, die in diesem Kapitel beantwortet werden

- Welches sind die Erkennungsmuster (Pattern) zu Web 2.0?
- Wie kann Web 2.0 die Hoheitsverhältnisse von Unternehmen beeinflussen?
- Welche neuen Geschäftsmodelle entstehen mit Web 2.0?
- Werden die Unternehmensgrenzen durch Web 2.0 neu gezogen?
- Was ist Technologiepopulismus und gibt es die Digital Natives wirklich?
- Welche Anpassungs- und Gestaltungsnotwendigkeiten ergeben sich für Unternehmen?
- Welches sind die Handlungsfelder des Enterprise 2.0?
- Was heißt es, ein Enterprise 2.0 zu sein?

2.1 Die Pattern des Web 2.0

Nachdem wir in Kapitel 1 bereits eine grundlegende Charakterisierung von Web 2.0 vorgenommen haben, wollen wir uns jetzt mit seinen spezifischen Erkennungsindikatoren beschäftigen. Dazu müssen wir die von T. O'Reilly gegebene Definition wie auch die dazugehörigen Pattern näher betrachten.

> *„Web 2.0 is the network as platform, spanning all connected devices; Web 2.0 applications are those that make the most of the intrinsic advantages of that platform: delivering software as a continually-updated service that gets better the more people use it, consuming and remixing data from multiple sources, including individual users, while providing their own data and services in a form that allows remixing by others, creating network effects through an ‚architecture of participation', and going beyond the page metaphor of Web 1.0 to deliver rich user experiences." (O'Reilly 2005b)*

Neben der Definition[34] hat T. O'Reilly verschiedene Charakteristika und Nutzungsmuster des Web 2.0 dargestellt. Die Pattern folgen keiner tieferen Struktur, sondern wirken eher wie eine Aufzählung beobachteter Phänomene (O'Reilly 2005a). Um in der Folge kürzer auf die Pattern referenzieren zu können, versehen wir sie mit einem zwei- oder dreibuchstabigen Code.

- *Web als Plattform* einschließlich aller verbundener Geräte (**WaP**), d. h., mit dem Web ist eine weltumfassende, standardisierte Plattform für digitale Kommunikation, Information und Transaktion entstanden, die von beliebigen Geräten aus angesprochen und genutzt werden kann und damit der beengenden Infrastruktur einer klassischen Applikation weit überlegen ist.
- *Architektur der Partizipation* (**AoP**), (Weisheit der Massen, Aufnehmen kollektiver Intelligenz, **CI**), d. h., jede Web-2.0-Anwendung muss auf dieses Prinzip der Teilnahme der vielen setzen (oder hoffen), Teilnahme wird damit zum Zweck und Ziel des Web 2.0.

---

[34] Übersetzung im Glossar unter Web 2.0

- *Nutzer schaffen Werte*, Netzwerkeffekte als Standard (**UaV**), allein durch Nutzung eines Web-2.0-Dienstes wird ein Wert geschaffen, da die Nutzung sich im Profil des Dienstes niederschlägt (meistangesehen, meistkommentiert) und ihn damit verbessert.
- *Ende des Software-Release-Zyklus*, leichtgewichtige Programmiermodelle, Perpetual Beta (**PB**), Software as a Service (**SaaS**), Entwurf für Mashup (Remixability, **DfM**), Web-2.0-Dienste können inkrementell weiterentwickelt werden, sie müssen nicht großen Release-Hüben folgen.
- *Daten sind das nächste „Intel inside"* (**DNI**), d. h. die Wertschöpfung verlagert sich von der Applikation in die Daten, wer die Datenhoheit besitzt, ist in der Lage, die Plattform zu dominieren.
- *Reichhaltige Nutzererfahrungen* jenseits der Seiten-Metapher von Web 1.0 (**RUE**), d. h.- Web Userinterfaces werden mittelfristig die Leistungsfähigkeit von Standard-Desktopapplikationen erreichen (drag and drop, autofulfillment, partieller page refresh etc.).
- *Einige Rechte reserviert, Kooperieren nicht Kontrollieren* (**SRR, CDC**), diese Pattern beschreiben die Art und Weise der Zusammenarbeit und das neue Verständnis digitalen Copyrights.
- Ausnutzung des *Long-Tail-Prinzips* (**LT**), d. h. die Ausnutzung unterschiedlicher Nutzungshäufigkeiten (und ihrer statistischen Verteilung) von Gütern oder Inhalten für Geschäftszwecke oder Kreationszwecke (z. B. die Möglichkeit der Adressierung von Nischengruppen).

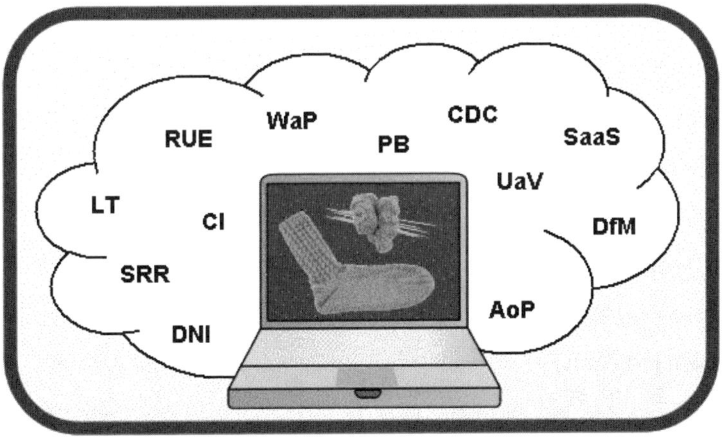

Bild 2.1: Die Pattern des Web 2.0

Eine Möglichkeit, die Aufzählung der Pattern stärker zu strukturieren, besteht darin, sie in verschiedene Kategorien entsprechend ihrem Einsatzzweck zu klassifizieren, nämlich in Pattern,

- die die Nutzbarkeit von Software unterstützen (*Usability Pattern*),
- Pattern, die explizit Netzwerkeffekte erzeugen (*Network Pattern*),
- Pattern, die die soziale und gleichberechtigte Nutzung von Software und Diensten unterstützen (*Social Pattern*),
- Pattern zur leichtgewichtigen Nutzung von Software und Diensten (*Service Pattern*) sowie
- Pattern zur geschäftlichen Ausnutzung (*Business Model Pattern*) der neuen Möglichkeiten des Web 2.0.

Unsere Zuordnung sieht wie folgt aus:

- Usability Pattern: Rich User Experiences (RUE).
- Network Pattern: Web as Platform (WaP), Users add Value (UaV), Collective Intelligence (CI), Long Tail (LT), Architecture of Participation (AoP).
- Social Pattern: Architecture of Participation (AoP), Cooperate don't control (CDC).
- Service Pattern: Some Rights Reserved (SRR), Perpetual Beta (PB), Design for Mashup (DfM).
- Business Model Pattern: Software as a Service (SaaS), Data next Intel inside (DNI), Long Tail (LT), Perpetual Beta (PB).

Drei Pattern tauchen doppelt auf (AoP, LT und PB), da sie sowohl ein Netzwerk- bzw. Service-Pattern sind als auch geschäftlich ausgenutzt werden können. Aus dieser Zuordnung lässt sich das Wesen von Web 2.0 einfacher erschließen als aus der langen, unstrukturierten Liste der Pattern. Wir können daraus genau die Anforderungen an eine Web-2.0-Anwendung ableiten:

- einfache, intuitive *Nutzbarkeit* und Nützlichkeit,
- *Kondensationspunkt* für Vernetzung von Daten, Ereignissen, Personen – Sammelstelle für Rückkopplungseffekte,
- Transport sozialer *Werte*,
- *Leichtigkeit* der Integration,
- Ankerpunkt für *Geschäftsmodelle*.

Die Pattern stehen für eine phänomenologische Beschreibung und ein phänomenologisches Verständnis von Web-2.0-Anwendungen.

Web 2.0 ist das Erreichen einer neuen Qualität im Web. Die neue Qualität manifestiert sich in neuen Technologien, neuen Anwendungen, neuer sozialer Antizipation, erweiterten Geschäftsmodellen sowie in der Veränderung von Rahmenbedingungen. Web 2.0 führt ebenso zu einer neuen Qualität der durch das Web induzierten Folgen (Auswirkungen).

Aufbauend auf dem vertieften Verständnis der Web-2.0-Pattern, wollen wir jetzt die neue Qualität der durch das Web 2.0 induzierten Folgen herausarbeiten.

2.2 Web 2.0 und die Folgen für Unternehmen

2.2.1 Die Verlagerung der Hoheitsverhältnisse der Unternehmen

Unternehmen treten über ihre Produkte und Dienstleistungen, deren Preise, durch ihre Kommunikationskanäle und ihre Führungskräfte und Mitarbeiter in ein Beziehungsgeflecht mit der Außenwelt.

Gemeinhin nimmt man an, dass das Unternehmen entlang der Rahmenbedingungen einer (freien oder sozialen) Marktwirtschaft seine Produkte, seine Preise, die Art und Weise der Kommunikation sowie das Aufstellen von Verhaltensregeln von Führungskräften und Mitarbeitern unter seiner Kontrolle hat und damit gewissermaßen als sein *Hoheitsgebiet* betrachten kann.

Durch die neuen Möglichkeiten des Web 2.0 und seine Fähigkeiten, beliebige Informationsmengen zu verarbeiten und neu aggregiert darzustellen (Transparenz) sowie große Gruppen in ihren Haltungen, Äußerungen und Aktionen zu synchronisieren, kommt es in der Folge zu einer Beschneidung dieses Hoheitsgebiets. Im Einzelnen stellen wir folgende Verlagerung und Beschneidung der Hoheitsverhältnisse von Unternehmen fest (Bild 2.2):

- *Verlagerung der Produkthoheit:* Der Marketingmacht des Herstellers mit der alleinigen Beschreibungs- und Darstellungsgewalt der Produkteigenschaften und seiner Nützlichkeit wird eine koordinierte Macht des Verbrauchers in Form von Bewertungsportalen und Diskussionsforen gegenübergestellt. So werden z. B. im Verbraucherportal dooyoo wöchentlich ca. zwei Millionen Testberichte anderer Verbraucher gelesen. Im Portal HolidayCheck befinden sich 950.000 Hotelbewertungen, Hotelbetreiber haben inzwischen gemerkt, welche gewaltige Macht damit entstanden ist, sie müssen darauf reagieren. Selbst die Eigenschaften der Produkte sind nicht mehr in alleiniger Hand der Hersteller, die Frage, ob ein Handy mit oder ohne SIM-Lock für spezielle Netze funktioniert, wird auch im Internet entschieden. Videos stellen eine neue Macht dar, um Sinnfälligkeit oder katastrophales Fehlverhalten von Produkten offensichtlich darzustellen.[35]

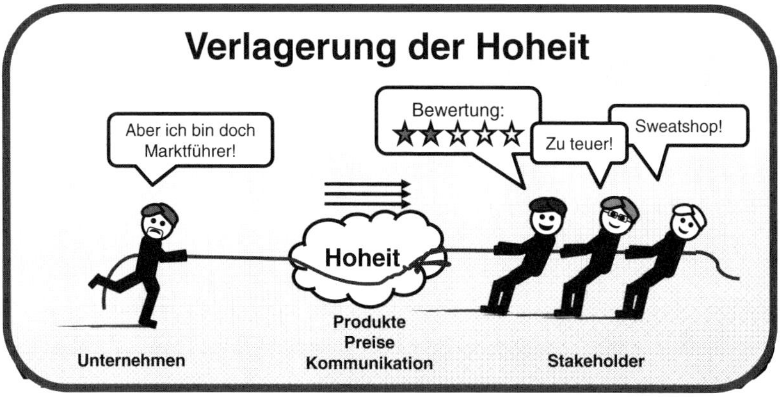

Bild 2.2: Durch die Möglichkeiten, Informationsaustausch und Gruppenaktionen zu synchronisieren, werden die Hoheitsverhältnisse von Unternehmen verlagert.

- *Verlagerung der Preishoheit,* das Internet und das Web schaffen eine neue Markttransparenz für große Bereiche von Warengruppen, wieder vorrangig im Konsumgüterbereich (Elektroartikel, Versicherungen, Energie, Telekommunikation). Eine Vielzahl von Preissuchmaschinen macht das möglich (unter anderem www.evendi.de, www.guenstiger.de, www.preissuchmaschine.de). Aus dieser

[35] Siehe z. B. www.engadget.com/2004/09/14/kryptonite-evolution-2000-u-lock-hacked-by-a-bic-pen

Transparenz resultiert ein hoher Handlungsdruck. Preise für Unterhaltungselektronik werden in vielen Onlineshops inzwischen zweimal täglich geändert. Unterschiedliche Preise für Hotelzimmer entsprechend gewähltem Vertriebskanal (Reisebüro, Direktbuchung, Vermittler) sind kaum noch möglich, da das Internet kanalübergreifende Transparenz erzeugt. Auktionsplattformen, auch im B2B-Geschäft, erlauben, eine starke Einkaufsposition aufzubauen.

- *Verlagerung der Kommunikationshoheit,* Kommunikation eines Unternehmens findet über den Transport der Markenwerte, Werbung, Pressemitteilungen, Krisenstatements, immer aber auch mit den Köpfen des Unternehmens, seinen Führungskräften und Mitarbeitern statt. Die neue Transparenz erlaubt heute viel früher festzustellen, inwieweit transportiertes Bild und Wirklichkeit übereinstimmen. Eine Positionierung als weltoffener Arbeitgeber wird nicht gelingen, wenn die Bewertung in den zugehörigen Bewertungsportalen eine andere Sprache spricht (www.kununu.de, www.evaluba.com, www.arbeitgebercheck.at). Die Einschränkung der Kommunikationshoheit für Produkte hatten wir bereits erwähnt. Immer wichtiger wird, eine plausible, authentische und offene Kommunikation über die Köpfe des Unternehmens aufzubauen und diese zunehmend auf eine breitere Basis zu stellen.

Durch Web 2.0 kommt es zu einer Verlagerung der Produkthoheit, der Preishoheit und der Kommunikationshoheit vom Unternehmen hin zu den Kunden und Nutzern seiner Produkte und Dienstleistungen.

2.2.2 Web 2.0 und neue Geschäftsmodelle

Eine Betrachtung neuer Geschäftsmodelle (vgl. Bild 2.3) im Web 2.0 kommt nicht umhin, die Veränderungen nachfolgender vier Komponenten zu berücksichtigen (HSS 2007):

- Neue *Geschäftsgegenstände* durch Web 2.0: Neben die traditionellen Möglichkeiten der Web-1.0-Ära Zugang (Connect), Kommunikation (Communicate, Community), Content, Commerce und Context (Search) tritt die Möglichkeit, vorhandene Angebote neu zusammenzustellen (zu mischen), es entstehen Composites (zusammengesetzte Dienste). Werbung (Advertisements) wird ein in Echtzeit handelbares Gut.

- Neue *Nutzensmodelle* durch Web 2.0: Die neuen Möglichkeiten der Web-Interface-Gestaltung schaffen neue reichhaltige Nutzererfahrungen (Erlebnisse). Es wird möglich, gezielt Nischen anzusprechen und zu bedienen (Long-Tail-Prinzip). Emotionalität zu Produkten kann in anderer Form erzeugt werden (Communitys).

Bild 2.3: Geschäftsmodelle im Web 2.0

- Neue *Wertschöpfungskonfigurationen* durch Web 2.0: Durch die Einbeziehung von Nutzern in den Wertschöpfungsprozess (User Generated Content, User Generated Context, User Generated Services) entstehen neue Formen interaktiver Wertschöpfung (bis hin zum Crowd Sourcing oder zur Open Innovation). Rein digitale Wertschöpfung ist an den Aufbau und die Kontrolle relevanter Datenbestände gebunden.
- Neue *Erlösmodelle* durch Web 2.0: Existierende Erlösmodelle (Content, Community, Connect – Abonnement bzw. Premium-Service-Modelle) können auf die nächste Schicht von Geräten, die mit dem Internet (Web) verbunden sind, ausgedehnt werden. Klassische Lizenzmodelle für Software werden durch Software-as-a-Service-Modelle (Utility Pricing) ergänzt bzw. ersetzt. Klassische Werbe- oder Anzeigeneinnahmen können durch sogenannte Filialmodelle (Affiliates) weltweit ausgerollt werden. Für gewisse digitale Güter (in Games oder virtuellen Welten) lässt sich eine virtuelle Währung einführen, die eine Konvertierung in reale Währung erlaubt.

Daraus resultiert das Geschäftsmodell (GM) als Quadrupel von Geschäftsgegenstand (GG), Nutzenmodell (NM), Wertschöpfungskonfiguration (WK) und Erlösmodell (EM) dargestellt, also GM = [GG; NM; WK; EM].

Die häufig anzutreffende Behauptung, Web 2.0 fehle nur noch das Geschäftsmodell, ist in dieser Absolutheit nicht richtig. Im Gegenteil, es existiert eine Vielzahl von Gestaltungsmöglichkeiten. Allerdings wurde neben der Refinanzierung über Werbung, die nicht für alle erfolgreich umsetzbar ist, noch kein weiterer Königsweg gefunden. Die weitere Entwicklung wird für reichweitenstarke Web-2.0-Unternehmungen ganz neue Erlösmöglichkeiten hervorbringen, die wir heute noch nicht abschätzen können.

Web 2.0 erweitert Geschäftsmodelle sowohl hinsichtlich der Geschäftsgegenstände, des Nutzenmodells (Value Proposition), des Erlösmodells und insbesondere der Wertschöpfungskonfiguration.

2.2.3 Web 2.0 und das Verschwimmen der Unternehmensgrenzen

Der Begriff der Unternehmensgrenze ist nicht eindeutig definiert. Reichwald und Piller führen hierüber eine intensive Betrachtung; deren Hauptergebnisse übernehmen wir hier und stellen unsererseits die Angriffspunkte von Web 2.0 auf diese Grenzen dar (Reichwald, Piller 2006). Unternehmensgrenzen können definiert sein durch

- *soziale Grenzen* des Unternehmens, vornehmlich durch (arbeits-) vertragliche Regelungen gezogen (feste Belegschaft, Zeitarbeit, „festfreie" Mitarbeiter, Freelancer, Kooperationspartner),
- horizontale und vertikale *Grenzen der Wertschöpfung* des Unternehmens, bestimmt durch die Wertschöpfungstiefe (Eigenanteil, Fremdanteil der Wertschöpfung) und Wertschöpfungsbreite (Zahl verschiedener Produkte oder Dienstleistungen),
- regionale bzw. *geografische Grenzen* des Unternehmens, insbesondere Agieren auf verschiedenen geografischen Märkten,
- *finanzielle Grenzen* des Unternehmens (Eigenkapital, Marktkapitalisierung),

- *logisch-organisatorische Grenzen* durch Versuch der Optimierung von Produktionskosten durch Arbeitsteilung, Spezialisierung und Organisation des Austausches der Ergebnisse bei geringen Koordinationskosten im Spektrum zwischen Hierarchie, Kooperation und Markt,
- *innere Grenzen* (intraorganisational) des Unternehmens bezüglich Aufgaben, Weisungs- und Entscheidungsrechten.

Als tiefere Erklärung zur Grenzziehung von Unternehmen wird auf die Transaktionskostentheorie und den Property-Rights-Ansatz verwiesen (für Details siehe Reichwald, Piller 2006, S. 34). Die optimale Grenze des Unternehmens wird überschritten, sobald die Abwicklung der gleichen Transaktion im Inneren des Unternehmens nicht mehr effizienter abläuft als deren externe Realisierung, bzw. wenn die Zusammenfassung von Einzelrechten (Property Rights) innerhalb einer Organisation keine Komplexitätsreduktion gegenüber einer verteilten Rechtesituation bietet.

Das Web im Allgemeinen und Web 2.0 im Speziellen lässt folgende Angriffe auf Unternehmensgrenzen zu und führt damit zu einem Verschwimmen derselben (dieser Prozess ist nicht abgeschlossen und nur zu einem Teil überschaut und vollständig verstanden, Bild 2.4):

- *Soziale Grenzen:* Einfluss unklar; zurzeit keine klare Aussage möglich, ob individuelle Akteure oder Freelancer-Netzwerke tendenziell zunehmen, die praktische Erfahrung zeigt, dass der Wunsch nach einer Festanstellung im etablierten Unternehmen für einen Großteil aller Agierenden die dominierende Präferenz darstellt. Die Möglichkeit, sich in Freelancer-Netzwerken zu organisieren, wird durch das Web vereinfacht und unterstützt.
- *Grenzen der Wertschöpfung:* Massiver Einfluss; insbesondere Veränderung der frühen Phasen der Wertschöpfung (Innovation); das Long-Tail-Prinzip kann als Veränderung der horizontalen Wertschöpfung verstanden werden.
- *Geografische Grenzen:* Globales Sourcing mit geringeren Anbahnungskosten und Abwicklungskosten möglich; digitale Güter können global vermarktet werden (obwohl man die Regionalität und Sprache dabei nicht unterschätzen sollte, siehe Googles geringer Einfluss in China).

- *Finanzielle Grenzen:* Kein Einfluss bzw. Einfluss unklar; prinzipiell sollte die Fähigkeit, mit all seinen Stakeholdern konstruktiv in Dialog zu treten, die Marktkapitalisierung positiv beeinflussen.
- *Logisch-organisatorische Grenzen:* Massiver Einfluss; starke Einbeziehung von Kunden und Partnern in den Wertschöpfungsprozess, Gestaltung von interaktiver Wertschöpfung und Open Innovation (vgl. Reichwald, Piller 2006, Kapitel 3); Verschiebung vieler Prozesse aus dem Unternehmen in den Markt durch höhere Markttransparenz und -effizienz als in der Vergangenheit bzw. zu Kooperationspartnern; Veränderung der Produkt- und Kommunikationshoheit wie beschrieben.
- *Innere Grenzen:* Massiver Einfluss; Herausbildung neuer Ablauforganisations- und Selbstorganisationsstrukturen; auch Nutzung interner Märkte im Unternehmen; Einfluss auf Führung- und Kommunikationsstrukturen.

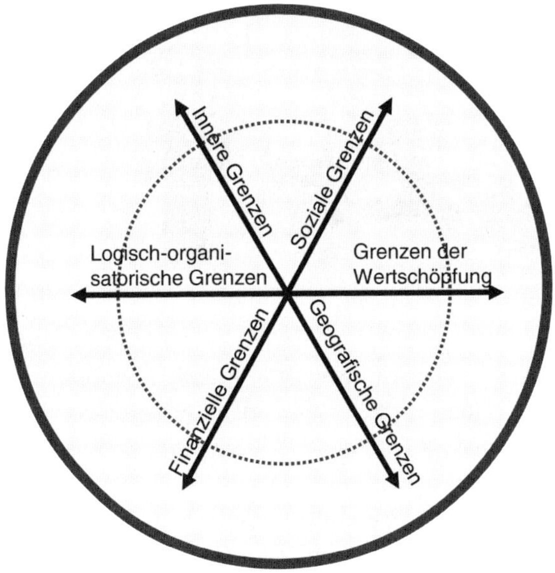

Bild 2.4: Die Veränderung und Verschiebung der Unternehmensgrenzen

> Web 2.0 lässt die traditionellen Grenzen von Unternehmen verschwimmen. Insbesondere Wertschöpfungsgrenzen, logisch-organisatorische und innere Grenzen im Unternehmen werden neu definiert.

2.2.4 Digital Natives und Technologiepopularisierung

Digitale Technologien sind inzwischen allgegenwärtig. Sie halten Einzug in die klassischen Broadcastingmedien (bis 2010 soll in vielen deutschen Bundesländern der Übergang zum digitalen TV als alleinigem Übertragungsstandard abgeschlossen sein), sie werden die gängige Übertragungsart für Sprache, Daten und Applikationen in den modernen Breitbandinfrastrukturen sein, alle Darstellungsmedien (Text, Bild, Ton, Video) besitzen längst digitale Standards, alle mobilen Geräte können sich in diese digitalen Infrastrukturen einklinken, digitalisierte („elektronische") Geschäftsprozesse verbinden nahezu alle Abläufe im Unternehmen und zu ihren Kunden.

Bild 2.5: Ein Digital Native im Gespräch mit einem Nondigital Native.

In Kameras, MP3-Playern, Navigationsgeräten, mobilen Telefonen, Bilderrahmen, Computern sowie den Spielstationen und TV-Festplattenrekordern steckt digitale Technologie, ihre Nutzung wird alltäglich und erfordert keine besonderen Vorkenntnisse mehr. Immer mehr wird digitale Interoperabilität zum Standard. Ca. 3,5 Milliarden mobile Geräte befinden sich weltweit im Umlauf.

So wie uns und unsere Vorfahren seit 100 Jahren das (analoge Wähl-) Telefon, seit 80 Jahren das Radio sowie seit 50 Jahren der Fernseher begleiten, so selbstverständlich sind die modernen digitalen Technologien und Geräte für die Generation, die seit Ende der 80er-Jahre das Licht der Welt erblickt hat und die häufig auch als Millennials oder Digital Natives bezeichnet wird (Bild 2.5). Die Frage, ob bei den Digital

Natives auch veränderte Verhaltensweisen anzutreffen sind (wie begrenzte Aufmerksamkeitsspanne, multiparallele Verarbeitung etc.) überlassen wir an dieser Stelle anderen Wissenschaften.

Obwohl wir also die pauschale Kategorisierung einer ganzen Generation als zu simplifizierend ablehnen, erkennen wir doch an, dass mit diesen Erfahrungen aus dem Alltag auch Erwartungshaltungen an moderne Infrastrukturen in Unternehmen und ihre Nutzbarkeit erwachsen.

> Digitale Technologie ist allgegenwärtig. Sie begegnet uns im privaten Alltag in mannigfaltiger Form und vielen einfach nutzbaren Geräten (Technologiepopularisierung). Die junge Generation (Digital Natives) ist mit diesen Technologien wie selbstverständlich aufgewachsen. Ohne in jedem Fall ihre Hintergründe und technischen Grundlagen zu verstehen, prägt diese Erfahrung die Erwartungshaltung an moderne Infrastrukturen im Unternehmen.

2.3 Anpassungsnotwendigkeiten für Unternehmen durch Web 2.0

Mit der Feststellung, dass durch die Herausbildung von Internet und Web (2.0) sich die Rahmenbedingungen für Unternehmen verändert haben, verrät man zunächst kein großes Geheimnis.

Auch dass Unternehmen, deren primäres Gut digitalisierbar ist, wie in der Medienindustrie, der Telekommunikationsbranche und in der Softwareindustrie, mehr und anders betroffen sind als klassische Industrien, löst zunächst wenig Erstaunen aus. Dennoch:

> Aus unserer Sicht hat der notwendige Anpassungsprozess für Unternehmen durch das Web 2.0 gerade erst begonnen und ist bei Weitem nicht abgeschlossen. An seinem Ende werden insbesondere die digitalen Industrien eine völlig neue Struktur aufweisen. Dabei verstehen wir diese Anpassung nicht als passiven Prozess, sondern als einen gestaltbaren.

Wenn wir berücksichtigen, dass unsere Kunden, unsere Wettbewerber, unsere Produkte und Dienstleistungen, aber auch alle Ideen und Innovationen buchstäblich nur einen Klick voneinander entfernt sitzen, wird diese neue Dimension noch einmal deutlich.

Unternehmen müssen deshalb ihr Geschäft so konfigurieren, dass es mit diesen neuen Bedingungen passfähig ist oder wird. Diese Konfiguration muss

- den veränderten Hoheitsverhältnissen Rechnung tragen,
- die veränderten Geschäftsmodelle erkunden und auf Anwendbarkeit prüfen,
- die verschwimmenden Grenzen als Chance für neue Wertschöpfungskonfigurationen begreifen,
- digitale Technologie als integralen, unverzichtbaren (und quasi unsichtbaren) Bestandteil jeglichen Tuns im Geschäftsleben verstehen (im Gegensatz zu einer Betrachtung als Kostenfaktor).

Vereinfacht ausgedrückt gehören zu einem Unternehmen

- die Anpassung nach außen,
- die Anpassung nach innen und
- ein gesonderter Blick auf die Grenzübergänge (von innen nach außen und umgekehrt).

2.4 Die Herausbildung des Enterprise-2.0-Begriffs

Der Begriff „Enterprise 2.0“ wurde durch A. McAfee (Professor der Harvard Business School und MIT Sloan School of Management) geprägt. Version eins der Begriffsdefinition lautete:

> Enterprise 2.0 is the use of freeform social software within companies.

Also doch recht überschaubar: die Verwendung von frei formbarer sozialer Software im Unternehmen. Inzwischen hat es eine Erweiterung der Definition[36] gegeben, hier also Version zwei:

---

[36] andrewmcafee.org/blog/?=76, dort auch der Verweis auf die erste Version.

> Enterprise 2.0 is the use of emergent social software platforms within companies, or between companies and their partners or customers.

Die frei formbare Software hat sich also in emergente Plattformen gewandelt und der Anwendungsradius der sozialen Software erstreckt sich jetzt auch zu Kunden und Partnern und damit über die Unternehmensgrenzen hinaus.

McAfee sieht den Zweck sozialer Softwareplattformen in der:

- Unterstützung von Personen, sich miteinander zu verabreden, zu vernetzen und zusammenzuarbeiten mithilfe von computerunterstützter Kommunikation und Online-Communitys.
- Die Plattform ist die digitale Umgebung für Beiträge und Interaktionen mit globaler Sichtbarkeit und Persistenz (Dauerhaftigkeit).

Emergent heißt für ihn:

- fähig, die Interaktionen und Muster der Nutzung der Plattform über der Zeit sichtbar zu machen,
- frei formbare Software, keine vordefinierten Workflows,
- egalitär (indifferent gegenüber formalen Organisationsstrukturen),
- Unterstützung vieler Datentypen.

Eine genauere Erläuterung der Begriffe aus unserer Sicht folgt in den Kapiteln 3 und 4.

Der technische Begriff „Software" und der Begriff „sozial" scheinen sich zunächst auszuschließen, insbesondere da bei der Verwendung im Deutschen sofort politische (Sozialismus) oder volkswirtschaftliche (Sozialprodukt) Assoziationen aufkommen. Wenn wir allerdings die lateinische Wortherkunft (gemeinsam, verbunden, verbündet[37]) heranziehen, passt es schon sehr gut zusammen:

> Soziale Software ist Software, die Menschen verbindet und verbündet und gemeinsames Arbeiten unterstützt.

[37] de.wikipedia.org/wiki/Sozial

Wir werden deshalb den Begriff (sozial) sowohl in seinen englischen Zusammensetzungen (z.B. social technology) als auch im Deutschen (soziale Technologie) verwenden.

2.5 Was es heißt, ein Enterprise 2.0 zu werden

2.5.1 Veränderung der Interaktionsqualität und Interaktionseffektivität

Die Antwort des Enterprise-2.0-Konzeptes auf die formulierten Anpassungsnotwendigkeiten (Hoheitsverlagerung, Geschäftsmodellerweiterung, Grenzenverschwimmen, Technologiepopularisierung) ist genau genommen eine einzige:

> Das Unternehmen soll seine *Interaktionsqualität und -effektivität* zu Kunden, Partnern sowie zwischen den eigenen Mitarbeitern durch den Einsatz sozialer Softwareplattformen durchgehend verändern und verbessern.

Unter Interaktionen sind alle kommunikativen und kollaborativen Handlungen zu verstehen, die eine Wirkung (Vernetzung, Vertrauen, Gemeinsamkeit) zwischen den Interagierenden hervorrufen.

Insofern beantwortet Enterprise 2.0 die Anpassungsnotwendigkeiten wie folgt:

- Ausgleich der Hoheitsverlagerung durch Einbeziehung und stärkere Interaktionen mit denjenigen, zu denen diese Hoheit sich verlagert (Kunden, Verbraucher),
- Entdeckung neuer Geschäftsmodelle durch Interaktionen mit tatsächlichen und potenziellen Partnern,
- Neudefinition der Grenzen des Unternehmens durch neue Formen der Zusammenarbeit und Inhaltsproduktion und Neuaufteilung von bisherigen Territorien (Intellectual Properties),
- Inkarnation von Technologiepopularisierung in den sozialen Softwareplattformen.

Wir können Enterprise 2.0 metaphorisch gesprochen auch als einen „Sozialisationsprozess" für Unternehmen verstehen, d. h. einen Lernprozess und Adaptionsprozess des Unternehmens als Folge

- der Interaktionen mit der Außenwelt (deren Werte, Normen und Verhaltensweisen),
- der Interaktionen mit Kunden und Partnern sowie
- der Interaktionen mit den eigenen Mitarbeitern.

Aus diesen Überlegungen ergeben sich die potenziellen Handlungsfelder des Enterprise 2.0.

2.5.2 Die Handlungsfelder des Enterprise 2.0

> Enterprise 2.0 zu sein heißt, den Anpassungsprozess an die veränderten Umweltbedingungen im digitalen Lebens- und Geschäftsraum zu meistern.

Die Gestaltung muss in den folgenden drei Handlungsfeldern (Tabelle 2.1, Bild 2.6) erfolgen:

1. Gestaltung der *sozialen Geschäftskonfiguration* (Zielgruppenanalyse, Social Media Configuration und Digital Business Architecture) nach außen,
2. Gestaltung der *sozialen Unternehmenskonfiguration* (Enterprise 2.0 Architecture und Social Media Configuration) nach innen,
3. Meisterung, Gestaltung und Neudefinition der *Grenzübergänge* vom Unternehmen (*Permeabilitätskonfiguration*, Wertschöpfungs- und Sourcingkonzepte).

Handlungsfeld 1: Soziale Geschäftskonfiguration nach außen

- Ermittlung des *soziodigitalen Profils* der Zielgruppe, d. h. statistische Ermittlung des typischen Verhaltens (nicht des individuellen) der Nutzer in der Zielgruppe, sowohl des lesenden als auch des schreibenden Verhaltens im Web, die Affinität für Blogs und Communitys, bevorzugte Social Networks, Suchverhalten.

Tabelle 2.1: Die Handlungsfelder des Enterprise 2.0

Handlungsfeld	**Aufgaben/Schritte**	**Bedeutung für Unternehmen**
Soziale Geschäftskonfiguration nach außen	1. Soziodigitales Profil der Zielgruppe(n) ermitteln 2. Konfiguration der sozialen Medien (Social Media Configuration) 3. Digitale Geschäftsarchitektur (Digital Business Architecture)	Gestaltung von **Wachstum** durch beobachtete und gesteuerte Interaktion mit aktuellen und potenziellen Märkten; **Agilität** in Management von Kundenerwartungen, höhere Kundenzentriertheit
Soziale Unternehmenskonfiguration nach innen	1. Technology and Governance Frameworks (Enterprise-2.0-Architektur) 2. Adoption und Unternehmensdurchdringung 2. Emergenz und Selbstorganisation	**Transformation** von Geschäftsprozessen, die auf Zusammenarbeit beruhen, hin zu größerer Effizienz (**Kostenvorteile**), höherer Qualität und völlig neuen Möglichkeiten (Netzwerkeffekte); höhere **Adaptivität** durch Kräfte der Selbstorganisation
Gestaltung der Grenzübergänge des Unternehmens (Permeabilitätskonfiguration)	1. Neugestaltung der Wertschöpfungskonfiguration 2. Neugestaltung der logisch-organisatorischen Grenzen des Unternehmens 3. Veränderung der inneren Grenzziehung des Unternehmens	**Innovationsvorteile** durch Einbeziehung von Kunden und Partner in frühe Phasen der Wertschöpfung; Nutzung **offener Geschäftsmodelle**; höhere **Leistungsfähigkeit** des Unternehmens

- *Social Media Configuration*: d. h. die Abstimmung der Maßnahmen, um die Schnittmenge (oder Interferenz) mit der Zielgruppe möglichst groß zu gestalten. Das fängt mit Suchmaschinenoptimierung an (Festlegung der Keywords, mit denen man vorn gefunden werden will), setzt sich fort mit aktiver oder passiver Bloggestaltung, aktiver oder passiver Communitygestaltung, Einsatz von Social-Messaging-(Mikroblogging-)Strategien sowie dem Nutzen von Social Networks. Im Buch *Groundswell* der Forrester-Analysten Bernoff und Li (Bernoff/Li 2008) wird sehr schön ein Fünf-Stufen-Vorgehen für die Social Media Configuration skizziert: Wie hört man auf die Zielgruppe (Listen), wie spricht man zur Zielgruppe (Talk), wie kann man sie anspornen (Energize), wie kann man sie ermuntern, sich selbst zu unterstützen (Support) und wie kann man sie an sich binden (Embrace)?

- *Digitale Geschäftsarchitektur:* klassische technische und IT-Aufgabenstellung, die Gestaltung der technischen und technologischen Architekturen, abhängig vom zu unterstützenden Geschäftsprozess (E-Commerce, E-Procurement, E-Recruiting ...), Integration mit der internen Prozess- und Datenwelt, Berücksichtigung und Automatisierung der Social Media Configuration in der digitalen Geschäftsarchitektur.

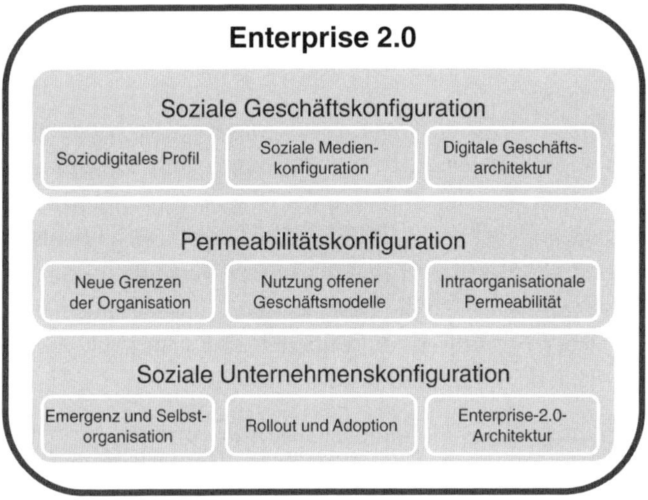

Bild 2.6: Die Handlungsfelder des Enterprise 2.0. Es geht darum, die Interaktionen mit Kunden und Märkten neu zu definieren (soziale Geschäftskonfiguration), Zusammenarbeit und Geschäftsprozesse im Unternehmen neu zu definieren (soziale Unternehmenskonfiguration) und die Grenzübergänge des Unternehmens neu zu gestalten (Permeabilitätskonfiguration).

Für Unternehmen bedeutet dies, die auf absehbare Zeit bestmögliche Interaktion mit aktuellen und potenziellen Kunden und Märkten zu gestalten und damit *Wachstumsmöglichkeiten* schneller zu entdecken. J.

Owyang von Forrester[38] spricht von der Ära der „sozialen Kolonialisierung“, die Unternehmen zwingt, jede Kundenerfahrung mit einer sozialen Erfahrung (teilen, diskutieren, austauschen) zu verbinden.

Während die Geschäftskonfiguration also die Art und Weise, Geschäfte anzubahnen, abzuschließen und durchzuführen betrifft, d.h. die Art und Weise mit den *Kunden* des Unternehmens umzugehen, klärt die Unternehmenskonfiguration die Art und Weise Arbeitsprozesse zu gestalten, d.h. die Art und Weise mit den *Mitarbeitern* des Unternehmens umzugehen.

Handlungsfeld 2: Soziale Unternehmenskonfiguration nach innen

- *Technology and Governance Frameworks (Enterprise-2.0-Architektur)*: Auswahl und Etablierung der sozialen Softwareplattform; Integration in die existierende Softwarelandschaft; Erweiterung der Policies und Unternehmensanweisungen zu sozialen Softwareanwendungen.
- *Adoption und Unternehmensdurchdringung*: Die Nutzung sozialer Technologien in den Arbeits-, Führungs- und Kommunikationsprozessen zu allen Stakeholdern der Organisation etablieren.
- *Emergenz und Selbstorganisation*: die Fähigkeit, sich herausbildende Muster und Strukturen zu entdecken, zu verstärken und gezielt zu unterstützen, wie auch die Fähigkeit, auf Veränderungen durch Bildung neuer Strukturen zu reagieren und damit die Agilität und Adaptivität der Organisation zu verbessern.

Die Meisterung dieses Handlungsfeldes *transformiert* die Arbeitsprozesse der Organisation und schafft *Kostenvorteile*. Die Organisation erleichtert Möglichkeiten der Selbstorganisation und wird damit *agiler* und *anpassungsfähiger*.

Handlungsfeld 3: Gestaltung der Grenzübergänge des Unternehmens (Permeabilitätskonfiguration)

- *Neugestaltung der Wertschöpfungskonfiguration*: Überprüfung der Einbeziehung von Kunden, Partnern bzw. Märkten in den Wert-

---

[38] www.web-strategist.com/blog/2009/04/27/future-of-the-social-web/

schöpfungsprozess (Open Innovation, Co-Creation, Crowd Sourcing) durch Nutzung sozialer Technologien.

- *Neugestaltung der logisch-organisatorischen Grenzen des Unternehmens*: Überprüfung der Grenzziehung der Organisation durch veränderte Transaktionskosten (Wikinomics) oder veränderte Rechtesituationen (Intellectual Property Rights) durch Einsatz „offener Geschäftsmodelle“ (Open Business Models).
- *Veränderung der inneren Grenzziehung des Unternehmens*: Aufbrechen klassischer intraorganisationaler Grenzen (Vertrieb, Produktion, Controlling) und Schaffen „kleiner Welten“ im Unternehmen.

Die Meisterung dieses Handlungsfeldes schafft partizipative Wertschöpfungsarchitekturen und damit *Innovationsvorteile*. Die gezielte „Öffnung“ des Unternehmens (Open Source, Open Data, Open Content, Open APIs, Open Access, Open Collaboration) führt zu *Transformation* und *Innovation* von Geschäftsmodellen. Das Überwinden klassischer innerer Unternehmensgrenzen führt zu höherer *Leistungsfähigkeit* der Gesamtorganisation.

2.5.3 Vom Enterprise 1.0 zum Enterprise 2.0

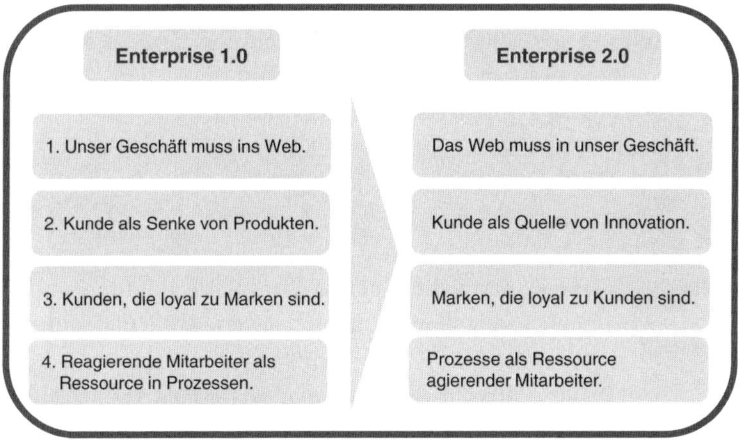

Bild 2.7: Vom Enterprise 1.0 zum Enterprise 2.0: Schlagzeilen der Veränderung

Um die Handlungsfelder auch noch einmal plakativ darzustellen, erfinden wir ein (natürlich rein hypothetisches) klassisches Unternehmen, welches wir das Enterprise 1.0 nennen wollen. Die Veränderungen sind in Bild 2.7 dargestellt.

2.6 Auswahl und Struktur der weiteren Themen des Buches

Mit der Beschreibung und Erläuterung von sozialen Technologien (Social Software Platforms) legen wir die Grundlage für Anwendungen in allen betrachteten Handlungsfeldern.

Seinen Fokus setzt das Buch dann auf Handlungsfeld 2 (soziale Unternehmenskonfiguration), da es insbesondere die Nutzung sozialer Softwareplattformen *im Unternehmen* in den Mittelpunkt stellen wird.

Bei den Anwendungsfällen und Nutzensbetrachtungen des Enterprise 2.0 werden wir hingegen das gesamte Spektrum der Handlungsfelder 1, 2 und 3 betrachten.

> Enterprise 2.0 bringt das Web ins Unternehmen. Das Enterprise 2.0 setzt gezielt soziale Software zur kontinuierlichen Ausnutzung und Gestaltung von Netzwerkeffekten zwischen den eigenen Mitarbeitern, Kunden und Partnern sowie den Märkten ein und optimiert dazu sein gesamtes Managementsystem mit dem Ziel höherer Unternehmensfitness und dauerhafter Wettbewerbsvorteile.

Das Konzept der interaktiven Wertschöpfung und der Open Innovation aus betriebswirtschaftlicher und organisationstheoretischer Sicht ist hervorragend in Reichwald, Piller 2006: *Interaktive Wertschöpfung – Open Innovation, Individualisierung und neue Formen der Arbeitsteilung* dargestellt. Das Prinzip der „Social Media Configuration“ ist sehr gut in Bernoff, Li 2008: *Groundswell – Winning in a World Transformed by Social Technologies* herausgearbeitet.

3 Soziale Software im Enterprise 2.0

Mit welchem Experiment könnte ich beweisen,
dass meine Lieblingsidee falsch ist?

R. B. Laughlin

Fragen, die in diesem Kapitel beantwortet werden:

- Was ist soziale Software?
- Was sind Wikis, Blogs, Social Networks, Social Bookmarks?
- Was sind Feeds, Tags, Mashups und Mikroblogs?
- Wofür kann soziale Software im Unternehmen eingesetzt werden?
- Was kostet soziale Software?
- Welches sind die Wirkkategorien (der Zweck) sozialer Software?
- Was ist das Wirkprinzip (das Geheimnis) sozialer Software?
- Kann man soziale Software definieren?
- Wird soziale Software Hierarchien im Unternehmen verändern?

3.1 Eine informale Einführung sozialer Software

In den folgenden Abschnitten wollen wir uns mit verschiedenen Web-2.0-Anwendungen und Technologien, die sich als mögliche Kandidaten zur Anwendung im Unternehmen herausgebildet haben und die häufig unter dem Oberbegriff „soziale Software" zusammengefasst werden, beschäftigen.

Wir wollen nicht mit einer Definition sozialer Software starten, sondern mit einer Anzahl von Kandidaten (Wikis etc.), um anhand derer Eigenschaften zu einer möglichen Verallgemeinerung und letztendlich einer Definition zu kommen. Der Grund für dieses Vorgehen liegt in der scheinbaren Heterogenität der Kandidaten, die zunächst nur einen losen Zusammenhang zu besitzen scheinen. Natürlich legt der Begriff soziale Software nahe, dass es sich um Software handeln muss, und dass sie etwas mit Menschen oder der Tätigkeit von Menschen zu tun hat.

Wir wollen uns mit folgenden Kandidaten sozialer Software und ihren Einsatzmöglichkeiten im Unternehmen beschäftigen:

- *Wikis*, Hypermedien im weitesten Sinn, die gemeinsam und versionsgesichert erstellt und modifiziert werden können,
- *Blogs*, öffentlich einsehbaren und kommentierbaren Tagebüchern im Web oder Intranet,
- *Feeds* und *Feed Management*, abonnierten Informationskanälen (analog der bezogenen Tageszeitung, die ins Haus geliefert wird),
- *Mashups*, einfach integrierten Webinformations-, -kommunikations- oder -transaktionsdiensten aus mindestens zwei Quellen,
- *Social Networks*, Kontaktanbahnungs- und -austauschbörsen,
- *Social Bookmarks*, gemeinsam geteilten Weblesezeichen,
- *Tagging und Tags*, individuell vergebenen Schlagworten für Inhalte (Dokumente, Bilder, Audios und Videos, Links),
- *Mikroblogs*, Kurznachrichten, um Informationen (z. B. Handlungsorte und Ereignisse) an Interessierte einer Gemeinschaft mitzuteilen.

Häufig werden weitere Kandidaten betrachtet und untersucht (Richter, Koch 2007, Forrester 2008):

- *Foren*, Frage- und Antwortplattformen, Diskussionsplattformen,

- *Prediction Markets*, die Nutzung kollektiver Intelligenz zur Vorhersage und Steuerung geschäftsrelevanter Ereignisse (z. B. kollektiver Sales Forecast),
- *Instant Messaging*, instantane Kommunikation über Chat-ähnliche Textfenster,
- *Social Commerce*, die Erweiterung des Einkaufens im Internet um sozialen Austausch,
- *virtuelle Welten*, von Stellvertretern (Avataren) bewohnte Aufenthaltsorte im digitalen Lebensraum,
- *Rich Media Applications, Rich Media Content, Podcasts*, Einsatz von Ton und Bewegtbild, Gestaltung ansprechender Nutzungsmöglichkeiten.

Die Gründe für unsere Beschränkung sind unterschiedlich. Foren, wiewohl sicher zu sozialer Software gehörend, betrachten wir als ein eingeführtes und bekanntes Konzept, Prediction Markets sind zu wenig im realen Einsatz anzutreffen, Instant Messaging in seiner reinen Form schafft nichts Dauerhaftes und Bleibendes, Social Commerce lässt sich als Zusammensetzung von E-Commerce und sozialem Austausch verstehen und ist für die meisten Unternehmen intern nicht relevant, virtuelle Welten sind ein eigenes abgegrenztes (und interessantes) Gebiet, welches man nicht unter dem Schlagwort „soziale Software“ abtun sollte. Der Einsatz von Rich Media Contents oder Rich Internet Applications erleichtert sicher die Nutzung sozialer Software und ermuntert zu ihrer Nutzung, ist aber eher als eine Eigenschaft sozialer Software denn als eigenständige Kategorie zu verstehen.

Im Folgenden wollen wir eine Kurzcharakteristik der ausgewählten Kandidaten sozialer Software geben (ähnliche Darstellungen in Alby 2006, Richter, Koch 2007 oder Newman, Thomas 2008). Die hier gewählte Darstellung versucht insbesondere die Wirkkategorien (worauf wirkt soziale Software?), die Wirkprinzipien (wodurch entfaltet soziale Software ihre Kraft?) und die Wirkebenen (Datenebene, Kontextebene, soziale Ebene) herauszuarbeiten und zwischen den Kandidaten in den nachfolgenden Abschnitten zu vergleichen.

3.2 Einzelbetrachtung der Elemente sozialer Software

3.2.1 Wikis

Begriffsklärung

Wikis sind einerseits einfache Content-Management-Systeme, mit denen Texte und Darstellungen von allen autorisierten Personen gelesen und versionsgesichert geändert werden können, andererseits bezeichnet man die entstandene Inhaltssammlung (Hypertexte, Menge an Seiten) ebenfalls als Wiki. Wikis unterstützen den sozialen Austausch zu den entstehenden Inhalten. Dies kann durch Diskussionsforen zu den Inhaltsseiten oder durch Kommentare erfolgen (Bild 3.1).

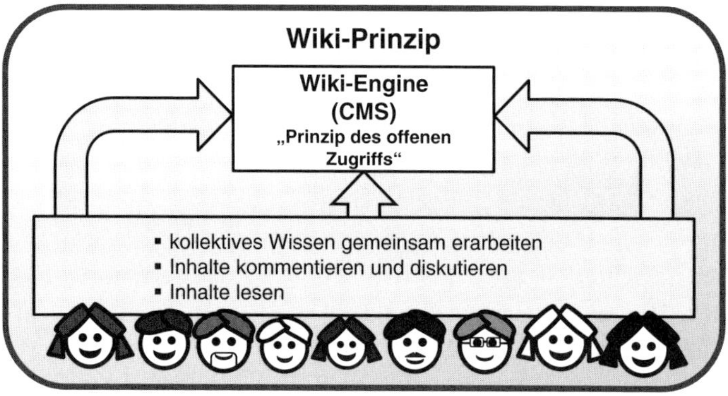

Bild 3.1: Das Wiki dient als zentrales Ergebnis-Repository für die Arbeitsergebnisse einer Gruppe von Personen, die gleichberechtigten lesenden und schreibenden Zugriff besitzen.

Einsatzzweck

Wikis sind insbesondere für das Zusammentragen und Konsolidieren von Informationen oder Arbeitsergebnissen ganzer Gruppen hilfreich. Insofern gibt es kaum eine Einsatzbeschränkung für Wikis. Einsatzmöglichkeiten reichen von Projektmanagement (gerade auch im Softwarebereich) über Prozesshandbücher, Begriffsglossare, Frage-und-Antwort-Sammlungen (FAQs), Bereichsdarstellungen bis zur Unterstützung der Strategieentwicklung im Unternehmen. Nachdem Wissensmanagement in den vergangenen Jahren immer wieder nicht funktioniert hat, werden Wikis gegenwärtig als Heiliger Gral desselben angesehen. Dieser Anspruch kann zum heutigen Zeitpunkt noch nicht als erfüllt angesehen werden.

Hersteller und Kosten einer Implementierung

Es gibt eine Reihe von Open-Source-Software (OSS) wie auch preiswerte kommerzielle Software, genannt seien:

- Mediawiki, unter GPL (GNU General Public License) lizenzierter PHP und MySQL-basierter Wiki-Engine (www.mediawiki.org), darauf basiert die Wikipedia.
- Confluence, der Firma Atlassian, ist ein Java-basierter Wiki-Engine (www.atlassian.com).
- Die Groupware-Angebote der großen Hersteller (Microsoft SharePoint, IBM Lotus) umschließen immer mehr auch Wiki-Funktionalitäten, ohne schon vollständig an die Leistung der genannten Beispiele heranzukommen.

Forrester gibt die Kosten einer Implementierung eines voll ausgestatteten Wikis im Unternehmen als zwischen 10.000 und 50.000 $ liegend an (Forrester 2008), es können aber durchaus auch die doppelten bis dreifachen Werte erreicht werden.

Besonderheiten von Wikis

> Während die Erfindung des Buchdrucks die Replizierbarkeit einmal erzeugter (Buch-)Inhalte revolutionierte, adressieren Wikis den entscheidenden Schritt vorher in der Wertschöpfungskette und revolutionieren die *Erzeugung der Inhalte* selbst.

Damit entstehen neue, kostengünstige Möglichkeiten für Zusammenarbeit. Tapscott spricht sinngemäß von einer Revolutionierung der Volkswirtschaft durch „Wikinomics" (Tapscott 2006). In S. Maders Buch *Wikipatterns* werden die Unterschiede von Wikis zu

- Zusammenarbeit via E-Mail (kein Warten auf eingehendes Dokument, Versionskontrolle, zentrales Inhalts-Repository),
- normalen Intranetlösungen (keine stringenten Redaktionsprozesse),

- geteilt genutzten Laufwerken (Versionskontrolle und Webzugriff)

herausgearbeitet (Mader 2008). Im zugehörigen Wiki zum Buch, wikipatterns.com, werden ca. 60 Muster, die die Akzeptanz von Wikis in der Organisation fördern, beschrieben. Zu den wichtigsten zählen:

- Wiki-Champion, die Existenz einer oder mehrerer Personen, die für exemplarische Prozesse der Organisation, die Nutzbarkeit und Überlegenheit des Wiki-Ansatzes demonstrieren,
- Wiki-Gärtner, die kontinuierliche Pflege des Wikis unter Navigations-, Struktur- und Designgesichtspunkten,
- persönliche Räume und Gruppenräume (personal and group spaces), die die Identität von Individuen oder Gruppen erlauben zu pflegen und darzustellen.

Zu den gefährlichen Anti-Pattern (ca. 40 in wikipatterns.com), die den Erfolg von Wikis in Organisationen gefährden, zählen

- zu stark vorgegebene Strukturen (erschweren Neulingen den Einstieg),
- keine klare Trennung zwischen Intranet-Content und Wiki-Content („OneHammer"- bzw. „ButTheIntranet"-Syndrom),
- komplizierter Registrierungsprozess für neue Nutzer.

3.2.2 Blogs

Begriffsklärung

Blogs sind technisch gesehen ebenfalls einfache Content-Management-Systeme, mit denen Texte und Darstellungen von allen autorisierten Personen erstellt werden können, die entstandenen Inhalte bezeichnet man ebenfalls als Blog (Bild 3.2). Die Einträge folgen einer chronologischen Ordnung können aber auch thematischen Zusammenhängen unterworfen werden.

Die Bloginhalte werden durch einen Publikationsprozess freigegeben und über das Inter- oder Intranet dem Auditorium zur Kenntnis gegeben. Typischerweise gibt es *einen* Hausherren (oder eine -dame) des Blogs, also eine Person, die für die Inhalte geradesteht. Interaktionen mit der Außenwelt werden über Kommentare, eine lockere Verlinkung auf andere Blogs (Blogroll) sowie die bidirektionale (*Trackback* und

Pingback) Vernetzung von Blogs untereinander erzeugt. Voraussetzung für die bleibende Verlinkung sind feste Identifikatoren für die entstehenden Blogeinträge (Permalinks), die sich im Laufe der Zeit nicht ändern.

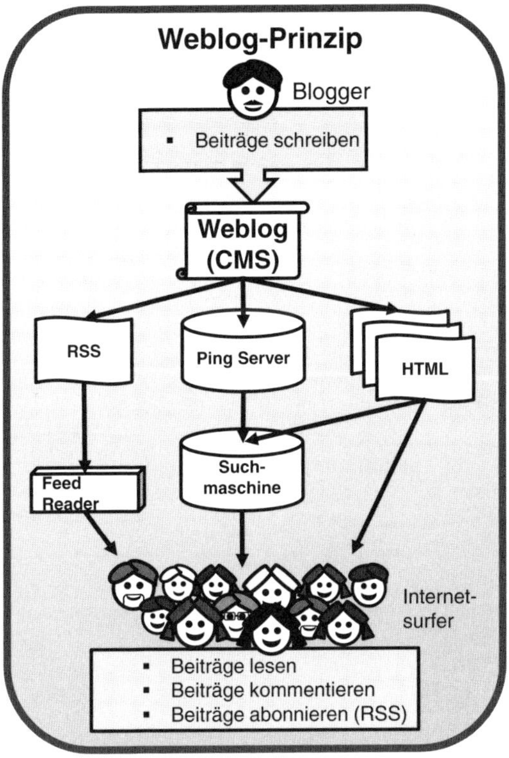

Bild 3.2: Funktionalitäten einer Blogsoftware

Konzeptionell kann man sich die Trackback- und Pingback-Funktionalität als eine automatische Sammlung von Zitaten (Zitationen) auf den Originalblogeintrag vorstellen.

Das automatische Sammeln von Zitaten zeigt erneut die erweiterten Möglichkeiten des neuen Mediums (Web, Blog). Wofür in der wissenschaftlichen Welt ganze Dienstleistungsindustrien (z. B. Science Impact Factor) zum Zählen von „Wer zitiert wen?" benötigt werden, wird im Blog im Moment der Referenz automatisiert erledigt.

Trackback und Pingback verfolgen das gleiche Ziel, Unterschiede bestehen in der Art und Weise, es zu erreichen (Bild 3.3). Während Pingback aktiv und automatisch die verlinkten Beiträge (und ihre Content- und Webserver) informiert, sodass diese selbst die Zitation aufnehmen können, wird bei Trackback diese Arbeit noch manuell erledigt (d. h., man muss die Trackback-URL des Beitrags, auf den man verlinken möchte, selbst ermitteln).

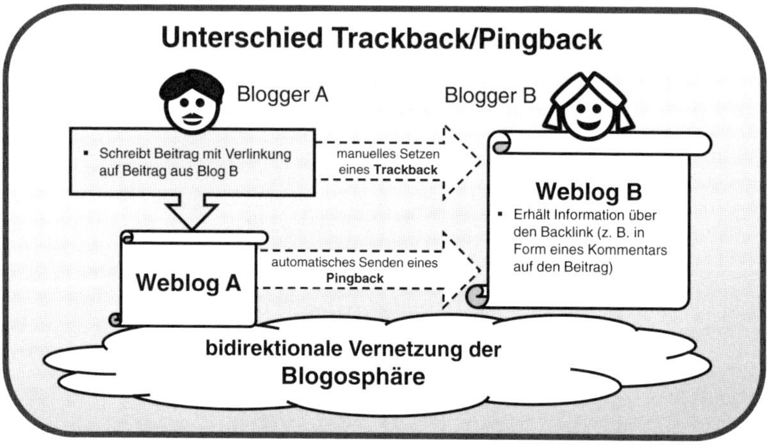

Bild 3.3: Techniken, um eine bidirektionale Verlinkung von Blogeinträgen (halb) automatisch zu erreichen

Einsatzzweck

Blogs können sehr gut als Tagebücher im Web verstanden werden, daher werden sie oft als eine neue Art von Graswurzeljournalismus bezeichnet (Journalismus von unten). Für das Zurechtfinden in der *Blogosphäre* (so nennt man die Gesamtheit aller Blogs im Web) haben sich eigene Such- und Kontextdienste herausgebildet, deren bekanntester Technorati[39] ist. Von Technorati werden ca. 70 Millionen Blogs indexiert, die Gesamtanzahl an Blogs wird auf ca. 185 Millionen weltweit geschätzt.[40] Die 100 am meisten gelesenen Blogs sind die von kommerziellen Anbietern (Verlagshäuser, Zeitungen), sodass der Graswurzeleffekt so langsam am Verblassen ist, wie N. Carr (ironi-

[39] www.technorati.com
[40] Blogreport 2008 von Technorati

scherweise in einem Blogbeitrag „Who killed the blogosphere?“[41]) feststellte.

Im Unternehmenskontext können Blogs für die interne Kommunikation, für die Kommunikation/Interaktion mit Kunden und Partnern sowie generelle externe Kommunikation genutzt werden. Es kann zwischen

- Wissensblogs,
- Serviceblogs,
- Kampagnenblogs,
- Themenblogs,
- Produkt-/Markenblogs,
- Kundenbeziehungsblogs und
- Krisenblogs

unterschieden werden (Zerfaß 2005). Im Unternehmen des Autors wurden sehr gute Erfahrungen mit Blogs zur internen Kommunikation (Executive Blogs, Bereichsblogs, Blogs von Interessengruppen [z. B. zum Thema Enterprise 2.0]), Serviceblogs zur Schichtübergabe (Wissensblog) sowie Themenblogs (SOA-Blog, Blog zu Projektmanagement 2.0, Zeitungsperspektiven) gemacht, wiewohl letztere ein hohes Engagement und Durchhaltevermögen der Unternehmensautoren benötigen. Eine Möglichkeit, die Last zu verteilen, besteht darin, ein Autorenteam zum Einsatz zu bringen.

Hersteller und Kosten einer Implementierung

Forrester gibt die Kosten einer Implementierung mit ca. 15.000 $ an (Forrester 2008). Für die reinen Implementationskosten mag das sicher zutreffen, für eine nachhaltige Blogkommunikation muss man sicher höhere Konzeptions-, Redaktions- und Betreuungskosten einkalkulieren. Unsere Erfahrungen besagen, dass leicht das Doppelte bis Vierfache dafür anzunehmen ist.

Für den Aufbau einer Blogplattform kann man aus drei Kategorien wählen:

---

[41] www.roughtype.com/archives/2008/11/who_killed_the.php

- Blogs aus der Cloud (im gehosteten Modus), z. B. Googles blogspot.com,
- Blogs mit einer Open-Source-Software, z. B. WordPress basierend auf PHP und MySQL (von Automattic),
- kommerzielle Software von Microsoft (SharePoint), IBM, Six Apart.

Besonderheiten von Blogs

Im Blog steht insbesondere die zeitliche Aktualität eines Beitrags im Mittelpunkt. Mit der Erfindung der (automatisierten) Bidirektionalität von Links wird eine neue Qualität in der Vernetzung des Web erreicht. Immer häufiger kommt es zu einer Kombination von Blogs und Wikis im Unternehmen. So wird das Wiki als langsam wachsende Wissensbasis oder Fortschrittsbasis verwendet, das dazugehörige Blog dokumentiert die aktuellen Ereignisse und Fortschritte oder ruft zu gemeinsamen Aktionen auf. Blogs unterstützen ebenfalls die Möglichkeit, die Beiträge zu abonnieren (mit RSS wird ein standardisiertes Format für Blogbeiträge definiert), somit kehrt sich das Prinzip vom „ich besuche aktiv die mich interessierenden Seiten" um zu „ich abonniere die Seiten, die mich interessieren". Häufig wird diese Umkehr als „vom Push zum Pull" beschrieben. In Blogs mit Außenwirkung hat man häufig mit Blogspam, d. h. unerwünschten Kommentaren oder Trackbacks zu kämpfen. Inzwischen gibt es neben den manuell zu bedienenden Sicherheitsmechanismen (*CAPTCHAs,* Zeichenfolgen, die ein Nutzer vor Abgeben eines Kommentars eingeben muss) auch automatisierte Erkennung und Zurückweisung durch Spamfilter analog dem Vorgehen im E-Mail-Management.

3.2.3 Feeds und Feed Management

Begriffsklärung

Feeds sind Informationskanäle (in Form standardisierter XML-Daten) auf Webseiten, die man abonnieren kann (Bild 3.4). Sie realisieren damit den Übergang vom *Push-* zum *Pull*-Prinzip. Der Pull erfolgt vom Abonnenten mithilfe seines Clients, der hier auch *Reader* genannt wird. Als Reader können Browser, spezialisierte Feed Reader, E-Mail-Programme oder Bildschirmschoner fungieren. Vom Leser (Reader) wird also aktiv eine Beziehung zum Anbieter des Feeds aufgebaut. Damit erspart man sich das „Abklappern" aller Seiten, deren Veränderungen von Interesse sind.

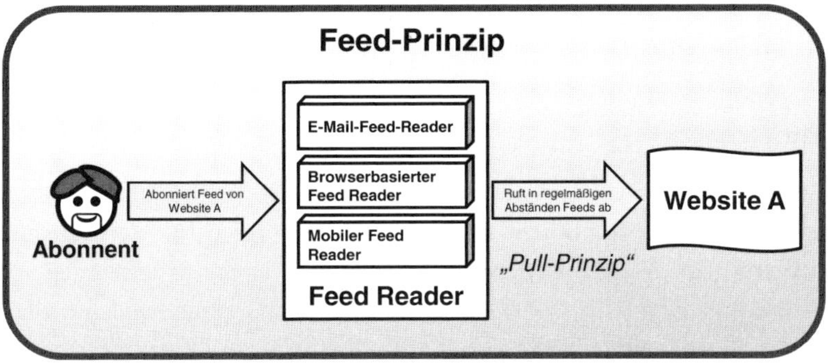

Bild 3.4: Feeds sind abonnierbare Veränderungsmeldungen zu Inhalten (von z. B. Webseiten).

Feeds können in anderen Webseiten wieder dargestellt werden, man spricht dann von Content Syndication. Es gibt unterschiedliche technische Spezifikationen für Feeds, gute technische Systeme unterstützen parallel die Auslieferung von Feeds im RSS-2.0-Format, im RSS-0.92-Format oder im Atom-0.3-Format, je nach Anforderung des Readers.

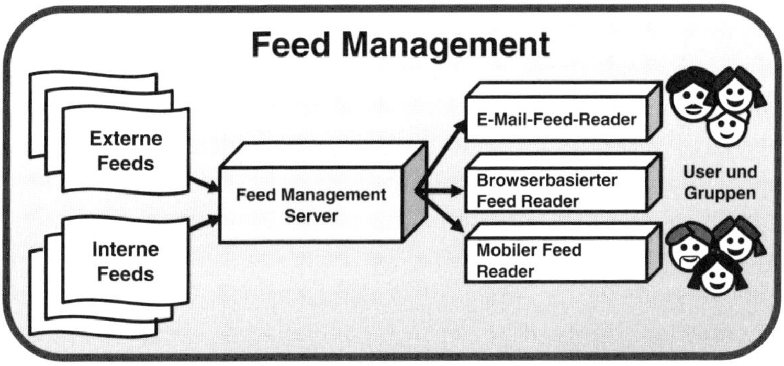

Bild 3.5: Feeds können von verschiedenen Geräten und Systemen gelesen werden. Ein Feed Management Server koordiniert den unternehmensweiten Abruf und die Zustellung von Feeds an Individuen und Gruppen. Interne Feeds kommen aus den Quellen des eigenen Intranets, externe Feeds aus dem offenen Internet (Web).

Feed Management bedeutet die geplante Anforderung, Verwaltung und Zustellung von Feeds an Interessentengruppen und Plattformen. Feed Management beginnt auf individueller Ebene, Feed-Management-Architekturen versuchen, die individuellen Bedürfnisse in einer unternehmensweiten Lösung zu fassen (Bild 3.5).

Einsatzzweck

Mitarbeiter des Unternehmens abonnieren die Feeds, die für sie die wichtigsten Informationen bereitstellen. So können für Vertriebsmitarbeiter jede Änderung der CRM-Datenbasis in ihrem jeweiligen Account, der Projektfortschritt aus den Wochenberichten und die allgemein zugänglichen Nachrichten zum Kunden von Interesse sein. So abonniert er den Feed zu den CRM Updates, den Feed aus den Wochenberichten und einen allgemeinen Feed zu Nachrichten aus dem Internet, jeweils eingeschränkt auf seinen Kundenstamm. Sein Feed Reader informiert ihn plattformübergreifend (mobil, E-Mail, Web) über Veränderungen und merkt sich, ob die Nachrichten schon gelesen sind. Die unternehmensweite Feed-Management-Architektur standardisiert gewisse Feed-Ströme (den CRM Feed, den Wochenberichts-Feed) und stellt sie ganzen Gruppen von Nutzern zum Abonnement zur Verfügung.

Hersteller und Kosten einer Implementierung

Die Basisfunktionalität von Feeds ist heute Standard in den verschiedenen Browsern oder Content-Verwaltungssystemen (CMS, Blogs, Wikis). Unternehmensweites Feed Management stellt eine neue Kategorie von Integrationssoftware dar, welche sich noch nicht allgemein etabliert hat. Forrester schätzt die Kosten einer vollständigen Umsetzung im Unternehmen zwischen 40.000 und 80.000 $. Die Interpretation, was man mit RSS-Feed-Management alles machen kann, reichen von:

- Publizieren und Abonnieren (Publish and Subscribe) von Feeds im Intranet oder Internet sowie Ausspielen der Feeds in verschiedene Plattformen (mobile Geräte, Web, E-Mail Clients) im Feedserver von Attensa (attensa.com),
- Verwendung von RSS-Feeds als universeller Integrationsschicht einer sozialen Software Suite von NewsGator (newsgator.com),

- Nutzung von RSS als allgemeinem Datenaustauschformat zwischen Webservices, Datenbanken, Dokumenten, Office-Applikationen, CRM und weiteren Protokollen und Datenquellen im RSSBus von /n software (rssbus.com).

Besonderheiten von Feeds und Feed Management

Das technische Basisproblem, welches Feeds zu lösen versuchen, ist das des *universellen Kurznachrichtenformats*, d. h., wie gelingt es, den Informationsgehalt einer beliebigen Quelle standardisiert und maschinenverarbeitbar auf den Punkt zu bringen. Das Anwendungsproblem, welches Feed Management zu lösen versucht, ist das des *Information Overload*, d. h., wie kann man aus einer potenziell nicht handhabbaren Anzahl von Quellen die relevanten auswählen und gezielt mit Informationen versorgt werden. Es steht außer Frage, dass die traditionellen Wege der Informationsbeschaffung (Bibliotheken, Datenbanken, Medien) aufgrund der schieren Flut neuer Methoden ihrer Handhabung bedürfen.

Feed Management wird einen zentralen Platz in der Steuerung der Informationsbeschaffung einnehmen. Die Konturen des Vorgehens werden erkennbar, ein standardisierter und allgemein anerkannter Einsatz von Feed Management auf Unternehmensebene existiert noch nicht (Stand 2009).

3.2.4 Mashups

Begriffsklärung

Mashups integrieren zwei oder mehrere Webdienstleistungen in einer neuen Anwendung (Weblikation). Die Integration kann auf Datenebene, Prozessebene oder Darstellungsebene erfolgen. Typischerweise ist die Integrationstiefe sehr oberflächlich, d. h., zwischen den integrierten Dienstleistungen bestehen kaum zeitliche oder logische Abhängigkeiten.

Eine kleine Metapher soll die Integrationsmöglichkeiten verdeutlichen. Wir nehmen an, dass zwei Maler ein Bild gemeinsam malen wollen. Einer Integration auf Datenebene würde entsprechen, eine gemeinsame Farbpalette zu benutzen. Einer Integration auf Prozessebene würde entsprechen, sich den Hintergrund und den Vordergrund oder die Landschaft und die Personen aufzuteilen. Einer Integration auf Darstellungsebene würde jeden sein Bild malen lassen und dann daraus eine Collage mit Zusammenschnitt aus beiden Bildern erzeugen (Bild 3.6).

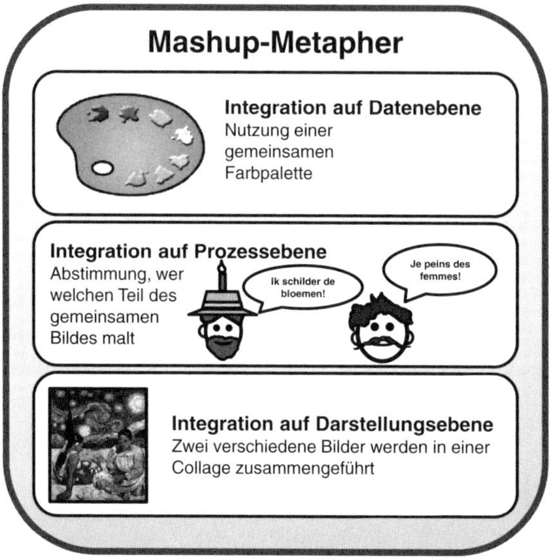

Bild 3.6: Mashups sind Integrationen von Daten und Diensten, sie können auf verschiedenen Ebenen stattfinden.

Einsatzzweck

Mashups wollen den alten Traum von der Wiederverwendbarkeit von Software verwirklichen. Sie stellen Möglichkeiten bereit, einmal im Unternehmen erzeugte Funktionalität in neue, nie vorher bedachte Kontexte einzubinden oder sogar extern erzeugte Funktionalität in eigenen Applikationen einfach, kostengünstig und schnell zu nutzen. Selbst die Erzeugung von hoch spezialisierten Applikationen für nur einen oder wenige Nutzer ist damit kostengünstig möglich. Neben die schwerfällige und teure SOA-Integration ist eine schnelle und leichtgewichtige Variante getreten (Bild 3.7).

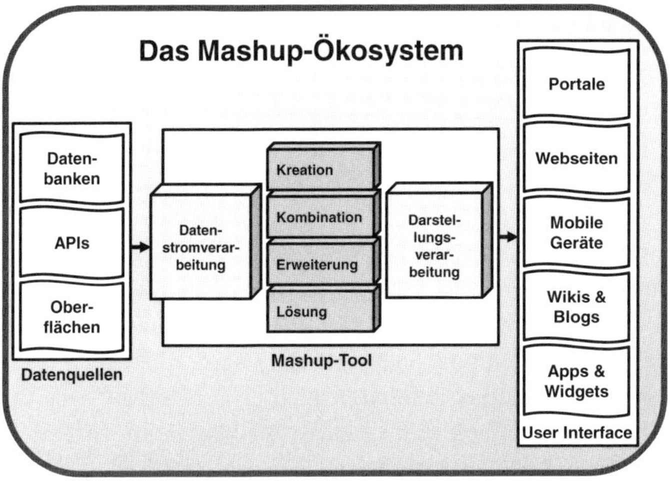

Bild 3.7: Mashup-Systeme bestehen aus drei Komponenten, einer Komponente zur Verarbeitung von Datenströmen, einer weiteren zur Gestaltung (Anlegen, Erweitern, Löschen) von Mashups und einer Komponente, die das Aussehen der zusammengemischten Dienste bestimmt (Darstellungsverarbeitung).

Hersteller und Kosten einer Implementierung

Um ein funktionsfähiges Mashup zu erzeugen, sind unter Verwendung der angebotenen Webservice-APIs wenige Tage Implementierungsaufwand nötig. Eine typische Integration zweier großer Dienste (z. B. eBay und Google Maps) dauert weniger als eine Woche. Das größte Problem für Unternehmen besteht darin, ihre eigenen Services Mashup-fähig zu gestalten. Ein guter, wenn auch nicht unbedingt notwendiger Weg dahin wäre eine SOA-Strategie im Unternehmen. Ist diese nicht vorhanden, können immer noch Mashups mit Integration auf Datenebene (RSS-Feeds) oder Darstellungsebene (HTML) erzeugt werden. Die Mashup-Entwicklungs- und -Verwaltungslösungen schlagen laut Forrester von 50.000 bis zu 300.000 $ zu Buche (Forrester 2008). Darunter sind Anbieter wie

- JackBe Corporation, bieten eine vollständige Plattform für das Erstellen, Anpassen und Verteilen von Mashups an (www.jackbe.com), oder
- Kapow Technologies, die neben einem Lizenzmodell auch ein On-Demand-Modell für das Anzapfen verschiedener Datenquellen und einen visuellen Editor zur Erstellung von Mashups anbieten (www.kapowtech.com).

Besonderheiten von Mashups

In einem Mashup können mehrere Integrationsmöglichkeiten gleichzeitig verwendet werden. Für die Integration auf Darstellungsebene stehen Techniken wie *Screen Scraping* (Herausziehen von Informationen aus HTML-Seiten) oder *Active Browsing* (Modifizieren von Seiteninhalten) zur Verfügung. Für die Integration auf Prozessebene stehen zwei konkurrierende Ansätze zur Verfügung, die Übertragung des alten *RPC-Paradigmas* der verteilten Verarbeitung in die Webwelt, also XML RPC bzw. Webservices und SOAP oder die Nutzung des *REST*-Ansatzes (Representational State Transfer) nach R. Fielding (Fielding 2000). REST versucht, eine vereinheitlichte Aufrufschnittstelle für beliebige verteilte Webdienste zu schaffen. Die Integration auf Datenebene kann durch klassische Datenbankabfragen oder RSS- bzw. Atom-Feeds erfolgen.

Mashups sind nicht a priori transaktionssicher, d. h., die Verknüpfung der Services erfolgt nicht unbedingt atomar, konsistent, isolierend und dauerhaft. Werden zur Integration im Mashup Dienste einer serviceorientierten Architektur verwendet, kann auch Transaktionssicherheit erzeugt werden. Mashups fungieren dann als User Interface der SOA-Services (vgl. Schoenef 2007).

3.2.5 Social Networks

Begriffsklärung

Social-Network-Systeme sind Softwaresysteme zur Kontaktanbahnung und Kontaktpflege von Personen (Bild 3.8). Jedes Mitglied eines Social Network pflegt dazu seine Profildaten, die sowohl persönliche Daten als auch private Interessen und berufliche Angaben enthalten können. Zur Kommunikation zwischen den Mitgliedern des Social Network dienen Nachrichtenaustauschsysteme synchroner (Instant Messenger) oder häufiger asynchroner Art (Mailsysteme). Mitglieder können andere Mitglieder „ansprechen“ und bitten, Mitglied ihres Netzwerks zu werden (Vernetzung). Das Social Network ist in der Lage, den „sozialen Graphen“ darzustellen, d. h., wie die Mitglieder untereinander direkt oder indirekt miteinander verbunden sind. Gleichgesinnte können sich in Gruppen organisieren. Verschlagwortung und Tagging (siehe

3.2.7) von Nutzerdaten sind möglich und erleichtern damit die Suche im Netzwerk.

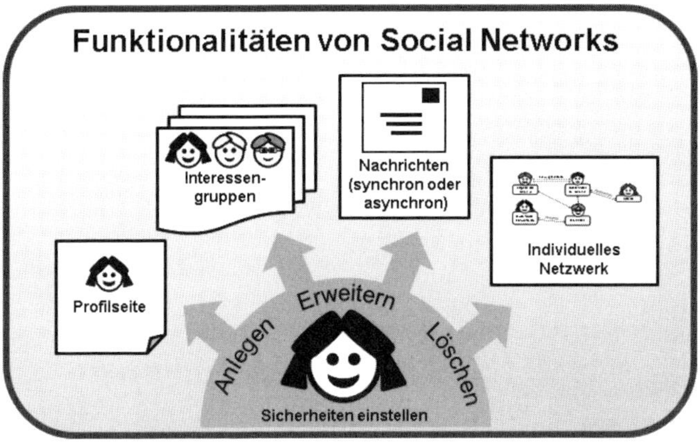

Bild 3.8: Grundfunktionalität eines jeden Social Network

Wir unterscheiden folgende Typen von Social Networks:

- Netzwerke, die die berufliche Kontaktanbahnung und -pflege unterstützen (Beispiele www.xing.com mit ca. sechs Millionen Benutzern und www.linkedin.com mit über 30 Millionen Benutzern; www.facebook.com mit ca. 140 Millionen Mitgliedern),
- Netzwerke, die die private Kontaktanbahnung und -pflege unterstützen (Beispiele für die Zielgruppen Studenten und Schüler www.studivz.net und www.schuelervz.net mit ca. zwölf Millionen Mitgliedern; www.myspace.com mit ca. 180 Millionen Mitgliedern),
- Netzwerke, die spezielle Interessen, z.B. „Partnerschaftssuche" adressieren (z. B. www.parship.de) und inzwischen auch eine hohe Akzeptanz für diese Art der Kontaktanbahnung gefunden haben (57 % der Europäer akzeptieren diese Vorgehensweise[42]).

Die Grenzen zwischen den Netzwerktypen verlaufen fließend.

---

[42] http://partnersuche.web.de/pics/downloads/de_DE/Media_Summary_2008.pdf

Einsatzzweck

Im Unternehmensumfeld können Social Networks das gute alte Telefonverzeichnis ersetzen oder erweitern, indem sie neben den klassischen Daten Telefonnummer, Abteilung, Manager, Ort und Raum die eigentliche Person zu Wort kommen lassen und ihr Raum für die Darstellung des eigenen Profils und der eigenen Fähigkeiten geben. Damit werden die Grundlagen für eine informelle Vernetzung der Mitarbeiter geschaffen, die jenseits der etablierten organisatorischen Strukturen wirken (Bild 3.9).

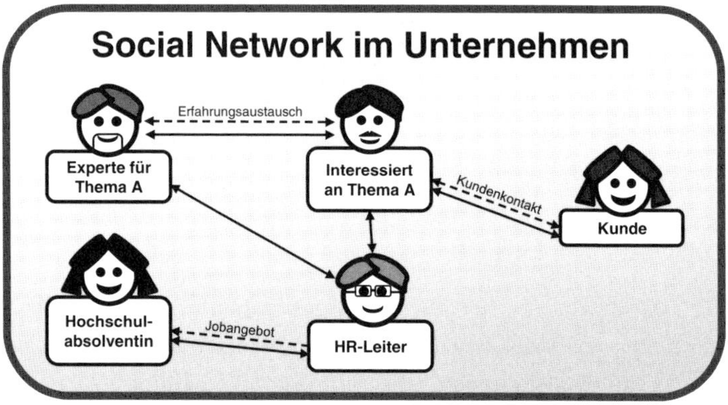

Bild 3.9: Kontaktanbahnung und -pflege im Unternehmen und darüber hinaus

Hersteller und Kosten einer Implementierung

Prinzipiell kann ein Unternehmen wiederum aus drei Kategorien von Anwendungen wählen, es kann sich

- für eine Anwendung aus der Cloud (gehostete Variante) entscheiden oder gleich ein öffentliches Netzwerk benutzen,
- für eine separate In-House-Installation z. B. von Jive Software (www.jive.com) entscheiden oder
- die eingebauten Social-Network-Fähigkeiten vieler andere Social-Software-Suiten nutzen, z. B. Microsoft SharePoint, Atlassians Confluence.

Dementsprechend variieren die Kosten sehr stark von kostenlos über 20.000 $ bis zu 300.000 $ (Forrester 2008).

Besonderheiten von Social Networks

Die Freigabe persönlicher Daten in Form eines Profils (Bild 3.10) erzeugt automatisch viele Möglichkeiten des Missbrauchs. Nie zuvor war der Begriff „personenbezogene Daten“ so eindeutig belegt wie in Social Networks. Neue Formen des *social hacking* etablieren sich und versuchen Vorteile aus der Kenntnis eines oder mehrerer Profile („profile matching“) einer Person zu ziehen. Das kann noch im erlaubten oder sogar gewünschten Rahmen einer Personalsuche und -ansprache sein, kann aber auch darüber hinausgehen. Die Verlockung, die Kenntnis der Profildaten mit dedizierter Werbung auszunutzen, ist hoch.

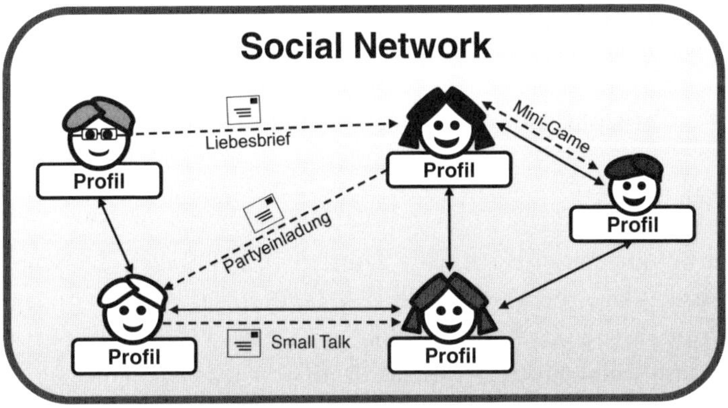

Bild 3.10: Private, soziale Kontakte im Social Network pflegen.

Ein weiteres Problem stellt die Vielzahl der Social Networks dar, eine (manchmal gewünschte) Profilübertragbarkeit ist durch die Inkompatibilitäten der einzelnen Systeme nicht möglich. Ein neuer, von Google vorangetriebener Standard (*OpenSocial*), der auf Interesse vieler Social Networks trifft, soll hier Abhilfe schaffen. OpenSocial gilt auch als Antwort von Google auf die Möglichkeiten, eigene Anwendungen für das Social Network Facebook zu schreiben.

Mittlerweile existieren über 3.000 Dienste und *Anwendungen* für Facebook-Nutzer, womit die nächste Dimension im Kampf um den einen Plattformstandard erreicht ist. Mit Anwendungen für Social Networks gelingt es, den Wert des Netzwerkes für die Nutzer zu steigern und damit einen Lock-in-Effekt zu erzeugen. Typische Anwendungen sind Spiele, Horoskope, Kalender, Fotobücher, aber auch Slideshows, d. h.

die Möglichkeit, eigene Präsentationen darzustellen. Denkt man dieses Szenario im Unternehmenskontext zu Ende, dann etablieren sich im Social Network des Unternehmens die besten Mashups (fast) von allein. Allerdings werden diese Erfahrungen zuerst im persönlichen Umfeld gemacht und prägen dann die Erwartungshaltung an die Möglichkeiten im Unternehmen.

Eine weitere Erkenntnis ist, dass man nicht unbedingt die Nutzer auf die eigene Website holen muss, sondern mit seiner „Website" bzw. interessanten Anwendungen dorthin gehen muss, wo die Nutzer sind – in die Social Networks. Spiegel Online platziert seine Nachrichten derart in Facebook. Sollte man nicht auch seine Jobanzeigen beispielsweise auf diese Weise anbieten?

3.2.6 Social Bookmarks

Begriffsklärung

Social Bookmarks erlauben eine zentrale und von allen Teilnehmern sichtbare Ablage von Lesezeichen, d. h. Links in das Web oder Intranet. Die sonst im eigenen Browser geführte Liste der Favoriten wandert an eine zentrale und einsehbare Stelle. Wenn das viele Personen gleichzeitig tun, kommt es zur Mehrfachnennung von Links. Die Anzahl an Gesamtnennungen stellt eine wesentliche Zusatzinformation dar, da die Relevanz des Links für eine Gruppe von Personen ersichtlich ist. Favoriten können ebenfalls mit Tags (3.2.7) ausgezeichnet werden, das erleichtert die Suche und schafft zusätzliche Kontextinformationen, die der Link nicht a priori besitzt. In vielen Social-Bookmark-Systemen ist es möglich, gezielt auf neue Links, die mit einem gewünschten Schlagwort getaggt werden, zu warten. Weiterhin kann man ein Netzwerk von Leuten und deren Bookmarking-Prozess verfolgen, das ähnelt einer Schatzsuche, in der man permanent über die Schatzfunde (Bookmarks) der anderen informiert wird (Bild 3.11).

Einsatzzweck

Im Unternehmensumfeld können Social Bookmarks eingesetzt werden, um eine gemeinsame Linkbasis auf interessante Inhalte, Artikel, Hilfsmittel zu erstellen und zu verwalten. Diese Linkbasis kann sowohl für das gesamte Unternehmen als auch für Teilbereiche des Unternehmens (Projektgruppen etc.) geführt werden. Umgekehrt kann man aus der Häufigkeit von gespeicherten Bookmarks die Relevanz des zugrunde liegenden Themas für die Organisation erkennen.

Bild 3.11: Social-Bookmark-Systeme liefern menschlich generierten Kontext zu Inhalten des WWW.

Weitere Einsatzmöglichkeiten ergeben sich in öffentlichen Social-Bookmark-Systemen, um zu bestimmten Begriffen sichtbar und relevant zu werden. Damit begibt man sich auf das Feld der Social Media Optimization (als Erweiterung der Search Engine Optimization), welches wir nicht ausführlich behandeln wollen.

Wir haben exklusiv für Sie Social Bookmarks eingerichtet: Unter Delicious, Nutzername praxisleitfaden_e20, können Sie alle Fußnoten und online verfügbaren Literaturquellen dieses Buches aufrufen, getaggt mit den jeweiligen Kapitelnummern und Hauptbegriffen der Abschnitte versehen. Alles, was man tun muss, ist, diesen praxisleitfaden_e20 zu seinen „Freunden" zu erklären, also in sein Netzwerk aufzunehmen.

Hersteller und Kosten einer Implementierung

Wiederum kann man als Unternehmen unter mehreren Möglichkeiten wählen:

- Einen der öffentlichen Bookmarking-Dienste verwenden, z. B. Delicious, www.furl.net oder www.mister-wong.de,
- Open-Source-Software einsetzen,
- dedizierte Social-Bookmark-Software im Unternehmen einsetzen, z. B. www.cogenz.com oder
- die eingebauten Social-Bookmark-Dienste vollständiger Social-Software-Suiten verwenden (Atlassians Confluence, Connectbeams Spotlight www.connectbeam.com).

Entsprechend variieren die Preise für eine Implementation, bleiben aber im niedrigen fünfstelligen Bereich (über 10.000 $, Forrester 2008).

Besonderheiten von Social Bookmarks

Während die Stärke des Google-Suchalgorithmus darin liegt, Relevanz von Suchergebnissen durch den PageRank, d. h. das Gewicht eines Treffers durch die Gewichte der auf den Treffer verlinkenden Seiten zu bestimmen, können Social-Bookmark-Dienste die tatsächliche Relevanz durch die Anzahl gesetzter Bookmarks realer Menschen bestimmen. So hat man zu vielen Themen einen alternativen, durch menschliche Intelligenz abgesicherten und häufig besseren Zugang als über textbasierte Suche allein. Auf der Kehrseite hat man niemals die Vollständigkeit der textbasierten Suche.

3.2.7 Tagging und Tags

Begriffsklärung

Tags sind von Einzelnutzern frei vergebene Schlagworte für Inhalte. Das Zuweisen dieser Schlagworte an die Inhalte wird als *Tagging* bezeichnet. Durch fortlaufendes Tagging entstehen Sammlungen von Schlagwörtern, die, sofern mehrere Nutzer beitragen, auch *Folksonomies* genannt werden. Visualisierungen werden in Form von Wortwolken – *Tag Clouds* – ermöglicht, bei denen die am häufigsten verwendeten Tags typografisch am größten dargestellt werden. Über die Tag Clouds werden häufig neue Zugriffs- und Navigationsmöglichkeiten zu den Inhalten bereitgestellt (Bild 3.12).

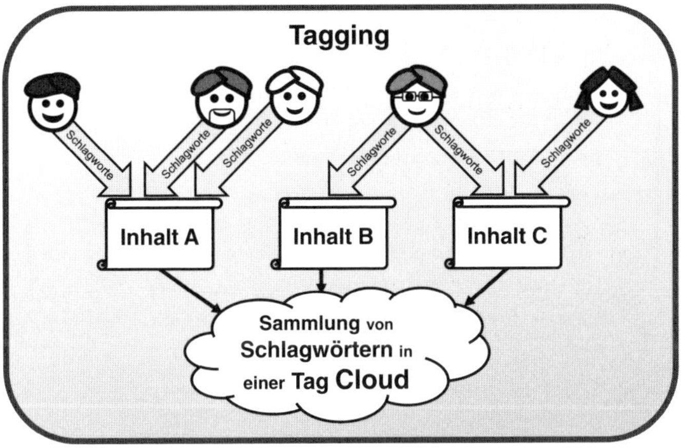

Bild 3.12: Tagging – die Schlagfertigkeit der Vielen

Tags folgen keiner vorgegebenen Logik, häufig sind es die am schnellsten aktivierten mentalen Konzepte und Begriffe, die zu einem gegebenen Inhalt und Kontext passen. Inhalte, die getaggt werden, können beliebiger Natur sein, von Texten über Bilder, Audios und Videos oder auch Links.

Einsatzzweck

Tags und Tagging können im Unternehmenskontext verwendet werden, um die Navigierbarkeit durch das Wissen und die Themen des Unternehmens zu steuern und zu verbessern. Unternehmensweit angewendet ergeben sich über Tags Zusammenhänge zwischen bis dahin separat behandelten Datenbeständen, so kann der Tag „flash programming" als Skill eines Mitarbeiters auftauchen, aber ebenso als Anforderung eines Kunden, in einer Ausschreibung, in einem Wochenbericht und es kann sinnvoll sein, diesen Verbindungen zu folgen (Bild 3.13).

Bild 3.13: Eine Tag Cloud einer typischen Unternehmensabteilung

Hersteller und Kosten einer Implementierung

Tagging ist ein häufig in Suiten sozialer Software integriertes Feature, d. h., man findet es in Lösungen für Wikis, Blogs oder Social Networks und Social Bookmarks, aber auch in Content-Management-Systemen. Integrierende, d. h. mehrere Datenquellen übergreifende Tagging-Lösungen befinden sich derzeit nicht am Markt.

Insofern bietet sich heute nur an, die Tagging-Mechanismen der einzelnen Systeme als Datenquellen in eine unternehmensweite Suche zu integrieren. Die Kosten für eine Enterprise Search beginnen bei ca. 15.000 $ und sind nach oben fast unbegrenzt offen – abhängig von der Zahl der angebundenen Datenquellen. Für ein mittelständisches Unternehmen mit vier anzubindenden Datenquellen (ohne den Fileserver) muss man von Projektkosten von 100.000 $ ausgehen (Forrester 2008).

Besonderheiten von Tagging und Tags

Tags können Schlagwörter sein, die im „getaggten" Text gar nicht vorkommen. In Links, Videos, Audios, Bildern taucht typischerweise wenig oder gar kein Text auf, hier können Tags eine Art Metadatenbeschreibung liefern. Tags können als Form nutzergenerierten Contents bzw. Kontexts verstanden werden.

Der Gründer von Delicious, J. Schachter, sagte sinngemäß, dass ein individuelles Tagging jeder professionellen Kategorisierung unterlegen sei, das aber nicht für die Aggregation vieler individueller Taggings gelte.[43] Tags lösen insbesondere das Problem der multiplen Zugehörigkeit und nicht disjunkten Zuordnung von Sachverhalten in Kategorien.

Neben Tags gibt es weitere Formen nutzergenerierten Contents und Kontexts. Viele der Kontexte entstehen durch pures Dasein und pure Nutzung auf einem Webangebot (meistgesehen, meistbesucht, gemeinsam gekauft), sie genügen damit dem Web-2.0-Pattern „Users add value, per default“, andere erfordern höheres Engagement des Nutzers, wie zu kommentieren, zu bewerten (ranken) oder die Relevanz zu verstärken (digg, diggen).

3.2.8 Mikroblogs

Begriffsklärung

Mikroblogs sind zeitnahe Kurznachrichten eines Nutzers über Handlungen, Ereignisse und Orte, die von einer Gemeinschaft Interessierter mitverfolgt werden können (Bild 3.14). Die Kurznachrichten sind wie in einem Blog chronologisch geordnet, damit erschöpft sich die Ähnlichkeit zum Blog aber bereits.

Einsatzzweck

Der neu gewählte Präsident der Vereinigten Staaten, Barack Obama, hat ein schönes Beispiel für die Nutzung von Mikroblogs zelebriert. Über Twitter, eine offene Mikroblog-Plattform hat er seinen Wahlkampf nachvollziehbar gestaltet und seine Anhänger kontinuierlich auf dem Laufenden gehalten.[44] Insgesamt haben über 140.000 Anhänger (follower) seine „Tweets“ (das Gezwitscher, umgangssprachlich für Twitter-Nachricht) abonniert.

---

[43] So zitiert in shirky.com/writings/ontology_overrated.html

[44] twitter.com/BarackObama

Im Firmenumfeld kann es ebenfalls für die Verfolgung von Ereignissen, Orten, Entscheidungen handelnder Personen genutzt werden. Insbesondere bei der Zusammenführung autark handelnder Personen, die einem gemeinsamen Ziel folgen, kann ein Mikroblog unterstützend eingesetzt werden, zumal auch mobile Geräte als Input- und Outputkanal unterstützt werden. Stellen Sie sich vor, die 20 Vertriebsleute Ihrer Organisation halten sich gegenseitig auf diese Weise über ihre Aktionen auf dem Laufenden, Doppelaufschläge und fehlendes Cross-Selling können damit eingeschränkt werden.

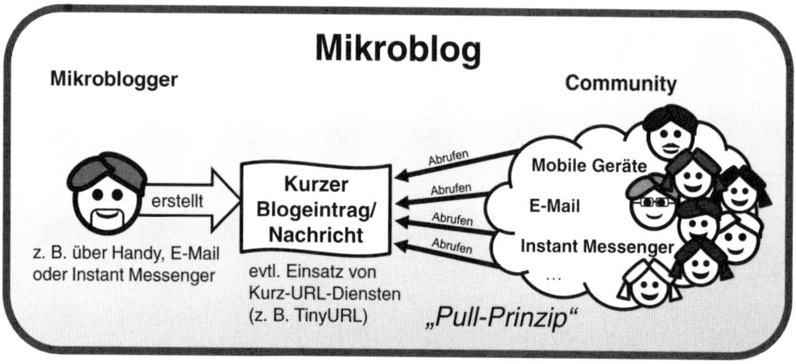

Bild 3.14: Mikroblogs (vielleicht besser „Social Messaging") verbinden das Konzept der mobilen SMS (Short Message Service) mit dem Prinzip der Community. Die Community entscheidet selbst, ob sie den Nachrichten einer bestimmten Person folgen will.

Hersteller und Kosten einer Implementierung

Unternehmen können wieder zwischen Angeboten

- aus der Cloud, wie von Twitter oder Pownce,
- Erweiterungen sozialer Softwaresuiten, wie Automattics Prologue für WordPress[45], CoreMedia's Trillr[46], oder
- dedizierten Produkten, wie Yammer[47] und Communote[48],

---

[45] wordpress.org/extend/themes/prologue
[46] trillr.coremedia.com
[47] www.yammer.com
[48] www.communote.com

wählen. Kostenmodelle für diese Services beginnen sich gerade herauszubilden. Forrester gibt sie mit 1 bis 5 $ pro Nutzer und Monat an (Forrester 2008).

Besonderheiten von Mikroblogs

Der geschäftliche Nutzen von Mikroblogs gilt als umstritten. Derzeit (Mitte 2009) kann noch nicht eingeschätzt werden, welche Verbreitung diese Art von Software erreichen wird. Ein sehr wahrscheinliches Szenario ist, sie im Bundle einer sozialen Softwaresuite wiederzufinden. Sicherheitsbedenken, aber auch schlichte Belanglosigkeit von Nachrichten wirken gegen eine massive Verbreitung.

> Konzeptionell ist der Mikroblog die Verheiratung von SMS der Mobiltelefone mit dem Gedanken der Communitys des Web 2.0.

3.3 Mythen und Wirkkategorien sozialer Software

3.3.1 Mythen sozialer Software

Mit dem Begriff „Enterprise 2.0“ sind Mythen verbunden, auf denen klarerweise die Anziehungskraft des gesamten Konzeptes beruht:

- die Morgendämmerung emergenter Kollaboration (McAfee),
- das Ende der Hierarchien in Unternehmen (McAfee),
- Unternehmen verlieren die Kontrolle („shift of control“, Hinchcliffe),
- eine neue Art von Volkswirtschaft, „Wikinomics“ (Tapscott),
- das Ende von E-Mail im Unternehmen (Suarez, IBM).

Wahrlich eine große Aufgabe für unsere Wikis, Blogs und Social Networks. Auf der anderen Seite haben wir nahezu unglaubliche Beispiele für die Leistungsfähigkeit der Konzepte im freien Web (im Gegensatz zum Web im Unternehmen), wir haben sie zum Teil schon erwähnt:

- Die Wikipedia hat sich als weltumfassende Enzyklopädie durchgesetzt, Einträge existieren in 240 Sprachen, für 24 Sprachen liegen mehr als 100.000 Artikel vor.

- Klassische Enzyklopädien haben an Wert und Einfluss verloren (neue Volkswirtschaft, shift of control).
- Mikroblogs haben die Wahl des US-Präsidenten gestützt.
- Emergente Kollaboration: Im Portal sourceforge.net sind über 166.500 Open-Source-Projekte gelistet und downloadbar, der Spitzenreiter (Thema ist natürlich Filesharing) kommt auf über 470 Millionen Downloads.
- Facebook kreiert ein neues Plattformsystem für Applikationen in Social Networks und gewinnt 140 Millionen Nutzer, der Wert Facebooks wird mit 15 Milliarden $ abgeschätzt (Berechnung aufgrund des Anteilkaufs von Microsoft an Facebook).
- Auf Delicious verwalten ca. fünf Millionen Nutzer über 150 Millionen Lesezeichen (Bookmarks).

Was ist das Geheimnis sozialer Software, welche Ziele und Zwecke (Wirkkategorien) werden durch soziale Software unterstützt?

3.3.2 Wirkkategorien sozialer Software

Eine der frühesten Definitionen für soziale Software findet sich bei Schmidt (Schmidt 2006): „... internetbasierte Anwendungen, die *Informations-*, *Identitäts-* und *Beziehungsmanagement* in den (Teil-) Öffentlichkeiten hypertextueller und sozialer Netzwerke unterstützen".

Wir wollen davon die drei Wirkkategorien übernehmen und um eine vierte, Zusammenarbeitsmanagement, die uns unverzichtbar erscheint, ergänzen.

- *Informationsmanagement*: Finden, Erstellen, Bewerten, Verändern, Kommentieren, Verwalten von Informationen.
- *Identitätsmanagement* (auch *Reputationsmanagement*): Selbstdarstellung in Profilen, Werten, Interessen.
- *Beziehungsmanagement*: Kontakte anbahnen, knüpfen, pflegen; Interessengruppen, Communitys.
- *Zusammenarbeitsmanagement*: gemeinsame Erstellung von Inhalten; Kommunikation, Teilen, Verwenden von Inhalten, Austausch dazu.

Wenn wir versuchen, unsere Kandidaten oder Elemente sozialer Software diesen Wirkkategorien zuzuordnen, stellen wir fest, dass sich ein unterschiedliches Spektrum an Wirkkategorien und ein unterschiedliches Ausmaß an Unterstützung durch jedes Element ergibt:

- *Wikis* unterstützen **Informationsmanagement** und **Zusammenarbeitsmanagement** sehr stark, sie können einen Beitrag zu Reputations- und Beziehungsmanagement leisten (in Abhängigkeit von der gewählten Anonymität im Wiki).
- *Blogs* unterstützen sehr stark das **Reputationsmanagement** (ein Blog ist das Sprachrohr seines Autors), sie können einen Beitrag zum Beziehungsmanagement leisten (Trackbacks) und enthalten natürlich Informationen.
- *Feeds* und *Feed Management* sind das Format und der Filter für das **Informationsmanagement**.
- *Mashups* integrieren Services im **Informationsmanagement**, je nach Natur des Mashups können auch die weiteren Wirkkategorien unterstützt werden.
- *Social Networks* leisten ihren Beitrag im **Beziehungsmanagement**, sie können helfen, Zusammenarbeit anzubahnen, mit meinem Profil stütze ich meine **Reputation**.
- *Social Bookmarks* helfen meine **Informationen** zu verwalten, durch das Verfolgen der Bookmarks anderer wird ein Beitrag zum Beziehungsmanagement geleistet.
- *Tagging und Tags* unterstützen das **Informationsmanagement**.
- *Mikroblogs* unterstützen primär das **Beziehungsmanagement**, daneben erlauben sie auch den **Informationsaustausch** (wenn auch in gedrängter Form). Im Unternehmenseinsatz kommt durchaus der Aspekt Zusammenarbeitsunterstützung dazu, im Internet überwiegt der Aspekt des Reputationsmanagements („schaut mal, wo ich heute schon wieder bin“).

Exemplarisch können wir diese Zusammenhänge auch in Bild 3.15 und Bild 3.16 nachvollziehen. Wir beschränken uns auf Wikis, Blogs, Mikroblogs und Social Networks. Legt man die einzelnen Elemente sozialer Software übereinander, ergibt sich eine recht gute Abdeckung des gesamten Wirkungsraumes.

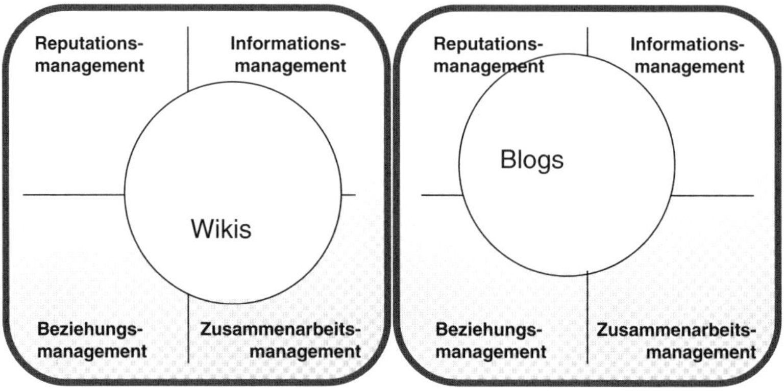

Bild 3.15: Wirkkategorien von Wikis und Blogs

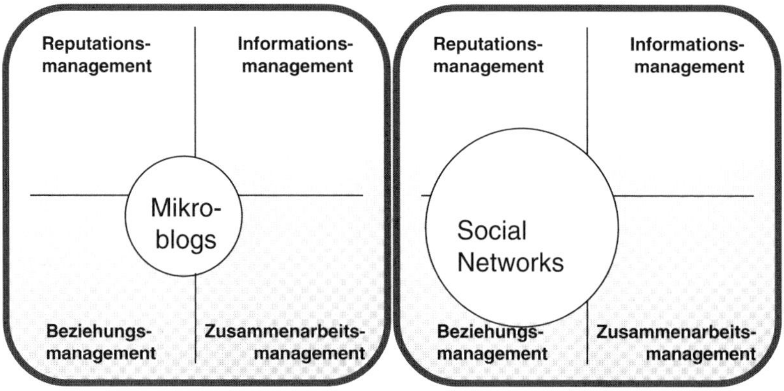

Bild 3.16: Wirkkategorien von Social Networks und Mikroblogs

3.4 Die Wirkprinzipien sozialer Software

Mit der Darstellung, dass soziale Software Informations-, Zusammenarbeits-, Beziehungs- und Reputationsmanagement unterstützt, ist natürlich noch nicht viel gewonnen. Das haben Datenbanken, E-Mail und CRM-Systeme sowie die klassischen Webauftritte auch getan.

Es muss einen fundamentalen Unterschied in der Art und Weise der Wirkung sozialer Software (dem Wirkprinzip) geben und wir können ihn auch charakterisieren:

- Soziale Software *erzeugt* Inhalte (Dokumente, Hypermedien, Profile, Services) oder Kontexte zu Inhalten (Kommentare, Tags, Nutzungsmuster, Relevanzbewertungen) und *sozialisiert* den Erstellungsprozess dazu. Sie greift dazu eines oder mehrere der *Web-2.0-Pattern* auf (siehe Kapitel 2 für die Pattern) und fordert und fördert aktive *Teilnahme* von Mitarbeitern. Durch einfache Handhabbarkeit und Selbsterklärbarkeit wird eine geringe Hemmschwelle zur Nutzung erreicht.
- Soziale Software schafft bewusst Anknüpfungspunkte für *Interaktionen* auf verschiedenen (miteinander verwobenen) *Wirkungsebenen* wie Personen, Inhalten (Daten), Ereignissen und Prozessen durch den Einsatz von Rückkopplung und Feedback-Schleifen und schließt damit Lücken bzw. schafft Interaktionsmöglichkeiten zwischen bis dato disparaten Quellen oder Ebenen.
- Soziale Software unterstützt Prinzipien der *Selbstorganisation* und erlaubt und begünstigt damit die Herausbildung emergenter *Netzwerkeffekte* (siehe Kapitel 4). Insbesondere erlaubt sie die Beobachtung, Navigation und *Entdeckbarkeit* von sich herausbildenden Interaktionen und Mustern.
- Soziale Software belohnt positives Sozialverhalten. Sie schafft gleichzeitig ein *Auditorium für Anteilnahme und Anerkennung* und stützt damit den stärksten Treiber menschlichen Tuns. Positiv belegte menschliche *Werte* wie Offenheit, Transparenz, Glaubwürdigkeit (Authentizität), Teilen, Abgeben werden durch soziale Software transportiert.

Soziale Software ist das gemeinsame Erstellen von Inhalten, das Bedienen von Andockstellen für Interaktionen sowie die Ausnutzung von Rückkopplungen für Selbstorganisation und soziale Belohnung.

Soziale Software kann wie ein Katalysator einer chemischen Reaktion verstanden werden. Während ohne soziale Software die Atome schwerfällig in ihren Gittern sitzen und sich nur widerwillig zu Molekülen oder gar Geweben verbinden, wird mit sozialer Software ein ganz anderes Energieniveau erreicht, Verbindungen entstehen und vergehen, völlig neue Moleküle bilden sich und Interaktionen auf allen Ebenen (Atom, Molekül, Verbund) und zwischen allen Ebenen werden etabliert. Bild 3.17 stellt diese allgemeinen Wirkprinzipien sozialer Software dar.

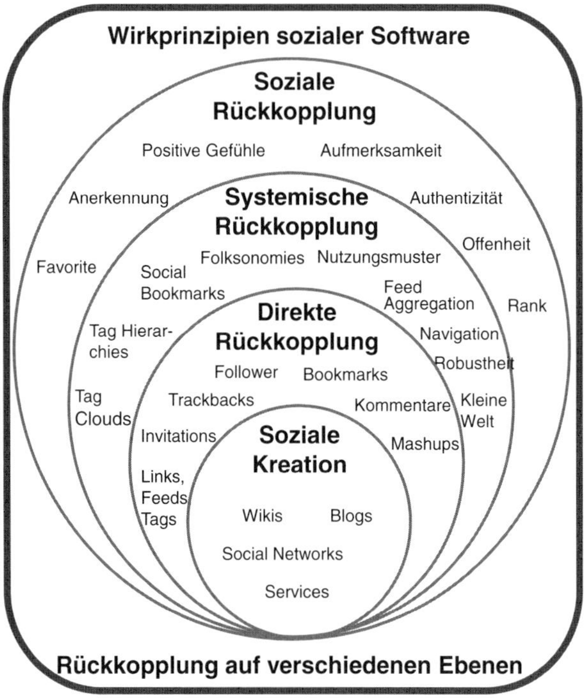

Bild 3.17: Wirkprinzipien sozialer Software

Diese allgemeine Darstellung kann jetzt für jedes unserer Elemente sozialer Software spezialisiert werden. Wir beginnen mit Wikis:

- *Wikis* sozialisieren den Erstellungsprozess von Hypermedien, sie erlauben direkte Rückkopplung auf Inhaltsebene (Links, Kommentare, Diskussionsforen) und Personenebene, systemische Rückkopplung findet durch Gruppenbildung, Schulenbildung statt, Wikis im Unternehmen verbinden die Autoren stark mit den Inhalten, Relevanz eines Themas kann zu den Autoren zurückverfolgt werden.
- *Blogs* stellen Inhalte, Reflexionen und Statements des jeweiligen Autors dar, sie verlinken häufig auf weitere Blogs (Personen) oder Inhalte (Trackbacks, Pingbacks), die Gesamtheit der Blogs bildet

die Blogosphäre, die durchsucht werden kann, um Meinungsführer (Anerkennung) kann sich eine gesamte Denkrichtung gruppieren.

- *Feeds* und *Feed Management* lassen sich eher als Hilfsmittel, um direkte oder systemische Rückkopplung im Gefüge sozialer Software zu erreichen, verstehen. Die Feed-Erstellung funktioniert weitgehend automatisch, es handelt sich also nicht um soziale Kreation, wohl können aber die abonnierten Feeds eine soziale Kreation als Ursprung haben (Wiki-Feeds, Blog-Feeds). Feeds werden als Andockstellen potenzieller Abonnenten verstanden, also eine Form direkter Rückkopplung. Feed Management kann dann als System von Feeds und ihre Verwaltung und Steuerung verstanden werden. Aus dieser Sonderrolle heraus verzichten wir auf eine Darstellung im bisher verwendeten Schema.
- *Mashups* integrieren Services zu Hyperservices, sie stellen also die Erweiterung des Gedankens der Hypermedien in den Raum der Abläufe und Services dar. Die soziale Kreation funktioniert typischerweise nicht auf der Ebene des Einzelservice, sondern erst durch die Nutzung, den Aufruf des Einzelservice (z. B. des Google-Maps-APIs) in weiteren Mashups. Systemische Rückkopplung findet vor allem durch Nutzungsmuster statt. Anerkennung wird durch die am meisten genutzten (Facebook) Applikationen und Service-APIs gesteuert. Im Firmenumfeld findet man diese Art der sozialen Anerkennung noch kaum.
- In *Social Networks* stellen Nutzer Interessen und Skill-Profile ein. Direkte Kontaktaufnahme ist über Nachrichten oder Einladungen, dem eigenen Netzwerk beizutreten, möglich. In der Menge aller Teilnehmer können sich Interessengruppen bilden. Mit einem interessanten Profil ist es möglich, Anerkennung und Aufmerksamkeit zu erzeugen. Viele Personalverantwortliche machen sich das bereits zunutze.
- *Social Bookmarks* sind im Prinzip Sekundärinhalte, da sie nur Sinn im Zusammenhang mit den Primärinhalten (Websites, Dokumente, Medien), auf die sie verweisen, machen. Rekursiv verwendet können sie ebenfalls auf Linklisten (Listen von Bookmarks) verweisen. Bookmarks werden weiter durch Tags charakterisiert und durch die Personen, die sie angelegt haben. Durch Aggregation aller Informationen zu Bookmarks entsteht eine systemische Rückkopplung, über die Tags wird eine semantisch sinnvolle Suche nach Bookmarks möglich. Einige Social-Bookmark-Systeme vermerken, welche Per-

son die Bookmark zuerst gesetzt hat, damit wird eine Form von Anerkennung ausgedrückt.

- *Tagging und Tags* setzen ebenfalls erst als Sekundärinhalte ein, um Inhalte (Dokumente, Medien, Links) zu charakterisieren. Tag Clouds können als eine Art systemische Rückkopplung, um die Navigation zu unterstützen, verstanden werden. Soziale Rückkopplung findet kaum statt.
- *Mikroblogs* erfahren ihre direkte Rückkopplung durch Tags, die man einem Ereignis fest zuweisen kann (z. B. #bcb3, um das dritte Berliner Barcamp zu charakterisieren) und weiterhin durch Follower-following-Beziehungspaare.

Wir wollen drei letzte Bemerkungen nach der vorangehenden etwas anstrengenden Ableitung machen:

1. Der Versuch, klassische Enterprise-Software (wie ein ERP- oder CRM-System) in dieses Schema einzuordnen, zeigt die fundamentalen Unterschiede im Ansatz. Typischerweise findet keine soziale (gemeinsame) Kreation statt, Rückkopplung zwischen Inhalten, Personen und Ereignissen findet ebenfalls nur sehr eingeschränkt statt, Selbstorganisation im ERP und soziale Rückkopplung gibt es nicht (und sollte es vielleicht auch nicht geben).
2. Die Verbindung von klassischer Enterprise-Software mit sozialer Software kann einen Beitrag leisten, diese Trennung zwischen Daten und Personen, Ereignissen und Prozessen aufzuheben und damit größeren Wert aus den im Unternehmen vorhandenen Daten und Informationen zu generieren.
3. Wenn soziale Software im Unternehmen nicht den gewünschten Erfolg bringt, dann ist es sinnvoll, sich die einzelnen Schritte (Wirkungsebenen) genau anzuschauen, um den „Fehler" einzugrenzen. Wir kommen auf diese Frage zurück, wenn wir die Einführungsstrategien für soziale Software im Unternehmen behandeln (Kapitel 8 und 9).

3.5 Eine Definition für soziale Software

Aufbauend auf den Aussagen der vorangehenden Abschnitte wollen wir jetzt eine Definition für soziale Software geben.

> Soziale Software ist die Gesamtheit einfach nutzbarer Anwendungssoftware zur individuellen oder gemeinsamen Erstellung von Inhalten und Schaffung von Interaktionen zwischen Inhalten, Personen, Ereignissen und Prozessen. Der Erstellungsprozess wird durch immanente Rückkopplung direkter, systemischer und sozialer Natur beeinflusst und kann fortwährend beobachtet werden. Soziale Software dient der Gestaltung des Informations-, Zusammenarbeits-, Beziehungs- und Reputationsmanagements von Individuen und Gruppen.

So weit zur braven Aufzählung unserer bisherigen Erkenntnisse. Wenn wir versuchen, die Essenz sozialer Software zu charakterisieren, können wir kürzer formulieren:

> Soziale Softwaresysteme erweitern die Fähigkeiten zur Zusammenarbeit von Individuen und Gruppen durch das Zulassen und Ausnutzen von direkten Interaktionen und systemischen und sozialen Rückkopplungen auf und zwischen verschiedenen Wirkungsebenen (Personen, Inhalte, Ereignisse, Prozesse).

Auf die Definition von Schmidt (Schmidt 2006) sind wir schon eingegangen. Seine Einsatzbereiche für soziale Software (Informations-, Beziehungs-, Identitätsmanagement) haben wir übernommen und durch Zusammenarbeitsmanagement erweitert. Er geht nicht auf die verschiedenen Wirkungsebenen und die Ausnutzung von Rückkopplungseffekten in sozialer Software ein.

Einen Schritt weiter gehen Koch und Richter (Koch, Richter 2007, S. 13) mit ihrer Definition: *„Anwendungssysteme, die unter Ausnutzung von Netzwerk- und Skaleneffekten indirekte und direkte zwischenmenschliche Interaktion (Koexistenz, Kommunikation, Koordination, Kooperation) auf breiter Basis ermöglichen und die Identitäten und Beziehungen ihrer Nutzer im Internet abbilden und unterstützen.“*

Das kommt unseren eigenen Ansichten schon recht nahe, wir glauben, dass die Verbindung und Interaktion verschiedener Wirkungsebenen (Personen, Inhalte, Ereignisse, Prozesse) und die „Netzwerkeffekte" jeder Ebene und zwischen den Ebenen eine entscheidende Rolle spielen.

Einen anderen, wichtigen Aspekt hebt Coates[49] schon 2003 heraus: „Soziale Software ist eine Art Prothese, die die menschlichen sozialen Fähigkeiten zur Zusammenarbeit durch strukturierte Vermittlung erweitert." Im Weiteren zählt er sinngemäß auf: Soziale Software kennt keine Zugangsbeschränkung nach Sprache, sozialem Hintergrund, finanziellem Status. Soziale Software kompensiert Schwächen des Gehirns und Schwächen menschlicher Hierarchien. Soziale Software unterstützt Kreativität. Einen Teil seiner Ideen haben wir in unsere Kurzdefinition einfließen lassen.

3.6 Soziale Software und das Ende der Hierarchien im Enterprise 2.0

A. McAfees Behauptung[50], dass soziale Software keine Hierarchien anerkennt (Bild 3.18), hat zu einer hitzigen Diskussion geführt, ob sich damit dauerhaft die Strukturen einer Organisation verändern werden oder müssen. T. Davenport bezeichnet dies als eine „romantische Idee" von sehr unwahrscheinlicher Natur.

Wir glauben, dass eine verabsolutierte Diskussion nicht zum Ziel führt, sondern eine relativierte, die den Situationskontext mit in Betracht zieht. Für Hierarchien gibt es eine Menge Gründe und Berechtigungen. Wir wollen nur drei Argumente anführen:

1. *Das darwinistische Argument*: Unternehmen haben eine lange Zeit der Anpassung hinter sich. Jede Zeit hat spezielle Formen von Unternehmen, die den jeweiligen technischen und sozialen Stand der Gesellschaft widerspiegeln, hervorgebracht (Zunfthandwerk, Manufaktur, Fließbandfabrik ...). Unternehmen sind in hohem Maße

---

[49] www.plasticbag.org/archives/2003/05/my_working_definition_of_social_software/

[50] „Enterprise 2.0 tools have no inherent respect for organizational boundaries, hierarchies or job titles. They facilitate self-organization and emergent rather than imposed structures."

dem Wettbewerb und damit dem Zwang zur kontinuierlichen Anpassung unterworfen. Wenn das hierarchiefreie Unternehmen derart große Vorteile böte, würden wir es häufiger sehen. (Man könnte entgegenhalten, dass wir sie *noch* nicht sehen.)

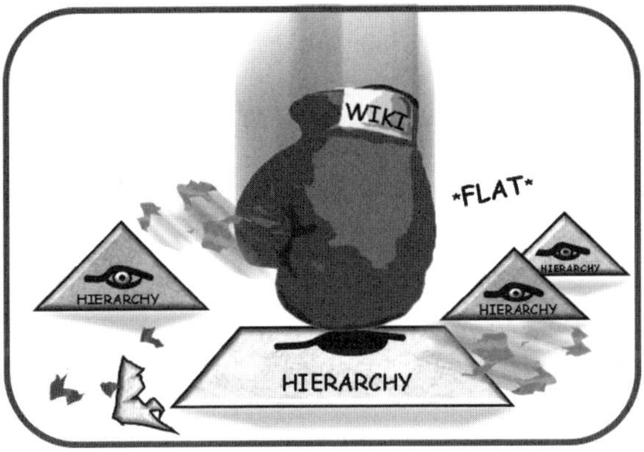

Bild 3.18: Angebliche Wirkung sozialer Software auf Hierarchien

2. *Das systemtheoretische Argument*: Wir sehen bei einer Menge komplexer vernetzter Systeme, dass sie dennoch in Hierarchien organisiert sind. Das WWW, wiewohl eine Sammlung gleichberechtigter Seiten, die sich gegenseitig verlinken können, wird durch die Top Level Domains (wie .com, .edu) hierarchisch strukturiert, die Root Server geben dem Internet eine hierarchische Struktur. Der Mensch kann als hierarchisches System verstanden werden, mit dem Gehirn an der Spitze der Hierarchie. In Gefahrensituationen werden einfache, sehr schnelle und effektive Programme des limbischen Systems abgerufen, die ein Überleben der wichtigsten Teile des Gesamtsystems ermöglichen sollen.
3. *Das informationstheoretische Argument*: Um eine gegebene Menge von Elementen mit dem geringsten Aufwand (geringster Anzahl an Kanten) zu verbinden, erweist sich die Baumstruktur (Hierarchie) als einzige optimale Lösung. Jedes Netzwerk ist diesbezüglich eine suboptimale Variante.

Das Gesagte bedeutet jedoch nicht, dass die Hierarchie die optimale Organisationsform sein muss, sie führt typischerweise zu bürokratischen und langen Entscheidungswegen, Motivationsverlust an den „Blättern des Baums“ und Information Overload bei den Entscheidern.

Wir glauben, dass die hierarchische Organisation und die im Netzwerk verbundene Organisation nebeneinander koexistieren können und situationsbezogen ihre Stärken ausspielen sollten. Insbesondere ist es sinnvoll, zwischen Aufbauorganisation (typischerweise Hierarchie), Ablauforganisation und Selbstorganisation (häufiger netzwerkgeprägt) zu unterscheiden. In der Projektarbeit, wenn viele Informationen an den Rändern des Netzwerks entstehen, müssen an dieser Stelle der höchsten Informationskompetenz auch weitgehend Entscheidungskompetenzen angesiedelt sein. Für eine Gesamtausrichtung des Unternehmensorganismus (auch in Krisensituationen) bietet eine hierarchisch strukturierte Vorgehensweise nach wie vor die effektivste Methode. Eine weitere Schlussfolgerung können wir aus dem beschriebenen Wechselspiel zwischen Hierarchie und Netzwerk ziehen: Führung im Unternehmen wird anspruchsvoller, da sie mit beiden Modellen situationsangepasst umgehen muss.

Zwei Themen zu sozialer Software bleiben noch unbeantwortet. Etwas versteckt sind wir schon auf die Netzwerkeffekte sozialer Software eingegangen, eine ausführliche Behandlung derselben wird im folgenden Kapitel 4 vorgenommen. Das zweite offene Thema ist eine Nutzensbetrachtung zu sozialer Software, d. h., warum soll ich mir als Unternehmen eine derartige Investition leisten – welches sind die Wertversprechen sozialer Software im Enterprise 2.0? Kapitel 5 wird darauf eine Antwort geben.

Darstellungen zu sozialer Software finden sich ebenfalls in (Richter, Koch 2007): Enterprise 2.0: Planung, Einführung und erfolgreicher Einsatz von Social Software in Unternehmen. Oldenbourg. 2007 sowie bei Alby 2006 (Alby, T.: Web 2.0. Konzepte, Anwendungen, Technologien. Hanser Verlag. 2006.)

Die im vorliegenden Buch gewählte Darstellung versucht insbesondere die allgemeinen Wirkprinzipien sozialer Software herauszuarbeiten und darzustellen.

4 Die Netzwerkeffekte im Enterprise 2.0

It is only slightly unfair to characterize sociology
as a discipline that attempts
to explain human behavior without the humans.

D. J. Watts

Fragen, die in diesem Kapitel beantwortet werden

- Was sind Netzwerkeffekte, worin besteht der Wert eines Netzwerks?
- Wie hängen Netzwerkeffekte und Emergenz zusammen?
- Wie hat sich der Begriff des Netzwerkeffekts weiterentwickelt?
- Welche Netzwerkeffekte sind für soziale Netzwerke bekannt?
- Wie können mit sozialer Software positive Netzwerkeffekte im Unternehmen geschaffen werden?

4.1 Netzwerkeffekte

4.1.1 Was sind Netzwerkeffekte?

Gewöhnlich versteht man unter Netzwerkeffekten, dass der Nutzen eines Gutes steigt, je mehr Nutzer dieses Gut einsetzen oder je mehr Komponenten dem Netzwerk angehören. Für viele Güter ist das auch unmittelbar einzusehen, so steigt der Wert eines Eisenbahnnetzwerkes mit der Anzahl der Orte, die erreicht werden können (sofern keine Transportalternativen vorliegen), oder der Wert eines Berufsverbandes mit der Anzahl der Mitglieder, die sich durch ihn vertreten lassen. Für ein Gut „Geburtstagstorte" und eine wachsende Anzahl von Gästen fällt es uns dagegen schwer, etwas Positives am Netzwerkeffekt zu entdecken (Bild 4.1).

Bild 4.1: Kein Netzwerkeffekt bei Geburtstagstorten

- Netzwerkeffekte werden zu den positiven Rückkopplungseffekten gerechnet. Positive Rückkopplung bezieht sich auf das betrachtete System, also z. B. die Wertsteigerung eines Eisenbahnnetzwerks. Andere positive Rückkopplungseffekte in der Wirtschaft sind z. B. Skaleneffekte (Economies of Scale).

Alle Rückkopplungseffekte lassen sich in einem Je-desto-Satz ausdrücken. Je mehr von einem Gut produziert wird, desto kostengünstiger kann es hergestellt werden (Skaleneffekt). Je mehr Teilnehmer, desto wertvoller das Netzwerk (Netzwerkeffekt).

Warum ist es wichtig, sich im Rahmen dieses Buches mit Netzwerkeffekten zu beschäftigen? Nun, es gibt im Wesentlichen vier Gründe dafür:

1. Netzwerkeffekte sind die *Essenz des Web 2.0* und damit einer der Haupttreiber der Enterprise-2.0-Wirkprinzipien.
2. Netzwerkeffekte können als Erklärung für *Emergenz* (Auftreten von Eigenschaften, die einzeln betrachtete Elemente des Netzwerks definitiv nicht besitzen) und damit als Erklärung für prinzipiell neu entstehende Eigenschaften herangezogen werden.
3. Unser Verständnis von Netzwerkeffekten und ihrem Zustandekommen insbesondere in sozialen Netzwerken ist in den letzten zehn Jahren dramatisch angewachsen und wartet auf eine *systematische Anwendung* in realen Unternehmen.
4. Soziale Software kann Netzwerkeffekte im Unternehmen induzieren und unterstützen und das Unternehmen damit auf das nächste *Fitnesslevel* heben.

Im Folgenden werden wir zunächst das klassische Verständnis von Netzwerkeffekten untersuchen, wobei klassisch heißt, dass nur die Anzahl der Elemente des Netzwerks eine Rolle bei der Betrachtung seines Wertes spielt. Wir werden sehen, dass damit nur ein limitiertes Verständnis von Netzwerken und seinen Effekten erreicht werden kann und wir erweiterte Modelle benötigen, um die Eigenschaften realer Netzwerke zu verstehen und sinnvoll zu beeinflussen.

Wir werden weiterhin den Zusammenhang der relevanten Web-2.0-Pattern mit Netzwerkeffekten skizzieren und darlegen, wie mit sozialer Software Netzwerkeffekte erreicht und gestaltet werden können.

Das alles werden wir in einer allgemein verständlichen Art und Weise tun, mit einfachen Formeln (sofern für das Verständnis hilfreich), ohne die (ganz) schweren mathematischen Apparate der Netzwerkforscher in Stellung zu bringen.

4.1.2 Das klassische Verständnis von Netzwerkeffekten

Die frühen Versuche, Netzwerkeffekte zu charakterisieren, sind dadurch gekennzeichnet, den Wert V (wie Value) des Netzwerks in Abhängigkeit von der Anzahl N seiner Knoten zu kennzeichnen. Also z. B. den Wert eines Fernsehnetzwerks in Abhängigkeit von seiner Reichweite (N – Anzahl potenzieller Zuseher) oder den Wert eines Eisenbahnnetzwerks in Abhängigkeit von der Anzahl der durch das Netzwerk verbundenen Städte.

Typischerweise tragen diese Abhängigkeiten den Namen der Person, die diese zuerst geschildert oder beschrieben hat (oder der sie inzwischen zugeschrieben wird), und inzwischen sind die Abhängigkeiten sogar in den Rang eines „Gesetzes" erhoben worden.

Sarnoff's Law

Zu den frühen Gesetzen zählt das *Gesetz von Sarnoff*, demzufolge der Wert des Netzwerks linear von der Anzahl der Knoten abhängt, also

$V(N) \sim N$ (~: verhält sich proportional zu).

Wenn man weiß, dass D. Sarnoff (1891 bis 1971) langjähriger Direktor der Radio Corporation of America (RCA) und Leiter der News Broadcasting Corporation (NBC) war, versteht man die Anwendbarkeit seines Gesetzes für Broadcasting-, also Radio- und Fernsehnetzwerke. Diesem linearen Anstieg folgend versteht man auch, warum die Werber des Bezahlfernsehens bzw. die freundlichen Gebührenmahner des öffentlichen Rundfunks jeder einzelnen Seele so ausdauernd hinterherlaufen.

Metcalfe's Law

Mit *Kommunikationsnetzwerken*, die fähig sind, jeweils zwei Teilnehmer miteinander zu verbinden (zu einem Zeitpunkt), veränderte sich die Lage, das entsprechend geltende „Gesetz" für den Wert eines Kommunikationsnetzwerkes wurde *Metcalfe's Law* genannt (R. Metcalfe, geb. 1946, Erfinder des Ethernets), manchmal wird es auch G. Gilder zugeschrieben. Es lautet:

$V(N) \sim N^2$ oder genauer $V(N) = N(N - 1) : 2 = (N^2 - N) : 2$.

Also im Wesentlichen wächst der Wert eines Netzwerks quadratisch mit der Anzahl der Teilnehmer, d. h., ein Netzwerk mit N = 100 Teilnehmern hat einen Wert von V(100) = (100 · 99) : 2 = 4.950. Kommt nur ein Teilnehmer hinzu (N =101), steigt der Wert des Netzwerks auf V(101) = (101 · 100) : 2 = 5.050. Die Logik dahinter besagt, dass der neue Teilnehmer im Netzwerk mit 100 (schon vorhandenen) Teilnehmern in Kommunikation treten kann und daher der Wert um eben diese 100 potenziellen Verbindungen steigt.

Schaut man sich reale Kommunikationsnetzwerke an, z. B. Mobilfunkdienste in Deutschland mit ca. 17 Millionen Teilnehmern bei einem Anbieter, und versucht für den „17 Millionen und ersten" Teilnehmer den neuen Wert des Netzwerkes zu berechnen, stellt man fest, dass der Wert um eben 17 Millionen steigt (und in gewisser Weise ist dies auch der Wert für den neuen Teilnehmer, obwohl er wahrscheinlich niemals alle wird anrufen können). Da wir wissen, dass der reale Wert (-Zuwachs) etwa bei 400 bis 800 € pro Jahr (für den Diensteanbieter) liegt, haben wir Mühe, dies mit Metcalfe's Law zu begründen.

Odlyzko's Kommentar

Auf diesen Widerspruch machte der US-amerikanische Mathematikprofessor A. Odlyzko (geb. 1946) aufmerksam und schlug seinerseits folgende Formel vor, die es allerdings in der öffentlichen Wahrnehmung nie in den Rang eines Gesetzes geschafft hat und die wir deshalb als Odlyzko's Kommentar (Odlyzko's Comment) bezeichnen wollen:

$$V(N) = N \cdot \log(N) \text{ bzw. } V(N) \sim N \cdot \log(N).$$

Das heißt für unser Beispiel mit den 100 Teilnehmern ergibt sich V(100) = 100 · log(100) = 100 · 2 = 200. Das ist schon ein dramatischer Unterschied in der Betrachtung gegenüber dem Wert 4.950 entsprechend Metcalfe's Law. Auch die Wertsteigerung bei Hinzunahme eines Teilnehmers fällt moderat aus: V(101) = 202,4. Also das Netzwerk wird um 2,4 „wertvoller". Für unser Beispiel mit dem Übergang von 17 Millionen Teilnehmern zu „17 Millionen und einem" steigt der Wert nach Odlyzko gerade mal um 7,6 anstelle der 17.000.000 nach Metcalfe.

Der Konflikt zwischen beiden Gesetzen löst sich, wenn wir beachten, dass Metcalfe unter „Wert eines Netzwerks" nur die Menge der potenziell möglichen paarweisen Kommunikationsbeziehungen beschreiben (und dann ist seine Formel korrekt), während Odlyzko durchaus auch einen ökonomischen Wertzuwachs des Netzwerkes erfassen wollte.

Exkurs „Long Tail"

Es gibt einen interessanten Zusammenhang von Odlyzkos Formel zum „Long Tail" von C. Anderson (der uns schon in Kapitel 2 beschäftigt hat, in kurzer Form aber: „Beachte die Summe aller Nischen" lautet). Addiert man nämlich die Folge $1 + 1 : 2 + 1 : 3 + \ldots + 1 : (N - 1)$ und beschreibt damit den Wert des Netzwerks aus Sicht *eines* Teilnehmers, erhält man angenähert log(N). Da wir noch (N – 1) weitere Teilnehmer im Netzwerk haben, ergibt sich also für den Wert des Gesamtnetzwerks $N \cdot \log(N)$. Warum ist die gerade skizzierte Folge $1 + 1 : 2 + \ldots$ sinnvoll? Es handelt sich dabei um eine Variante von *Zipfs Gesetz*, welches den Wertbeitrag beliebiger Elemente zu einem Gesamtwert in Abhängigkeit von ihrem Rang beschreibt. Zipf hatte festgestellt, dass die prozentuale Häufigkeit englischer Worte in Texten ziemlich genau einer solchen Folge entspricht („the" ist mit 7 % am häufigsten vertreten, dann folgt „of" mit 3,5 % und dann „and" mit 2,8 %, das kann durch 7 : 1, 7 : 2 und 7 : 3 sehr gut beschrieben und angenähert werden).

Nehmen wir an, wir haben 1.000 Fotos, Videos oder Songs in einer Onlinekollektion und wir verwenden die Popularität („most viewed", „most downloaded") als Wertmaßstab. Unsere Objekte wurden 3.000-mal genutzt. Nehmen wir weiter an, für die am meisten genutzten zehn Objekte unserer Kollektion(en) erhalten wir k = 1.000 Zugriffe. Bei einer Verteilung, die dem „$N \cdot \log(N)$"-Muster folgt, werden die nächsten 100 Objekte wiederum für 1.000 Zugriffe sorgen und die verbleibenden 890 für das letzte Drittel (die letzten 1.000 Zugriffe). Wir sollten hier schon vorwegnehmen, dass der Mythos des „Long Tail" im Moment am Verblassen ist, da immer mehr Ergebnisse aus Realdaten andere Schlussfolgerungen nahelegen (Elberse 2008, Orlowski 2008).

Reed's Law

Wir können uns nun noch fragen, ob die Annahme, Kommunikationsbeziehungen können nur zwischen zwei Personen gleichzeitig auftreten, sinnvoll ist. Wie uns die moderne Telefontechnik zeigt, sind durchaus Konferenzen mit drei oder mehr Personen möglich. Wenn wir die Forderung nach synchroner (gleichzeitiger) Kommunikation aufgeben, stellen wir fest, dass von einer gegebenen Menge von Personen beliebige Teilmengen miteinander in Kommunikations- oder Zusammenarbeitsbeziehungen treten können.

Diese Erkenntnisse für soziale Netzwerke fasste D. P. Reed (geb. 1952), Professor am MIT Media Lab im nach ihm benannten reedschen Gesetz (Bild 4.2) zusammen:

$V(N) = 2^N$. Genauer: $V(N) = 2^N - N - 1$.

Auch ihm ging es insbesondere darum, das Potenzial aller möglichen Verbindungen in sozialen Netzwerken zu charakterisieren und das sind die Menge aller Teilmengen von Menschen vermindert um alle Mengen mit nur einem Element (d. h., Selbstgespräche werden als nicht wertschöpfend betrachtet) und vermindert um die leere Menge. Für unser Beispiel von N = 100 ergibt sich ein Reed-Wert von $V(100) = 2^{100} - 100 - 1$ = 1.267.650.600.228.229.401.496.703.205.275, also etwa 1,27 Quintillionen mögliche verschiedene soziale Gruppen, vielleicht eine kleine Erklärung für das Phänomen von Xing, LinkedIn, MySpace und Facebook.

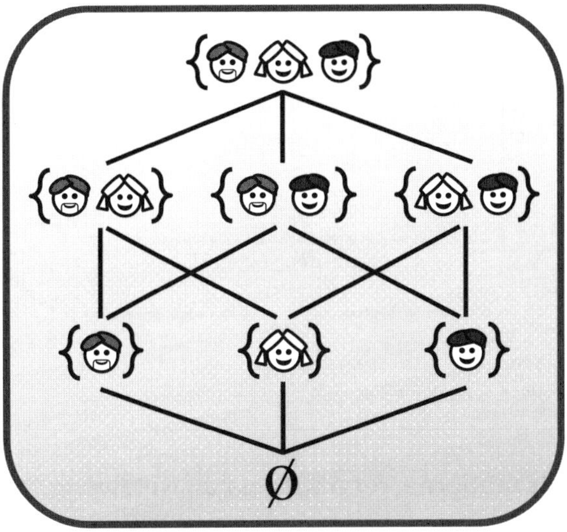

Bild 4.2: Grafik des reedschen Gesetzes für drei Teilnehmer. $V(3) = 2^3 - 3 - 1 = 4$. Die leere Menge und die Mengen mit jeweils einer Person werden als nicht zur Kommunikation beitragend betrachtet.

Den Wert eines Unternehmensnetzwerks (sei es nun nur intern oder auch extern mit Partnern vernetzt) nur durch die Menge der eingehenden Knoten zu charakterisieren, scheint nicht zielführend zu sein, denn dann wären automatisch die Netzwerke (Firmen) mit den meisten Knoten (Angestellten) auch die wertvollsten. Unsere Intuition und der alte Spruch „Wenn Firma X wüsste, was Firma X weiß" sagen uns, dass dem nicht so ist (wobei für X eine nahezu beliebige Substitution mit einem Firmennamen vorgenommen werden kann).

Es muss also weitere interessante Eigenschaften von Netzwerken geben, die über die Abhängigkeit von der Anzahl der Knoten (Bild 4.3) hinausgehen. Dieser modernen Auffassung werden wir uns im folgenden Abschnitt widmen.

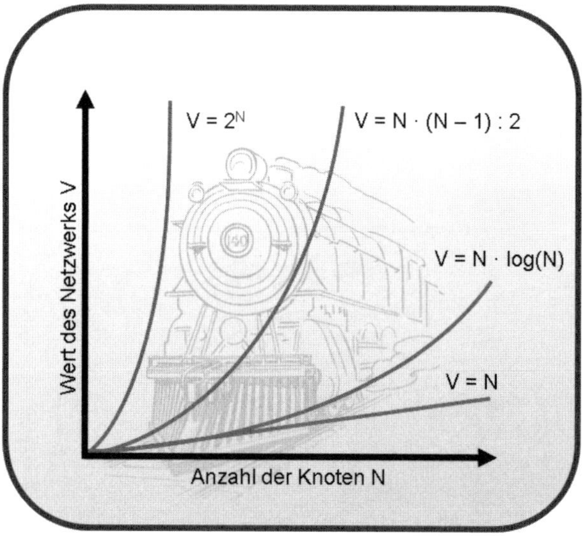

Bild 4.3: Netzwerkeffekte im klassischen Verständnis. Reed's Law, Metcalfe's Law, Odlyzko's Comment und Sarnoff's Law (Kurven von links nach rechts)

4.1.3 Das moderne Verständnis von Netzwerkeffekten

Beginnend mit den späten 90er-Jahren des vergangenen Jahrhunderts (das klingt so weit weg, ist aber gerade mal zehn Jahre her) hat die Netzwerkforschung einen unheimlichen Auftrieb erlebt und binnen vier oder fünf Jahren das gesamte Wissen über Netzwerke revolutioniert und systematisiert.

Wir interessieren uns deshalb dafür, weil wir glauben, dass uns einige Erkenntnisse auch bei der qualitativen und quantitativen Beschreibung der Netzwerkeffekte des Enterprise 2.0 weiterhelfen können.

Dabei wird der Begriff „Netzwerk" durchaus umfassend verstanden und interdisziplinär untersucht. Die Wissenschaftler interessieren sich für (Bild 4.4):

- soziale Netzwerke (Filmschauspieler, die miteinander agiert haben, Aufsichtsratsmandate und Überkreuzmandate, Koautorenschaft, Telefonanrufgraphen, E-Mail-Austausch, Studentenbeziehungen),
- Informationsnetzwerke (das Web, wer zitiert wen?, Wortnachbarschaft),
- technologische Netzwerke (Internet, Energienetze, Eisenbahnnetze, Flugnetze, Softwarepakete, elektronische Schaltkreise),
- biologische Netzwerke (Stoffwechselketten, Nahrungsketten, Eiweißinteraktionen, neuronale Netze).[51]

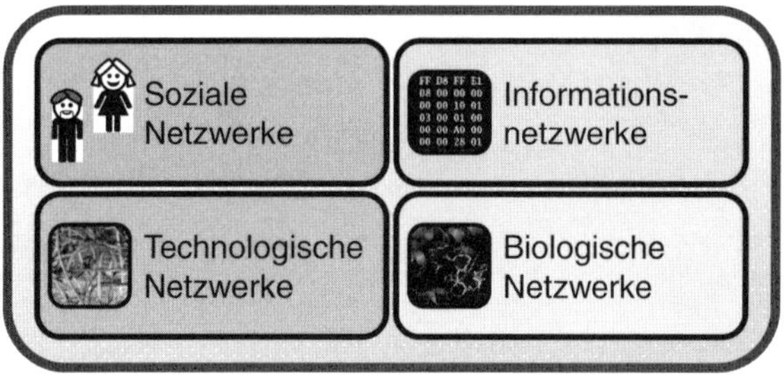

Bild 4.4: Kategorien von Netzwerken

Inspiriert wurden viele dieser Untersuchungen durch die frühen Experimente von Milgram[52], einem amerikanischen Soziologen, der 1967 seine Probanden bat, einen Brief an eine ihnen unbekannte Zielperson zu schicken. Sie sollten den Brief zunächst an eine bekannte Person schicken, von der sie denken, dass sie hilfreich für das Erreichen des Endziels sein könnte. Einige der Briefe sind tatsächlich mit etwa sechs

[51] Nach: „The structure and function of complex networks" von M. E. J. Newman in: arXiv:cond-mat/0303516v1

[52] http://en.wikipedia.org/wiki/Small_world_phenomenon, auch beschrieben in Watts (Watts 2004).

Verbindungsstopps bei den finalen Empfängern angekommen, woraus sich die populäre Phrase von den „sechs Handschlägen, die man vom Präsidenten der USA" entfernt sei, bzw. der Begriff „the small world effect" ableitet (Bild 4.5).

Es war D. J. Watts[53], der sich ca. 30 Jahre nach Milgram gefragt hat, welche Eigenschaften ein Netzwerk hat, das dem „small world effect" genügt, und wie man diese Eigenschaft präzise fassen kann. Damit ist eine ganze Welle von Netzwerkanalysen und Erkenntnissen daraus in Gang gesetzt worden, die bis heute anhält.

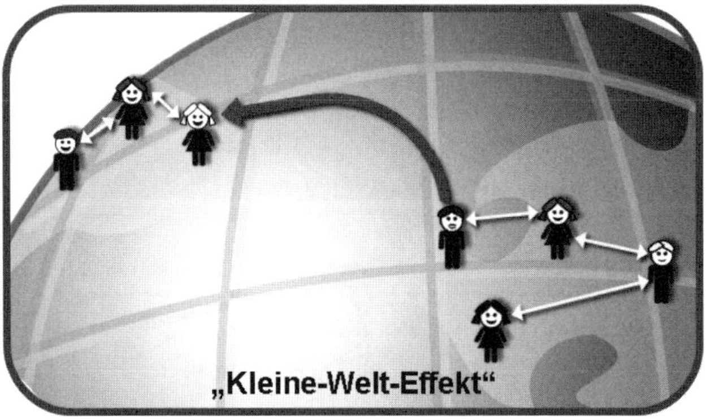

Bild 4.5: Sechs Handschläge vom Präsidenten entfernt – der „small world effect"

Bevor wir den Zusammenhang des „Kleine-Welt-Effekts" mit dem Enterprise 2.0 darstellen, wollen wir kurz skizzieren, welche Parameter typischerweise für eine Netzwerkanalyse der hier besprochenen Art von Interesse sind.

Moderne Netzwerkanalyse und Emergenz

Den Wert eines Netzwerks nur nach der Anzahl seiner Knoten N zu bemessen, hatten wir bereits früher als unzureichend charakterisiert. Es gibt ja viel mehr statische Eigenschaften eines Netzwerks, die des Betrachtens wert sind (Bild 4.6):

---

[53] http://en.wikipedia.org/wiki/Duncan_Watts

- N, die Anzahl der Knoten (bleibt natürlich interessant),
- M, die Anzahl der Kanten oder Verbindungen im Netzwerk und die Aussage, ob die Kanten gerichtet (E-Mail) oder ungerichtet (Koautorenschaft) sind,
- Z, der mittlere Vernetzungsgrad der Knoten (d. h., wie viele Kanten gehen im Mittel in einen Knoten ein bzw. von ihm aus),
- L, die mittlere kürzeste Entfernung (Länge) von Knoten zu Knoten sowie
- weitere Eigenschaften wie die statistische Verteilung der Vernetzungsgrade (α), die Clustereigenschaften des Netzwerkes (C) oder Korrelationskoeffizienten der Vernetzungsgrade (R).

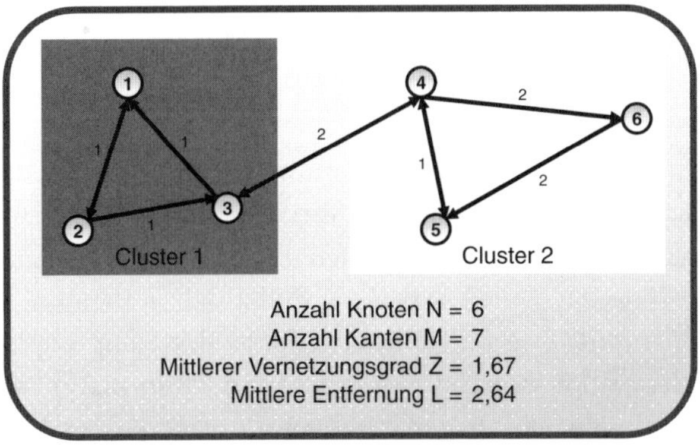

Bild 4.6: Einige Parameter der modernen Netzwerkanalyse

Neben den statischen Eigenschaften sind es natürlich die *emergenten* Eigenschaften der Netzwerke, die diese bei gewissen Größen ihrer statischen Parameter und gewissen Wachstumsgesetzen annehmen, die uns interessieren. Dazu werden das Wachstum (Hinzufügen) von Knoten und Verbindungen in einem Wahrscheinlichkeitsspektrum simuliert und die Eigenschaften der entstehenden Klassen von Netzwerken analysiert. Im Weiteren wird untersucht, ob das derart auf mathematischem Wege gewonnene Netzwerk(-Modell) auf die Realität passt (d. h., ob reale Netzwerke, wie Internet, Berufsverbände etc., die durch das Modell prognostizierten Eigenschaften besitzen).

Zu den *emergenten* Eigenschaften zählt man insbesondere *Phasenübergänge* von Netzwerken. Ein Phasenübergang liegt vor, wenn ein Netzwerk eine neue Qualität erreicht, z. B. dass alle Knoten miteinander vernetzt sind, während sie das vorher nicht waren. Dazu fragt man sich, wie viel Prozent aller Knoten einer sogenannten „großen Komponente“ (d. h. einem zusammenhängenden Teilnetzwerk) angehören.

Man fragt sich weiter, von welcher topologischen Eigenschaft des Netzwerks dieser Phasenübergang abhängig ist. Für Netzwerke, deren Wachstum rein zufallsgesteuert ist (sogenannte Zufallsgraphen), weiß man, dass ein Phasenübergang bei $Z = 1$ eintritt, d. h., wenn jeder Knoten im Mittel eine Verbindung besitzt, wächst plötzlich das ganze Netzwerk zusammen. Den Wert Z, für den dies eintritt, bezeichnet man auch als „kritische Masse“ oder Kipppunkt (tipping point). Andere interessante emergente Eigenschaften eines Netzwerks sind der erwähnte „small world effect“, die Robustheit eines Netzwerkes gegenüber Knoten- und Verbindungsausfällen sowie das Verschmelzen des gesamten Netzwerks zu einem virtuellen Individuum.

Newmann fasst die gesamten Erkenntnisse der Netzwerkanalyse für soziale Netzwerke, biologische Netzwerke, Informationsnetzwerke und technologische Netzwerke zusammen (Newman 2003), eine neuere, aber nicht so umfassende Darstellung findet sich in Barabasi (Barabasi 2005). Für unsere Zwecke genügt es, einige der Hauptergebnisse für soziale Netzwerke (Organisationen) und Informationsnetzwerke (Web) zusammenzufassen und in den Kontext des Enterprise-2.0-Themas zu stellen.

4.1.4 Ergebnisse der Forschung für soziale Netzwerke

Der „Kleine-Welt-Effekt“

Für die Erklärung des „small world effect“ in realen sozialen Netzwerken muss man ein paar Parameter der Zufallsnetzwerke verändern. Man geht insbesondere von einem Clusterungseffekt C aus, nach dem Motto „Gleich und Gleich gesellt sich gern“. Dann variiert man die Wahrscheinlichkeit, dass sich außerhalb der „fest verdrahteten“ Cluster dennoch Verbindungen bilden – und schon bei ganz wenigen Zufallsverbindungen außerhalb der festen Cluster bilden sich Netzwerke heraus, die lokale Clustereigenschaften (z. B. durch territoriale Nähe, gemeinsame Interessen, Alter geprägt) wie in der Realität aufweisen, aber dennoch durch eine geringe mittlere Knotenentfernung L gekennzeichnet sind (und damit „kleine Welten“ bilden).

Warum sind diese „Zufallsverbindungen“ so wichtig. Nun, sie korrespondieren mit der Erkenntnis des Soziologen M. Granovetter über die Wichtigkeit sogenannter schwacher Verbindungen zwischen Menschen für den ökonomischen Erfolg einer Unternehmung, da über die „weak ties“ insbesondere neue und andersartige Informationen transportiert würden, im Vergleich zum wenig variierenden Austausch in der jeweiligen „Clique“.[54]

Wir halten also fest: Für unser Enterprise 2.0 sind Kleine-Welt-Effekte wünschenswert. Der Aufbau (und die gezielte Ausnutzung) schwacher Verbindungen ermöglicht kurze Wege und sichert den Fluss neuartiger Informationen im Unternehmen.

Abkürzungen kennen und nutzen

Die Kernidee des „Kleine-Welt-Modells“ besteht darin, reguläre Cluster von Knoten durch Abkürzungen miteinander zu verbinden. Dann entstehen selbst in großen Netzwerken kurze Pfade von Knoten zu Knoten (für menschlich geprägte Netzwerke hat man eine mittlere Pfadlänge von 6,6 festgestellt[55]).

Bild 4.7: Abkürzungen entdeckbar, navigierbar und nutzbar machen

---

[54] http://www.leader-values.com/Content/detail.asp?ContentDetailID=990
[55] D. J. Watts: Six degrees. The science of a Connected Age.

Das Interessante ist nun nicht, dass es überhaupt Abkürzungen gibt, sondern zu wissen, welche es gibt und wie man aus rein lokalen Kenntnissen des Netzwerks den ersten richtigen Schritt zur Begehung der Abkürzung machen kann (Bild 4.7).

Das Enterprise 2.0 muss potenzielle Abkürzungen sichtbar, erforschbar und nutzbar gestalten. In der Netzwerkforschung nennt man das die „Network Navigation“ zu ermöglichen, und zwar global, obwohl nur lokale Kontexte dazu genutzt werden.

Ausfallsicherheit, Robustheit und Ultrarobustheit von Netzwerken

Auch Netzwerke sind vergänglich. Das heißt, sie unterliegen gewollten oder ungewollten Veränderungen. Einige ihrer Knoten können ausfallen oder langsamer reagieren, Verbindungen können ihre Arbeit einstellen. Welche Arten von Netzwerken zeigen die größte Überlebensfähigkeit, wenn sie gezielt solchen Ausfallszenarien unterzogen werden?

Für unseren Zweck sind insbesondere die Untersuchungen von Dodds, Sabel und Watts interessant.[56] In ihrem Modell wird die Herausbildung von Verbindungen in Netzwerken entlang zweier Parameter variiert, nämlich nach dem Grad ihrer hierarchieübergreifenden Wirkung und nach dem Grad ihrer gruppenübergreifenden Wirkung. Oder einfacher: Gibt es Verbindungen von den „Chefs“ zur Mannschaft (über die „Zwischenchefs“ hinweg) und gibt es Verbindungen zwischen den Mannschaften (auch verschiedener Chefs)?

Sofern es diese gibt, spricht man von multiskalierenden Netzwerken (Bild 4.8). Es stellt sich heraus, dass bei der gezielten Simulation von Ausfällen in diesem Netzwerk (durch Informationsexplosion an den Knoten und dadurch verursachte Entscheidungsstaus sowie den direkten Ausfall von Knoten) die multiskalierenden Netzwerke die robustesten sind (d. h., sie funktionieren weiter). Und da sie sowohl Information Overflow als auch gezielten Knotenausfall am besten überstehen, nennt man sie auch ultrarobust. Interessanterweise haben sich während der Variierung der Vernetzungsparameter auch einige ganz andere Netzwerktypen (= Organisationstypen) ergeben, nämlich die chaotische Organisation (random), die zufällig zusammenarbeitende Organi-

---

[56] http://www.coi.columbia.edu/pdf/dodds_sabel_watts.pdf

sation (random interdivisional), die nur in Abteilungen zusammenarbeitende Organisation (team based) und die mächtige Zentrale (core periphery). Ähnlichkeiten mit realen Organisationen sind natürlich rein zufällig.

Wäre es nicht schön, einer ultrarobusten Organisation anzugehören? Kann soziale Software im Enterprise 2.0 zu einer solchen Ultrarobustheit beitragen?

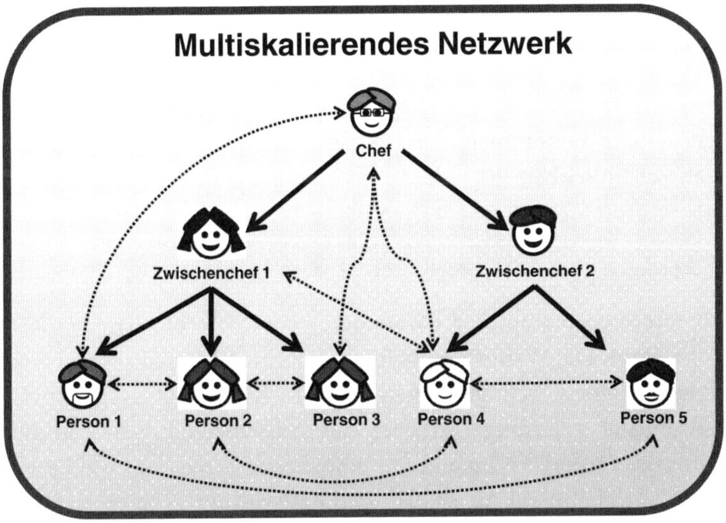

Bild 4.8: Ein multiskalierendes Netzwerk einer Organisation. Es zeichnet sich durch besondere Robustheit gegenüber Informationsüberlast und Ausfallszenarien aus.

Skalenfreie Netzwerke und bevorzugte Anlagerung

Warum wird immer wieder der zitiert, der sowieso schon am meisten zitiert wird? Warum werden die Reichen immer reicher? Warum kaufen Kunden beim Marktführer? Warum verlinkt man auf eine Website, auf die sowieso schon alle verlinken?

Die Wissenschaftler nennen diesen Effekt „bevorzugte Anlagerung" (preferential attachment oder auch cumulative advantage).

Die Folgen dieser bevorzugten Anlagerung sind, dass ein paar Knoten über jede Menge Verbindungen (Zitierungen [Immobilien, Gold, Aktien], Kunden, Links) verfügen und somit über einen hohen Grad an Vernetzung.

Da man die mittlere Vernetzung eines Netzwerks angeben oder berechnen kann (unser Wert Z aus 4.1.2), stellt sich als Nächstes die Frage: Wie sind die Vernetzungsgrade verteilt – pendeln sie leicht um den Mittelwert oder gibt es auch Knoten, die eine extrem hohe oder niedrige Vernetzung haben?

Es stellte sich heraus (und das ist die große Erkenntnis von Barabasi und Albert[57]), dass in einer Menge real existierender Netzwerke die Verteilung der Vernetzungsgrade einem Potenzgesetz folgt und daher keiner Beschränkung unterliegt oder sich etwa am Mittelwert orientiert. Daher nennt man diese Netzwerke skalenfrei (scale free). Die Wahrscheinlichkeit P(k), dass ein Knoten k Kanten hat, ist proportional $k^{-\gamma}$, also

$$P(k) \sim k^{-\gamma}.$$

Für das Web beträgt der Parameter γ etwa 2,7 (für abgehende Links von Seiten). Die Wahrscheinlichkeit, für einen Knoten zehn abgehende Links zu haben, beträgt also $P(10) = 1 : 10^{2,7} = 0{,}002$, also etwa zwei Tausendstel. Allerdings kann ich das selbst beeinflussen und auf Gedeih und Verderb verlinken. Für eingehende Links liegt γ bei 2,1, d. h., die Wahrscheinlichkeit, selbst zehnmal verlinkt zu werden, liegt bei 0,0079, also etwa acht Tausendsteln. Umgekehrt kann man daraus schließen, wenn man von zehn anderen Blogs Trackbacks erhält, zählt man zu den acht von Tausend im Web, denen das gelingt.[58]

Der Effekt der bevorzugten Anlagerung kann ebenfalls zur Erklärung der Entstehung von Monopoleffekten in Märkten, der Erfolgschancen später Marktteilnehmer und der Herausbildung von Singularitäten in Molekülverbänden herangezogen werden.

---

[57] http://www.nd.edu/~networks/Publication %20Categories/publications.htm#anchor-allpub0001

[58] Wir vereinfachen hier etwas, da die Blogosphäre wahrscheinlich mit anderen Parametern von γ arbeiten muss, diese sind aber nur für das gesamte Web bekannt und verändern sich wahrscheinlich auch im Laufe der Evolution des Web.

Die Herausbildung von High Performance Teams

Ein Team um den Forscher Guimera hat ein einfaches Modell für die Herausbildung von sehr leistungsfähigen Teams (High Performance Teams) erarbeitet und (daher bezieht es seine Relevanz) an der Wirklichkeit überprüft (Guimera 2005). Dazu wurde die Produktivität und Leistungsfähigkeit von realen Teams aus Broadway-Produktionen sowie Forscherteams aus Astronomie, Ökonomie, Ökologie und Psychologie untersucht. Im simulierten Modell wurden zwei Knotenarten, Neulinge (rookies) und Experten (experts) nach gewissen Wahrscheinlichkeiten miteinander gemischt, ebenfalls variabel war die Wahrscheinlichkeit, ob Experten bereits einmal zusammengearbeitet hatten oder neu zusammenkamen. Es ergeben sich vier mögliche Verbindungsarten zwischen den Knoten: Neuling/Neuling, Neuling/Experte, Experte/Experte (schon einmal miteinander gearbeitet), Experte/Experte (neu zusammengesetzt).

Es stellt sich heraus, dass der Einsatz von Experten insgesamt zur Vernetzung von Organisationen beiträgt, da diese bereits mit vielen anderen zusammengearbeitet haben, d. h., neben ihrem eigenen Wissen liegt ihr Wert insbesondere im „Brückenschlagen“ zwischen Teams und isolierten Wissensinseln. Dieser Vernetzungseffekt kann als Phasenübergang modelliert und verstanden werden (die Herausbildung einer „unsichtbaren Schule“ [invisible college], im Modell tritt der Effekt auf, wenn mit 60%iger Wahrscheinlichkeit gestandene Experten in Teams berufen werden).

Diversität, d. h. der Einsatz von Neulingen, aber insbesondere die Zusammenarbeit von Experten, die sich bisher nicht kannten, steigert signifikant die Leistungsfähigkeit von Teams (in der Untersuchung wurde für die Leistungsfähigkeit die Wertigkeit der Journale, in denen publiziert wurde, herangezogen). Die erreichten Ergebnisse (gut zusammengefasst in Barabasi 2005, S. 640 ff.) sind nicht überraschend, die Überraschung liegt darin, dass das einfache Modell von Guimera tatsächlich so viele Eigenschaften der Realität korrekt fasst.

Heuristiken für das Enterprise 2.0

Trotz der vorliegenden Erfolge müssen wir hier davor warnen, die Erkenntnisse, die aus den recht einfachen Modellen für Netzwerke und ihren Parametervariationen stammen, unbesehen auf die Probleme real existierender Unternehmen anzuwenden.

Was wir aber tun können, ist, sie als Arbeitshypothesen und heuristische Regeln[59] zu akzeptieren und umgekehrt Ergebnisse aus dem realen Unternehmensalltag zurückzuspiegeln, um die Heuristiken zu verbessern oder gar die zugrunde liegenden Modelle zu erweitern. Wir fassen die wünschenswerten Netzwerkeffekte im Enterprise 2.0 noch einmal zusammen (Bild 4.9):

- Soziale Software im Enterprise 2.0 muss *kleine Welten im Unternehmen* und darüber hinaus schaffen und *schwache Verbindungen* ermöglichen. Der Aufbau schwacher Verbindungen ermöglicht im Bedarfsfall kurze Wege und sichert den Fluss neuartiger Informationen im Unternehmen.
- Soziale Software im Enterprise 2.0 muss die kurzen Wege sichtbar, *navigierbar* und nutzbar machen.
- Soziale Software im Enterprise 2.0 muss die Vernetzung über *Hierarchiegrenzen* hinweg und über *Teamgrenzen* hinweg realisieren. Damit werden Eigenschaften wie Robustheit und *Ultrarobustheit* bezüglich Information Overflow und Ausfall von Organisationseinheiten unterstützt.
- Soziale Software im Enterprise 2.0 muss die Gesetze der „*bevorzugten Anlagerung*" (von Kunden, Themen, Wissen) bewusst unterstützen und ausnutzen.
- Soziale Software im Enterprise 2.0 muss die Herausbildung einer *unsichtbaren Schule* im Unternehmen unterstützen und dabei die Zusammenführung von Expertise und Diversität für *Hochleistungsteams* sicherstellen.
- Soziale Software im Enterprise 2.0 muss einen *Phasenübergang* der gesamten Organisation unterstützen. Dieser wird sich in gesteigerter Wettbewerbsfähigkeit, Adaptierfähigkeit und Flexibilität äußern.

Es bleiben (mindestens) zwei Fragen offen. Erstens: Kann soziale Software im praktischen Alltag diese Regeln tatsächlich unterstützen und, wenn ja, wie? Und zweitens: Gibt es auch unerwünschte Netzwerkeffek-

---

[59] Einfach gesagt sind das Regeln, die meistens funktionieren, obwohl man nicht genau den Grund für ihr Funktionieren angeben kann.

te und kann man etwas dagegen tun? Wir werden in den folgenden Abschnitten darauf zurückkommen.

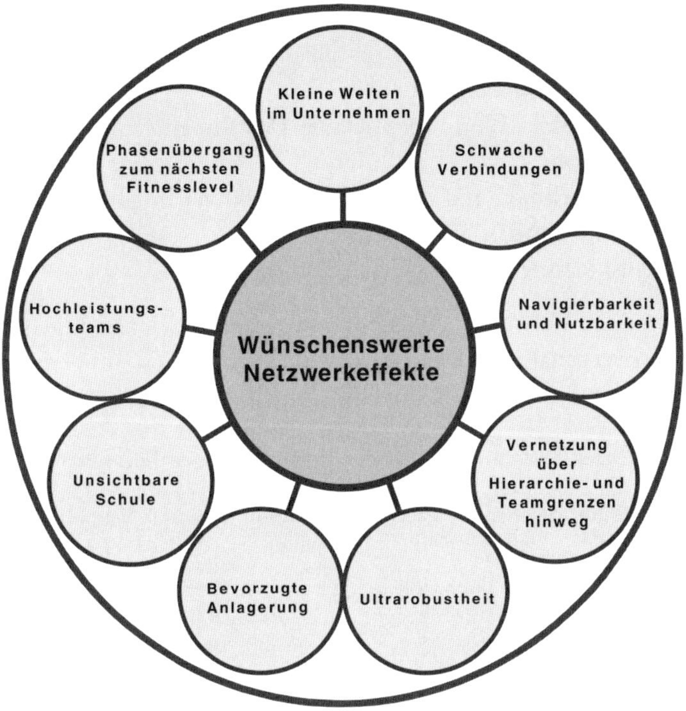

Bild 4.9: Angestrebte Netzwerkeffekte im Enterprise 2.0

4.2 Web-2.0-Pattern und Netzwerkeffekte

Nach den dargestellten Erkenntnissen aus der Netzwerkanalyse können wir noch einmal einen Rückblick auf die in Kapitel 2 dargestellten Web-2.0-Muster machen und uns fragen, welcher Zusammenhang zwischen den Pattern und Netzwerkeffekten besteht.

Wir hatten dort festgestellt, dass die Muster in verschiedene Kategorien fallen, nämlich in Pattern, die die Nutzbarkeit von Software unterstützen (*Usability Pattern*), Pattern, die explizit Netzwerkeffekte erfordern (*Network Pattern*), Muster, die die soziale und gleichberechtigte Nutzung von Software und Diensten unterstützen (*Social Pattern*), Muster zur leichtgewichtigen Nutzung von Software und Diensten (*Service*

Pattern) sowie Muster zur geschäftlichen Ausnutzung (*Business Model Pattern*) der neuen Möglichkeiten des Web 2.0.

Zu den *Network Pattern* zählen im Einzelnen:

- das Web als eine Plattform für alle angeschlossenen Geräte verstehen und nutzen (WaP),
- Nutzer schaffen Werte (per default, UaV) in einer Architektur der Partizipation,
- das Wahrnehmen und Aufnehmen kollektiver Intelligenz (CI, wisdom of the crowd),
- die Ausnutzung des Long-Tail-Effekts (LT).

Können diese Network Pattern mit den gerade skizzierten Ergebnissen der Netzwerkanalyse erklärt werden oder zumindest in Verbindung gebracht werden? Tabelle 4.1 stellt diese Verbindung her.

Tabelle 4.1: Web-2.0-Pattern und zugehörige Begründung aus der Netzwerkanalyse

Web-2.0-Pattern/Network Pattern	**Begründung aus der Netzwerkanalyse**
Web als eine Plattform einschließlich aller anschließbaren Geräte verstehen	Klassischer Netzwerkeffekt (4.1.2), d. h., der Wert des Netzwerks steigt mit der Anzahl der Nutzer oder Teilnehmer (zunächst ist es unerheblich, ob in linearer, quadratischer oder exponentieller Abhängigkeit)
Nutzer schaffen Werte (UaV, AoP)	Klassischer Netzwerkeffekt und bevorzugte Anlagerung (4.1.2), d. h., User Generated Content entsteht bevorzugt dort, wo schon viel Inhalt entstanden ist
Kollektive Intelligenz (CI)	Nicht explizit modelliert, kann eventuell über einen Phasenübergang verstanden werden (4.1.2)
Long Tail (LT)	Odlyzkos Kommentar (4.1.2)

Es fällt auf, dass einerseits die einfachen Ansätze der Netzwerkanalyse ausreichen, die Web-2.0-Pattern zu begründen, andererseits der Begriff „kollektive Intelligenz" auch in der Netzwerkanalyse noch nicht präzise fassbar ist. Weiter stellen wir fest, dass die fortgeschrittenen Ergebnisse der Netzwerkanalyse (small world effect, Ultrarobustheit, High Performance Teams) nicht in den Web-2.0-Pattern vorkommen. Wir deuten das als ein brachliegendes Potenzial für Web-2.0-Anwendungen in Unternehmen und die eigentliche Motivation, zu einem Enterprise 2.0 zu werden.

4.3 Die Gestaltung von Netzwerkeffekten mit sozialer Software

Wir wollen untersuchen, inwieweit die im Kapitel 3 zu sozialer Software eingeführten Technologien bzw. Anwendungen auf das Konzept Netzwerkeffekt einzahlen und ob es eine direkte Zuordnung von einzelnen Netzwerkeffekten und Einzelelementen sozialer Software gibt. Dazu gehen wir die eingeführten Konzepte sozialer Software noch einmal einzeln durch.

Social Networks

Von sozialen Netzwerken (verstanden in ihrer Web-2.0-Ausprägung) wird man allein vom Begriff her erwarten müssen, dass sie einen Bezug zu Netzwerkeffekten besitzen. Prinzipiell genügen sie *Reed's Law*, welches wir als oberste Abschätzung der möglichen Gruppenbildungen ansehen können (in der Realität wird diese Zahl ab einer Netzwerkgröße von N > 10 nicht erreicht werden). Soziale Netzwerke schaffen *„kleine Welten"* und legen explizit ihre *Navigierbarkeit* offen. Effekte der *bevorzugten Anlagerung* in sozialen Netzwerken (wer hat die meisten „Freunde" oder Geschäftspartner?) können sinnvoll gestaltet werden. Soziale Netzwerke können einen Beitrag zur Vernetzung über Hierarchiegrenzen und zwischen unterschiedlichen Teams leisten und damit zur Entstehung von *Ultrarobustheit*, obwohl das allein noch nicht ausreicht. Qualitativ wollen wir soziale Netzwerke so einschätzen, dass sie insbesondere einen Beitrag zur Kontaktanbahnung und teilweise zur Kontaktpflege leisten, das Entstehen von Zusammenarbeit wird typischerweise von anderen Elementen sozialer Software unterstützt.

Wikis

Wikis unterstützen insbesondere die Effekte der *bevorzugten Anlagerung* (wo schon Inhalt ist, kann kommentiert werden oder neuer Inhalt erzeugt werden), weiterhin haben sie die Tendenz, *Ultrarobustheit* (hierarchiefreien und teamübergreifenden Informationsaustausch) zu unterstützen. *High Performance Teams* können sich herausbilden, da ein fortwährender Austausch von Experten und Neulingen ermöglicht wird. Ein Wiki kann einen Beitrag zur Herausbildung einer *unsichtbaren Schule* eines Unternehmens leisten, indem es Methoden und Vorgehensweisen so standardisiert, dass ein unternehmensweiter einheitlicher Umgang damit gestützt wird. (Einer McKinsey-Präsentation sieht man immer diese unsichtbare Schule an.[60]) Das Besondere und auch der Unterschied im Vergleich zu standardisierten und vorgegebenen Prozessen ist, dass sich die Gemeinsamkeit im Diskurs und der Zusammenarbeit erst herausbildet und damit wesentlich nachhaltiger funktioniert. Das kann als Phasenübergang oder als das nächste *Fitnesslevel* einer Organisation verstanden werden. Wikis bieten hervorragend Platz für Nischen und damit für den *Long-Tail*-Effekt.

Blogs

Blogs unterstützen den Kleine-Welt-Effekt durch die Möglichkeit, sich mit dem Blog zu vernetzen (Trackback und Pingback), z. B. können durch einen intelligenten Kommentar schwache Verbindungen geknüpft werden. Gute Blogs eignen sich für die Herausbildung einer Meinungsführerschaft, indem sie die *bevorzugte Anlagerung* ausnutzen, wobei Letztere die Folge Ersterer ist und nicht etwa umgekehrt.

Social Bookmarks und Tags

Social Bookmarks sind ein typischer Vertreter für kollektive Intelligenz. Je mehr Nutzer zu einer bestimmten Seite (oder einem bestimmten Dienst) ein Lesezeichen gesetzt haben, desto relevanter scheint der betreffende Beitrag zu sein. Wir sagen bewusst „scheint", denn die kollektive Intelligenz lässt sich manchmal von Äußerlichkeiten oder schwer nachvollziehbaren Kriterien anlocken. Generell erkennen wir in

---

[60] ... und das, obwohl sie unsichtbar ist.

der Häufigkeitsverteilung von Bookmarks die *bevorzugte Anlagerung* und den *Long Tail* (viele Seiten werden nur einmal oder wenige Male markiert). Für Tags können wir analoge Bemerkungen machen.

Mashups

Mashups fallen in eine andere Kategorie von sozialer Software. Sie dienen der Aggregation von Diensten aus vorhandenen Diensten oder Bestandteilen. Wir erkennen wieder das Prinzip der *bevorzugten Anlagerung* und des *Long Tail*. So fallen z. B. 37 % aller 3.600 (Stand Dezember 2008) im programmableweb[61] gelisteten Mashups in die Kategorie Karten-Mashup (z. B. mit Google Maps), dann folgen Video-Mashups (11 %) und am Ende haben wir Musik-, Kriminalitäts- und Visualisierungs-Mashups mit jeweils 4 %.

Feed Management

Feeds sind primär keine Träger von Netzwerkeffekten. Sie dienen vielmehr der Reduktion und Filterung von eingehenden Informationsströmen. Erst wenn sie in einer unternehmensweiten Publish-and-subscribe-Architektur sichtbar gemacht werden, können sie als Stellvertreter der zugrunde liegenden Informationen ebenfalls durch kollektive Intelligenz, *bevorzugte Anlagerung* und *Long-Tail*-Effekte eigene Netzwerkeffekte entfalten.

Mikroblogs

Im Prinzip können Mikroblogs dazu genutzt werden, digitale Spuren von Personen oder Personengruppen zu hinterlassen. Diese Spuren wiederum können interessant für andere Personen sein, sodass sie diese kontinuierlich verfolgen. Damit werden wiederum Effekte *bevorzugter Anlagerung* möglich.

Tabelle 4.2 zeigt, dass alle Elemente sozialer Software in unterschiedlicher Ausprägung Netzwerkeffekte ermöglichen, sodass wir es geradezu als definitorisches Merkmal sozialer Software verstehen können.

---

[61] www.programmableweb.com

Tabelle 4.2: Soziale Software und unterstützte bzw. ausgenutzte Netzwerkeffekte

Soziale Software	**Unterstützte bzw. ausgenutzte Netzwerkeffekte**
Social Networks	Reed's Law Kleine-Welt-Effekt Navigierbarkeit Bevorzugte Anlagerung Ultrarobustheit
Wikis	Bevorzugte Anlagerung Ultrarobustheit High Performance Teams Unsichtbare Schule Nächstes Fitnesslevel Long Tail
Blogs	Kleine-Welt-Effekt Bevorzugte Anlagerung
Social Bookmarks und Tags	Kollektive Intelligenz Bevorzugte Anlagerung Long Tail
Mashups	Bevorzugte Anlagerung Long Tail
Feeds	Primär keine Netzwerkeffekte, erst in unternehmensweiter Architektur
Mikroblogs	Bevorzugte Anlagerung

Treten diese Netzwerkeffekte automatisch ein, wenn die entsprechenden Technologien eingesetzt werden? Leider nein, sie bedürfen aktiver Gestaltung, wir gehen in den Kapiteln 5, 6, 8 und 9 auf die Gestaltungsmöglichkeiten ein.

Können Netzwerkeffekte nur etwas Positives bewirken oder gibt es auch negative Ausprägungen davon? Nun ein einfacher Blick in den Unternehmensalltag zeigt uns, dass es ebenso viele negative Rückkopplungseffekte wie positive gibt. Gerüchte verbreiten sich in Windeseile und können ein ganzes Unternehmen lähmen. Die Verluste einer Sparte können ein ganzes Unternehmen aufs Spiel setzen.

Die Finanzkrise lässt sich sehr gut als Netzwerkeffekt (bei dem am Ende die Mitspieler ausgingen) verstehen. Die Netzwerkforschung hat bisher nur eine Antwort, um negative Auswirkungen zu begrenzen: *Entkopplung*, um die Übertragung des Effekts zu unterbinden.

Eine sehr gute Einführung in die Welt der Netzwerkeffekte bietet das Buch von A. L. Barabasi: *Linked. How everything is connected to everything else and what it means for business, science and everyday life*, PLUME Book, 2002. Ein Großteil der im Kapitel diskutierten Resultate zu sozialen Netzwerken ist in „The structure and function of complex networks" von M. E. J. Newman zu finden (abrufbar unter: arXiv:cond-mat/0303516v1).

5 Die Wertversprechen des Enterprise 2.0

Was, wenn alles nur eine Illusion wäre
und nichts existierte?
Dann hätte ich für meinen Teppich
eindeutig zu viel bezahlt.

W. Allen

Fragen, die in diesem Kapitel beantwortet werden:

- Was ist ein Wertversprechen für ein Unternehmen?
- Welches sind die aktuellen Probleme in der Nutzung von E-Mail?
- ... in der Nutzung von Enterprise-Software?
- ... in der Organisation von Zusammenarbeit?
- ... im Projekt- und Wissensmanagement?
- ... in der Ansprache junger, ambitionierter Mitarbeiter?
- Welche Wertversprechen kann Enterprise 2.0 dazu geben?
- Welche Gefährdungen und Barrieren existieren für Enterprise 2.0?
- Wie hängen Wertversprechen und ROI zusammen?

5.1 Wertversprechen, Kundennutzen und Kostenbetrachtungen

5.1.1 Struktur eines Wertversprechens

In den vorigen Kapiteln haben wir festgestellt, dass Enterprise 2.0 den Einsatz sozialer Software im Unternehmen (oder über seine Grenzen hinaus) bedeutet, um Informationsmanagement, Reputationsmanagement und Beziehungsmanagement für komplexe Zusammenarbeits- oder Entscheidungsprozesse optimal zu unterstützen. Um die Wertversprechen des Enterprise 2.0 zu systematisieren, wollen wir die Ausgangssituation, die Schwierigkeiten im Informationsaustausch und der Zusammenarbeit, welche in vielen Unternehmen anzutreffen sind (das Kundenproblem), den gewünschten Zielzustand, den Weg zum Ziel (Transformation) und seine Kosten sowie die erzielbaren Nutzen charakterisieren (Bild 5.1).

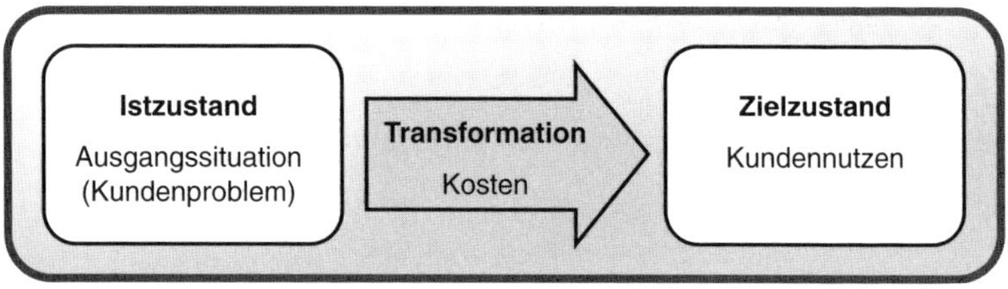

Bild 5.1: Struktur eines Wertversprechens

5.1.2 Istzustand, Ausgangssituation, Kundenproblem

E-Mail als vorherrschendes Medium für Zusammenarbeit

Das vorherrschende Kommunikationsmittel moderner Unternehmen ist E-Mail. Die zunächst sinnvolle Möglichkeit, zu zweit asynchron miteinander zu kommunizieren, wurde im Laufe der Jahre durch E-Mail-Verteilerlisten, CC und BCC zu einem Broadcastingmedium und subtilem Herrschaftsmedium ausgebaut. Die Fähigkeit, beliebige Anhänge mit E-Mails zu versenden, hat sogar die Illusion entstehen lassen, es sei ein geeignetes Medium für Zusammenarbeit. Eine Analyse der eigenen Inbox zeigt, wie viele der (statistisch gesehen 39 E-Mails[62] pro Tag) Nachrichten dem Ursprungszweck zuzuordnen sind. Die Studie von SofTrust aus dem Jahr 2007 zeigt weiter, dass 42 % aller E-Mails CC- oder BCC-Mails sind, 75 Minuten (15 %) der täglichen Arbeitszeit werden für E-Mail aufgewendet. E-Mail taktet (oder unterbricht) den Arbeitsrhythmus der meisten Büroarbeiter. Protokolle in zig Versionen werden an alle Teilnehmer (und eventuell Interessierte) eines Meetings gesendet.

Ein Dokument, welches von zehn Mitarbeitern geteilt bearbeitet werden soll und zehn Versionszyklen durchläuft, befindet sich insgesamt 100-mal in den E-Mail-Briefkästen der Mitarbeiter. Noch schlimmer wird die Situation, wenn von Teilgruppen parallel an verschiedenen Stellen des Dokuments gearbeitet wird. Wissensfortschritt, der in einer Teilversion des Dokuments schon vorhanden ist, bleibt für andere noch unsichtbar.

Eine Diskussion flammt per E-Mail auf – und verschwindet wieder in den Abgründen der individuellen Postfächer. Entscheidungshintergründe bleiben nicht transparent. Wir wollen E-Mail hier nicht verteufeln, sie wird weiter einen bedeutenden (oder gar den bedeutendsten) Anteil im Unternehmen zur Strukturierung der Kommunikations- und Zusammenarbeitsbeziehungen leisten, es geht darum, jedes Medium nach dem größten Nutzen zu verwenden.

Datensilos und unterbrochene Prozessketten

Die Entwicklung der IT-Industrie ist in Schüben verlaufen und hat neben Basistechnologien auch immer wieder Anwendungsschwerpunkte in das Zentrum ihrer Anstrengungen gestellt. So finden wir heute die Daten zu allen Ressourcen und Werten eines Unternehmens in den Enterprise-Resource-Planning-(ERP-)Systemen. Die betriebswirtschaftliche Steuerung des Unternehmens wird ebenfalls über ein ERP-System gestützt. Die Daten über die wichtigsten Assets des Unternehmens, die Kunden, finden wir im Customer-Relationship-Management-(CRM-)System, welches eng an das ERP angelehnt sein

---

[62] www.softtrust.com/docs/E-Mail-Anwender-Studie_Mai07_V1.0.pdf

kann oder auch nicht. Das Internetzeitalter hat einen neuen Kommunikations- und Marketingkanal eröffnet, seine Daten liegen in Content-Management-Systemen (CMS) und Kampagnen-Management-Systemen. Kundenfeedback und -beschwerden werden häufig in Sammel-E-Mail-Accounts (customer-request@firma.com) geführt. Unternehmensinterne Kommunikation wird über E-Mail und Intranet geführt. Produktionsplanungs- und Steuerungssysteme (PPS) bilden eine weitere Kategorie, sie können eng mit dem ERP verbunden sein, müssen es aber nicht. Dokumente, die im Verlauf von Arbeitsprozessen entstehen, werden individuell, im Fileserver oder im Dokumentenmanagementsystem geführt. Die Personalabteilung hat die Stammdaten aller Mitarbeiter in Personalverwaltungssystemen. Der Einkauf führt Vertragsdatenbanken und große Katalogsysteme. Nun, die Liste lässt sich wahrscheinlich noch fortsetzen.

Ein normaler Prozess wie eine Prognose der Auslastung einer Firma, basierend auf allen Aufträgen und Absichtsbekundungen, anstehenden Verkaufsmöglichkeiten und akquirierten Leads, muss typischerweise das Auftragsmanagement (Order Management), das CRM und die Internetkampagnen traversieren. Rückfragen bezüglich der Plausibilität einer Verkaufschance müssen an die verantwortliche Person gerichtet werden.

Eine Reaktion auf eine Kundenbeschwerde per E-Mail muss auf die Kundenstammdaten und Vertragsdaten zurückgreifen, weiter auf die inhaltliche Problemlage eingehen und Lösungsmöglichkeiten finden und eventuell die Ressourcen zur Lösung des Problems zuweisen.

Eine Kundenanfrage zur Unterstützung in einem speziellen Umfeld (von dem der Vertriebsbeauftragte noch niemals gehört hat) geht mühsame E-Mail-Umwege, um dann von der Person, die es lösen könnte, mangels Verfügbarkeit abgelehnt zu werden (obwohl es zwei weitere Spezialisten im Unternehmen gibt).

Unterschiedliche Entstehungsjahre, unterschiedliche Basistechnologien und unterschiedliche Standards haben zu einer heterogenen IT- und Anwendungslandschaft geführt. Daten werden in Silos und entkoppelt vom Entstehungsprozess und seinen beteiligten Personen geführt. Prozesse, die Daten unterschiedlicher Quellen benötigen oder miteinander verbinden müssen, sind durch Brüche und weitere Kontextentkopplung und damit Verlangsamung und Qualitätsverluste gekennzeichnet.

Bisherige Integrationsmethoden sind schwerfällig (Enterprise Service Bus, SOA), teuer (Business Intelligence) und bleiben datenzentriert (Data Warehouse).

Wissen erzeugen, teilen und Experten finden

Für die folgenden Überlegungen folgen wir dem Wissensmodell von Nonaka und Takeuchi (Nonaka/Takeuchi 1995). Es unterscheidet zwischen explizitem (formulierbar, darstellbar) und implizitem (nicht formulierbar, nicht darstellbar, nur individuell abrufbar) Wissen und beschreibt den kontinuierlichen Übergang von implizitem Wissen zu explizitem und den Wissenstransfer vom Individuum zur Gruppe und zur Organisation durch Sozialisation, Externalisierung, Kombination und Internalisierung.

Wissen ist bekanntermaßen eine Ressource, die sich vermehrt, wenn man sie teilt. Auf den Experten als Träger des Wissens trifft dies ebenso bekanntermaßen nicht zu. Erzeugung von Wissen findet vorrangig im Prozess der Arbeit statt. Es drückt sich dann explizit in erzeugten Produkten und Lösungen, in Technologien und Prozessen sowie begleitenden Dokumenten aus. Gleichzeitig ist es in den Köpfen der beteiligten Personen und in ihren Fähigkeiten (implizit) verankert. Folgende Fragestellungen tauchen in jedem Unternehmen auf.

1. Erzeugung und Dokumentation des entstehenden Wissens (Externalisierung),
2. Zugang für andere zum expliziten Wissen (Kombination),
3. Bewusstmachen und Zugang für andere zum impliziten Wissen des Experten,
4. Zusammenarbeit geeigneter Experten (Sozialisation),
5. Unterstützung des Wissenstransfers, Durchdringung der Organisation (Sozialisation, Internalisierung).

Die Realität ist häufig durch folgende Merkmale gekennzeichnet. Das dokumentierte Wissen verstreut sich über eine Unmenge von Systemen und Dokumenten, die nicht auffindbar sind, und wenn, dann in der falschen Version. Das implizite Wissen hat das Unternehmen mit den angeheuerten Beratern und Freelancern längst verlassen, die wenigen internen Experten werden nicht gefunden. Teams werden nicht optimal besetzt. Die Einführung neuer Prozesse oder die Nutzung von Best Practices verschlingt Unmengen an Energie und wird widerwillig oder halbherzig verfolgt.

Gründe, warum vorhandenes Wissen nicht zur Verfügung steht oder nicht in Anspruch genommen wird, sind die Entkopplung von Wissensdokumentation und Entstehungs-(Arbeits-)Prozess, die fehlende Anerkennung und das fehlende Auditorium für die Wissenden und die typische ablehnende Haltung von Menschen gegenüber Erfahrungen, die nicht selbst gemacht wurden (fehlender Diskurs).

Anbahnung und Koordinierung von Zusammenarbeit

Jedes Unternehmen kennt Projekte. Sie werden als Organisationsform temporärer Zusammenarbeit gewählt, um spezifizierte Ziele zu erreichen. Im Verlauf des Projektes müssen finanzielle, inhaltliche, zeitliche und menschliche Ressourcen aufeinander abgestimmt gesteuert werden, um das Ziel qualitätsgerecht zu erreichen. Erkenntnisse im Projektverlauf müssen adaptiv eingearbeitet werden.

Der Blick in eine beliebige Tageszeitung verrät, dass das Scheitern, die Verzögerung oder die Budgetüberziehung von Projekten die Regel, die Einhaltung der Projektziele die Ausnahme darstellt. Aus Untersuchungen der Standish Group (www.standishgroup.com), dem berühmten Chaos Report für IT-Projekte, weiß man, dass etwa 53 % aller Projekte die Budget- oder Ergebniserwartungen nicht erfüllen, 18 % werden ganz abgebrochen, 29 %, also weniger als ein Drittel verlaufen erfolgreich (Stand 2004). Als Gründe werden im Chaos Report unter anderem mangelndes Anforderungsmanagement und fehlende Einbeziehung von späteren Nutzern und Executive Management aufgeführt. Weitere Gründe liegen in der fehlenden oder mangelhaft angewendeten Standardisierung von Projektmanagement, wie sie z. B. vom PMBoK (www.pmi.org) vorgeschlagen werden.

Noch pessimistischer sieht das M. Gröger in seiner Studie[63] „Projektmanagement: Abenteuer Wertvernichtung“ (Gröger 2004), der ebenfalls von einer Projekteffizienz (Projekt richtig durchgeführt) von 31 % ausgeht, aber zusätzlich die Projekteffektivität (richtige Aufgabenstellung) berücksichtigt und diese mit 43 % angibt. Daraus leitet er multiplikativ ab, dass nur 13 % der Projekte zur Wertsteigerung beitragen und 87 % Wertvernichtung betreiben.

Auch die neuesten Zahlen der Standish Group[64] versprechen keine Besserung, der Chaos Report 2009 vermeldet, dass 32 % der Projekte erfolgreich absolviert werden, 44 % Zeit und Geld überziehen und 24 % vollständig scheitern.

Die Rüstzeiten, um ein Projektteam arbeitsfähig an den Start zu bringen, variieren zum Teil erheblich. So ist eine Findungsphase von zwei Monaten (!) in einem großen Projektteam (> 60 Personen) durchaus nicht unüblich, ganz zu schweigen vom Aufwand späterer Koordination, die, sofern sie über E-Mail erfolgt, die schon dargelegten Probleme erzeugt.

Projekte werden von Menschen gemacht, sie scheitern auch an Menschen.

Einbeziehung externer Stakeholdergruppen

Unternehmen agieren in einem Beziehungskontext zu ihren internen und externen Stakeholdergruppen. Zu den externen zählen ihre Kunden, Partner, Wettbewerber, Investoren, die Gesellschaft. Für viele Prozesse des Unternehmens ist eine effektive Einbeziehung der externen Interessengruppen von hoher Bedeutung: Kundenerwartungen erfüllen, Produktentwicklung vorantreiben, Innovationen platzieren, Konsensfindung mit Gesellschaft moderieren. Wir wissen, dass die Umkehrung des Unternehmensmonologs in einen Dialog oder gar „Multilog“ eine große Herausforderung für Unternehmen darstellt. In der globalen CEO-Studie von IBM[65] für 2008 sagten 85 % aller CEOs,

---

[63] http://www.drundp.de/downloads/mba_studie_kurzversion.pdf

[64] www.standishgroup.com/newsroom/chaos_2009.php

[65] www-935.ibm.com/services/de/bcs/html/ceostudy.html

dass sie ihre Zusammenarbeit mit Partnern verstärken müssen, die Zusammenarbeitsquote bei sehr erfolgreichen Firmen liegt 20 % höher als in anderen Firmen.

Die Quelle von Innovationen liegt zunehmend außerhalb von Unternehmen, nur 14 % von erfolgreichen Innovationen stammen aus unternehmensinterner Forschungs- und Entwicklungsarbeit, die Einbeziehung von Kunden und Lead Usern wird zunehmend wichtiger.[66]

Mangelnde Anziehungskraft für Talente und fehlender Generationenausgleich

Aus den Bevölkerungsprognosen des Statistischen Bundesamtes[67] (die lineare Fortschreibungen gegenwärtiger Trends sind und keine disruptiven Annahmen einbauen) wissen wir, dass die Verteilung der 50 Millionen Erwerbstätigen in Deutschland etwa folgendem Altersschema folgt: 20 % sind zwischen 20 und 29 Jahre alt, 50 % sind zwischen 30 und 49 Jahre alt und 30 % sind zwischen 50 und 64 Jahre alt. Im Jahr 2020, also schon in etwa zehn Jahren, wird die Verteilung dieser Altersgruppen etwa 18 % zu 42 % zu 40 % betragen. Unternehmen müssen aus diesem knapper und älter werdenden Ressourcenpool ihre Mitarbeiter rekrutieren. Dabei müssen zwei Trends beachtet werden:

Talente werden sich *ihre* Unternehmen suchen und dabei auch auf die Einsatzmöglichkeiten der im privaten Umfeld so selbstverständlichen sozialen Netzwerke und modernen Kommunikationsgeräte und -kanäle im Unternehmen achten.

Weiterhin muss das Unternehmen sich um Ausgleich, Einbeziehung und Zusammenarbeit zwischen beiden Generationsgruppen bemühen, d. h. die Erfahrungen der Digital Natives an die nächste Generation weitergeben (*Reverse Mentoring*), umgekehrt die Digital Natives mit den Erfahrungen der Älteren vertraut machen.

---

[66] www-03.ibm.com/press/us/en/pressrelease/19289.wss

[67] www.destatis.de Pressemitteilung Nr. 464 vom 7.11.2006

Wir fassen also die Istsituation und existierende Probleme von Unternehmen wie folgt zusammen:

E-Mail wird als vorherrschende Plattform für Zusammenarbeit *missbraucht*. Sie *verschwendet* Arbeitszeit, *erschwert* das Finden und Zusammenbringen relevanter und konsistenter Informationen sowie den Rückbezug auf handelnde Personen und *verlangsamt* den Erstellungsprozess neuer Inhalte.

- Inhomogene Plattformen und Datensilos *erschweren* Tätigkeiten, die Daten unterschiedlicher Quellen benötigen oder miteinander verbinden müssen. Handlungen sind durch Brüche und *mühsame* Wiederherstellung von Kontext gekennzeichnet und damit für die *Verlangsamung* und *Qualitätsverluste* wichtiger Geschäftsprozesse (Kundenservice, Angebotserstellung, Ressourcenplanung und -forecast) verantwortlich.
- Wissen und Experten in Unternehmen werden *unzureichend* gefunden und miteinander vernetzt. Der Wissenstransfer in die Organisation verläuft *schleppend*.
- Die *Rüstzeiten* für das Aufsetzen von Zusammenarbeit dauern zu lange, dazu kommen hohe Aufwände für die *Koordinierung* in Projekten, *Projektmanagementstandards* werden nicht unterstützt, die *menschliche* Komponente der Projektarbeit wird unterschätzt.
- Die schnelle und *problemlose* Einbeziehung von Kunden und Partnern in Zusammenarbeits- oder Innovationsprozesse ist nicht möglich.
- Talente erwarten einen hohen Standard sozialer Medien und moderner Technologien im Unternehmen, der heute häufig *nicht vorhanden* ist. Synergien zwischen Digital Natives und etablierter Belegschaft werden in *keine* der beiden Richtungen unterstützt.

Wenn wir die bisher mehr qualitativ gemachten Bemerkungen quantitativ bewerten wollen, können wir mit der Tabelle 5.1 arbeiten.

Wir werden im Abschnitt 5.1.4 auf Tabelle 5.1 zurückkommen, um die dort dargestellten Nutzenszenarien zu plausibilisieren und zu quantifizieren.

Tabelle 5.1: Quantitative Bewertung von Istzuständen in Unternehmen

E-Mail als Plattform für Zusammenarbeit	▪ Verschwendung von Arbeitszeit ▪ Finden und Einbeziehen relevanter Informationen und Personen ▪ Qualität entstehender Dokumente ▪ Schnelligkeit bei Erstellung von Dokumenten
Datensilos und unterbrochene Prozessketten	▪ Qualität von Geschäftsprozessen (messbar an Kundenzufriedenheit, Mitarbeiterzufriedenheit …) ▪ Durchlaufzeiten von Geschäftsprozessen
Wissen lokalisieren, erzeugen und verbinden	▪ Finden und Einbeziehen relevanter Informationen und Personen ▪ Transfer von Wissen in die Organisation (Prozessverbesserungen, Prozeduren, Standards, Tools) ▪ Innovationsrate im Unternehmen
Einbeziehung unternehmensexterner Stakeholder	▪ Rüstzeiten für Einbeziehung ▪ Innovationsanteil mit Partnern ▪ Innovationsanteil mit Kunden ▪ Wahrnehmungsmessungen zur Einbeziehung bei Kunden, Partnern, Gesellschaft
Standardisierung von Zusammenarbeit und Projektmanagement	▪ Einhaltung von Projektbudgets und Terminen ▪ Staffing-Effektivität ▪ Projektrüstzeiten ▪ Erreichung von Projektzielen
Anziehungskraft und Motivationsfaktor sozialer Technologien	▪ Gewinnung von Talenten ▪ Austausch von Erfahrungen zwischen Belegschaftsgenerationen ▪ Durchdringungsrate sozialer Technologien

5.1.3 Transformation und verbundene Kosten

Die Art und Weise der Transformation zum Enterprise 2.0 wird Gegenstand der Kapitel 6 bis 9 sein. Hier wollen wir zunächst nur die Grundlagen unserer Überlegungen zu den Kosten sozialer Software legen.

Wir haben bereits auf die entstehenden Kosten einer Investition in soziale Software im Kapitel 3 Bezug genommen. Um die Sinnfälligkeit einer Investition nachzuweisen, wird typischerweise eine Investitionsrechnung durchgeführt, die Aufwände und Rückflüsse über mehrere Perioden (typischerweise den Abschreibungszeitraum) gegenüberstellt. Wie bei vielen Investitionen in Software haben wir mit folgenden Problemen zu kämpfen:

- Tatsächliche Kostenermittlung, die sich aus direkten und indirekten Kosten zusammensetzt, häufig wird eine Total-Cost-of-Ownership-(TCO-)Betrachtung dafür angestellt.
- Tatsächliche Ermittlung der Rückflüsse durch Kosteneinsparungen oder Umsatzerlöse, da diese von sehr vielen Querverflechtungen abhängen. Einsparung an Arbeitszeit führt nicht automatisch dazu, dass die geretteten Minuten in etwas Sinnvolles gesteckt werden. Aussagen wie: „Unser Blog hat die Umsätze um 100.000 € erhöht", sind typischerweise schwer zu treffen oder illusorisch.
- Rückflüsse von zunächst nicht monetärer Art (Wahrnehmung, verbesserte Kommunikation, Anziehungskraft für Talente) werden nicht angemessen in die Betrachtung einbezogen oder umgekehrt als alleinige Begründung herangezogen. Soziale Software hat schon vom Namen her auch einen Social Return on Investment (SROI), der nicht betriebswirtschaftlich fassbar ist.
- Die iterative Vorgehensweise, die sich für viele Projekte bei der Einführung sozialer Software als vorteilhaft durchgesetzt hat (Perpetual Beta), erschwert den kalkulatorischen Gesamtüberblick.

Newman und Thomas führen eine ROI-Betrachtung für eine fiktive Firma von 5.000 Mitarbeitern bei der Einführung einer sozialen Softwaresuite durch (Newman/Thomas 2008). Das verwendete Schema folgt der in Tabelle 5.2 dargestellten Struktur.

Letztlich folgt dieses Schema den gleichen Überlegungen, wie sie beim Aufkommen der ersten Intranets oder internen Unternehmensportale verwendet wurden. Die Kostenermittlung folgt anerkannten Prinzipien der TCO.

Das Problem steckt insbesondere bei der Ermittlung der Rückflüsse und Kosteneinsparungen auf Unternehmensebene. Wir halten eine Ermittlung von Einsparungen und Verbesserungen, die einem kleineren und überschaubaren Szenario folgen, für wesentlich belastbarer und plausibler. Gleichzeitig werden damit die Kosten initial kleiner, die Erfolge messbar(er) und können in iterativen Schritten (Perpetual Beta) ausgebaut werden. Adoptionsraten, d. h. die Akzeptanz und Nutzung der neuen Tools und die damit verbundenen sozialen und kulturellen Veränderungen der Organisation, können begleitet werden und werden schrittweise erlebbar.

Aus diesem Grund wollen wir, abgeleitet aus unseren sechs Problemszenarios im Abschnitt 5.1.2, sechs Nutzenszenarios entwickeln, welche einen gewünschten Zielzustand und die damit verbundenen Einsparungen, Produktivitätszuwächse bzw. völlig neuen Möglichkeiten darstellen.

Tabelle 5.2: ROI-Schema für einen unternehmensweiten Einsatz sozialer Software

Kostenart	Kosten	Kosteneinsparungen, Rückflüsse	Wert
Hardware, Software (Blog, Wiki, Social Network)	500.000 $	E-Mail-Reduktion	1.250.000 $
Projektkosten-implementierung (firmenintern durch eigene IT)	230.000 $	Verbesserte Kommunikation mit Kunden	1.300.000 $
Einführung in Wirkbetrieb	230.000 $	Schnellere Informationsfindung	3.000.000 $
Training Einführungskosten	230.000 $	Erhöhte Zusammenarbeit	1.000.000 $
Adoptionskosten intern	1.200.000 $		
Gesamt	3.390.000 $		6.550.000 $
Ersparnis		3.160.000 $	

5.1.4 Zielzustand und Kundenversprechen

Für die Ermittlung des Zielzustandes und der Kundenversprechen bietet sich das in Tabelle 5.3 dargestellte Schema an.

In den Kosteneinsparungspotenzialen wollen wir darstellen, ob und wie sich Kosten der veränderten Prozesse oder Vorgehensweisen im Nutzenszenario verändern (z. B. Kosten für Innovation, Kosten für Meetings). Dementsprechend in den Produktivitätspotenzialen, ob und wie sich das Verhältnis von Input zu Output im betrachteten Szenario ändert. In den neuen Möglichkeiten werden sowohl die weichen Veränderungen, die SROIs (Social Return on Investment), aber auch disruptive Veränderungen, die bisher für das Unternehmen nicht realisierbar waren, dargestellt. Die Messgrößen sollen uns helfen, etwaige Fortschritte auch quantitativ zu bewerten.

Tabelle 5.3: Schematische Darstellung von Zielzustand und Kundenversprechen eines Nutzenszenarios

Kundenversprechen Zielzustand	Kosteneinsparungspotenziale	Produktivitätspotenziale	Neue Möglichkeiten
Veränderung			
Messgrößen (Ist/Soll)			

Die Szenarios besitzen eine unterschiedliche strategische Relevanz für ein Unternehmen und erfordern unterschiedliche Voraussetzungen zu ihrer Realisierung. In gewisser Weise bedeutet die x-Achse ebenfalls eine Zeitachse sowie eine Zunahme an Komplexität der Prozesse (von einfachen zu komplizierteren) und die y-Achse einen Übergang von Innensicht zu Außenbeziehungen eines Unternehmens. Dieses Schema kann entweder für ein ganzes Unternehmen oder auch nur eine Fachabteilung spezifiziert werden. Eine andere Bewertung strategischer Relevanz ist dabei durchaus möglich, so kann das Nutzenszenario „Wissensmanagement" für die F&E-Abteilung ganz oben stehen, während für die Personalabteilung das Thema „Talentmagnet und Motivation" höchste Bedeutung besitzt. Unsere Nutzenszenarios sind diesbezüglich als Anregung zu verstehen. Eine Einordnung entlang dieser Dimensionen führt zu Bild 5.2.

Im Kapitel 8 werden wir aus dieser Abbildung ein allgemeines Reifegradmodell für das Enterprise 2.0 entwickeln.

Bei der Reihenfolge der Darstellung der Nutzenszenarien folgen wir der Reihenfolge der Beschreibung der Istzustände (aus Abschnitt 5.1.2) und nicht ihrer Einordnung in dem in Bild 5.2 dargestellten Schema.

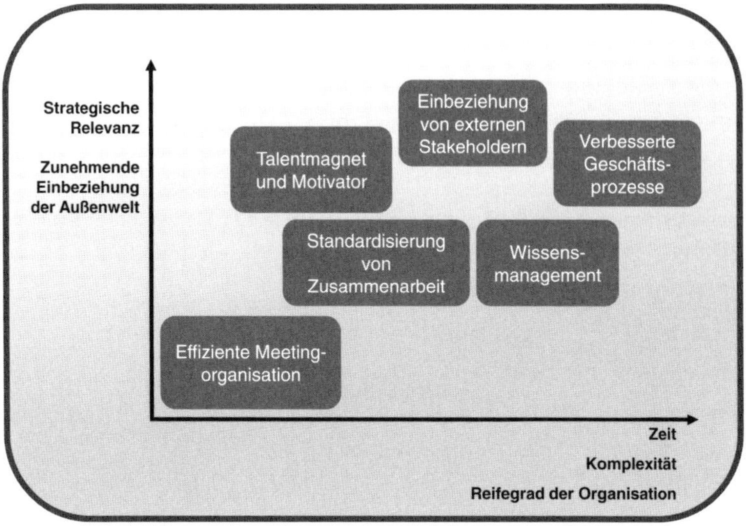

Bild 5.2: Einordnung von Nutzenszenarien im Enterprise 2.0 entlang der Dimensionen „Reifegrad der Organisation" und „strategische Relevanz"

Nutzenszenario 1: Effiziente Meetingorganisation und Nachbereitung

Ein einfaches Szenario kann zunächst vorsehen, das gesamte Dokumentationsvorgehen in Meetings umzustellen und in ein zentrales Agenda- und Protokoll-Repository zu überführen. Das Repository kann eine Wiki-/Blogplattform sein, aber auch ein System zum Dokumentenmanagement. Anträge zur Agenda können über Kommentare oder Blogposts erstellt werden. Das Versenden der Agenda und des Protokolls entfällt. In einer Übergangszeit kann durch E-Mail auf das Fertigstellen von Agenda und Protokoll verwiesen werden (Event-Notifikation), in einer fortgeschrittenen Version werden natürlich die Protokolle, die einem wichtig sind, abonniert (etwa über einen Protokoll-Feed). Bemerkungen oder Richtigstellungen zum Protokoll können wiederum über Kommentare oder Posts erfolgen. Revisionssicherheit und Datensicherheit können über ein Rollen- und Rechtekonzept abgebildet werden. Es empfiehlt sich, für den Start Meetings und ihre Dokumentationen auszuwählen, die bezüglich der Realisierung von Workflows und des Zugriffsschutzes geringe Anforderungen aufweisen, also z. B. Treffen von Arbeitsgruppen, Vertriebsabstimmungen, Abteilungsmeetings. Unser Schema für dieses Szenario sieht jetzt wie in Tabelle 5.4 dargestellt aus.

Tabelle 5.4: Zielzustand und Kundenversprechen für das Szenario „effiziente Meetingorganisation"

Kundenversprechen, Zielzustand	Kosteneinsparungspotenziale	Produktivitätspotenziale	Neue Möglichkeiten
Veränderung	Erstellungs- und Änderungsprozess für Agenden und Protokolle beschleunigt sich; Einsparung von Arbeitszeit; kein Versand von Agenda und Protokoll	Realtime-Protokolle; Unterstützung von Entscheidungstransparenz	Protokollabonnement; Sichtbarkeit von Protokollen außerhalb des eigentlichen Adressatenkreises; Transparenz, Glaubwürdigkeit, Offenheit; Einbeziehung von Agenden und Protokollen in Suche
Messgrößen (Ist/Soll)	Schnelligkeit Protokollbereitstellung; E-Mail-Reduktion; Speicherplatz für E-Mails; Arbeitszeit für E-Mail-Bearbeitung	Protokollqualität	Anzahl der Abrufe des Protokolls

Eine typische Zielstellung für ein Unternehmen könnte also lauten:

- Verkürzung der durchschnittlichen Bereitstellungszeit von Protokollen von 14 Tagen auf ein bis zwei Tage,
- Verkürzung der Abstimmungsaufwände zu Agenda und Protokoll um 25 %,
- Verbesserung der Agenda- und Protokollqualität (Stichprobe),
- Sicherstellung der Distribution von Agenda und Protokoll durch Messbarkeit,
- Reduktion des E-Mail-Aufkommens mit Attachments um 10 bis 20 %,
- Einsparung von Speicherkapazität für E-Mail-Attachments (in GByte),
- Findbarkeit von Informationen (Abstimmungsergebnisse, Beschlüsse, Themen, Personen in Protokollen),
- Einsparung von Arbeitszeit (in Minuten),
- Social Return of Invest: Transparenz, Glaubwürdigkeit, Offenheit.

Diesen Nutzenparametern kann man nun die Kosten gegenüberstellen, die sich aus dem Schema der ersten beiden Spalten der Tabelle 5.2 ergeben. Die Kosten müssen den realen Gegebenheiten angepasst werden, unter 150.000 € für ein mittleres Unternehmen (etwa 500 Mitarbeiter) sollte man selbst bei Verwendung von Open-Source-Software nicht annehmen. Der Erfolg der Einführung hängt vom Reifegrad der Organisation (siehe Kapitel 8) ab.

Nicht alle der aufgeführten Parameter können monetär bewertet werden. Für einige ist das möglich, sodass wir das der Vollständigkeit halber tun wollen. Aus der schon zitierten Studie zur E-Mail-Nutzung[68] wissen wir, dass etwa 75 Minuten in E-Mail-Bearbeitung täglich fließen. Eine 10- bis 20%ige Reduktion verkürzt also die Arbeitszeit an E-Mails um 7,5 bis 15 Minuten.

Wenn wir ein Unternehmen von 500 Mitarbeitern annehmen (welche E-Mail nutzen), können wir damit 500 Mitarbeiter · 230 Arbeitstage · durchschnittlich 10 Minuten = 1.150.000 Minuten = 19.160 Stunden = 2.395 Arbeitstage einsparen. Diese Arbeitstage können wir zu Kosten (angenommen 500 € pro Arbeitstag) oder zu Umsätzen (angenommen 900 € pro Arbeitstag) bewerten und werden damit in einem Bereich von 1,2 bis 2,2 Millionen € landen. Ähnlich sieht die Rechnung für schnelleres Finden von Informationen oder den geringeren Speicherplatzbedarf aus. Natürlich sind zwei Fehlannahmen in unserer Rechnung. Erstens bedeutet die Einsparung von Arbeitszeit nicht automatisch ihre Widmung in etwas Sinnvolles oder gar Umsatzzuwächse, zweitens dürfen wir nicht vergessen, dass die Protokolle und Agenden ja immer noch gelesen und verstanden werden müssen, d. h., der Anteil an Arbeitszeit, der gespart wird, muss noch einmal durchdacht werden.

Realerweise kann man nur die schnellere Erstellung und die schnelleren Abstimmungsprozesse bewerten. Wenn wir annehmen, dass pro Arbeitstag zwei Meetings mit Agenda und Protokollpflicht stattfinden und der Aufwand für die Vorbereitung von Agenda und Protokollierung bei durchschnittlich vier Stunden liegt, der nun auf drei Stunden verkürzt werden kann, ist unsere Einsparung von 460 Meetings pro Jahr · 4 Stunden = 1.840 Stunden zu 460 · 3 = 1.380 Stunden, genau 460 Stunden = 57,5 Arbeitstage (entspricht Kosten von 28.750 € oder Um-

---

[68] www.softtrust.com/docs/E-Mail-Anwender-Studie_Mai07_V1.0.pdf

sätzen von 51.750 €). Typischerweise ist die Anzahl von Meetings weit höher, die meisten von ihnen haben nur keine Protokollpflicht, Ergebnisse werden wie gehabt per E-Mail mitgeteilt.

Eine schnelle Variante, die durchschnittliche Anzahl von Meetings eines Unternehmens zu ermitteln, besteht in einer Analyse der Besprechungsraumbelegung. Im Unternehmen des Autors sind täglich 15 Meetings durchaus die Regel (Managementrunden, Bereichsrunden, Projekttreffen, Abstimmungen mit Kunden, Workshops), sodass die Kosteneinsparung rein auf die Protokollerstellungskosten (oder Ergebnissicherung) bezogen durchaus weitaus höher liegen kann (etwa 200.000 €).

Um den Bedarf an Speicherplatz zumindest abzuschätzen, wollen wir mit folgenden Annahmen rechnen. 460 Agenden (mit Attachments) und 460 Protokolle (wieder mit Attachments) mit je 10 MByte verteilt in je zehn Briefkästen, weitergeleitet an zehn potenzielle Interessenten $= 920 \cdot 10 \cdot 10 \cdot 10$ MByte = 920 GByte anstelle der einmaligen Speicherung (und Sicherung) von 4,6 bzw. 9,2 GByte (zwei Größenordnungen). Kosten für 1 GByte Speicherverwaltung liegen in der IT eines Unternehmens zwischen 3 und 20 € pro Jahr (eigene Erhebung).

Dennoch sollte unsere Hauptargumentation von der besseren Qualität der Protokolle und der schnelleren Verfügbarkeit ausgehen. Und entweder diese Protokolle und ihre Bereitstellung sind der Organisation etwas wert oder sie haben nur eine Alibifunktion.

Nutzenszenario 2: Verbesserte Geschäftsprozesse in Bezug auf Qualität und Schnelligkeit durch Schließen von Lücken

Wir wollen nur zwei Eigenschaften, die die Qualität und Schnelligkeit von Geschäftsprozessen beeinflussen, untersuchen: Schaffung von Kontext und die Aufhebung der Entkopplung zwischen Daten und handelnden Personen und insgesamt damit das Schließen von Prozesslücken und das Schaffen von durchgängigen Prozessen. Wir sind uns bewusst, dass Social Software für diese Aufgaben nicht das Allheilmittel darstellt, aber es kann wertvolle Beiträge liefern.

> Kontext zu einem Geschäftsprozess bedeutet das zeitgerechte Bereitstellen aller notwendigen Informationen, um die Entscheidung über seinen Fortgang situationsgerecht zu unterstützen.

Die relevanten Informationsobjekte sind in Abhängigkeit vom Geschäftsprozess verschieden, häufige Konstellationen betreffen Kunde, Vertrag, Angebot, Auftrag, Liefersituation, Produktionsstatus, Produktrevision, Projekt, Projektleiter und Mitarbeiter. Obwohl ein Großteil dieser Daten aus den ERP-Systemen kommt, besteht das Problem in der nicht dokumentierten Abhängigkeit der Informationsobjekte zueinander bzw. in der hohen Dynamik ihrer Entwicklung. So wird im Verkauf schon mit den neuesten Produktvarianten gearbeitet, ein konkreter Liefertermin kann aber nur in Abhängigkeit der Produktfreigabe und der benötigten Zeit für die Produktion ermittelt werden. Soziale Software kann hier über ein Konzept der *Dashboards* (Cockpit, Instrumententafel) die Dynamik abbilden und mitarbeiter- und prozessbezogen bereitstellen. Voraussetzung hierfür ist eine gezielte Architektur an abonnierbaren Informationsströmen.

Entkopplung zwischen Daten und Personen aufzuheben heißt, die Beziehung zwischen Datum und dahinter handelnder Person zu kennen, also Lead - Erzeuger des Leads, Auftrag - Vertriebsperson, Angebot - Ersteller, Liefertermin - Produktionsleiter, Logistikleiter, Projekt - Projektleiter etc. sichtbar zu machen. Das ist nicht in jedem Falle sinnvoll, für viele Plausibilitätsfragen (warum bricht die Bestellmenge bei Kunden X derart stark ein?, warum kann erst ab August geliefert werden?, können wir vor September mit dem Auftrag rechnen?) ist sie allerdings unverzichtbar. Soziale Software macht hier nur sichtbar, was die „alten Hasen" sowieso immer gewusst haben, aber viele Neueinsteiger mühsame Erfahrungszeiten kostet.

Mit beiden Konzepten (Kontextsensitivität, Aufhebung von Entkopplung) werden aus Daten entscheidungsrelevante Informationen und Lücken zwischen Prozessschritten geschlossen. Hauptparameter der Verbesserung sind also die Schnelligkeit (Durchlaufzeit) sowie Qualitätsaussagen zum Prozess.

Unser Schema für das Szenario „Prozessverbesserung" sieht nun wie in Tabelle 5.5 dargestellt aus.

Ein typisches Beispielszenario für den Fall „Customer Service" kann also wie folgt aussehen:

- Senkung der Durchlaufzeiten des Gesamtprozesses um 10 %.

- Gesamtaufwand menschlicher Bearbeitungszeiten im Prozess durch intelligente Vorfilterung um 10 % reduzieren.
- Adäquate Behandlung der Kundenanfrage (Liefertermin, Stornierung, Forecast, Reklamation), Qualität und Anzahl an bearbeiteten Vorgängen erhöhen.
- Erhöhen der Kundenzufriedenheit um 5 %.
- Social Return of Invest: positives Feedback aus der Mitarbeiterbefragung zu Prozessverbesserungen.
- Erstmalige Verknüpfung der Projektfortschritte der Produktentwicklung mit Verkaufs- und Marketingvorlauf (Kundenservice Wissensbanken).

Tabelle 5.5: Zielzustand und Kundenversprechen für das Szenario „Prozessverbesserung"

Kundenversprechen, Zielzustand	Kosteneinsparungspotenziale	Produktivitätspotenziale	Neue Möglichkeiten
Veränderung	Schaffung prozessbezogener und mitarbeiterbezogener Dashboards zur Abbildung von Kontext und Dynamik	Höhere Prozessleistung	Flexible Gestaltung neuer Geschäftsprozesse durch Business-Mashups
Messgrößen (Ist/Soll)	Prozessbearbeitungszeiten; Durchlaufzeit Prozess (Serviceanfrage, Reklamation, Auftrag)	Qualitätskennzahlen des Prozesses; Kundenzufriedenheit; Mitarbeiterzufriedenheit	Anzahl und Nutzung von Business-Mashups

Wir sind uns bewusst, dass in diesem Szenario eine seriöse Geschäftsprozessanalyse mit all ihren Stakeholdern, Datenquellen und Kontexten unumgänglich wird, deshalb wird neben die Kosten der sozialen Software (siehe Kapitel 3) von ca. 200.000 € insbesondere die Prozessanalyse und -synthese zu den Kosten beitragen (zusätzlich 400.000 €, abhängig von der Prozesskomplexität). Soziale Software wird nicht und kann nicht die etablierten Lösungen im Callcenter oder Customer Service Management ersetzen, der Wertbeitrag sozialer Software liegt für das Szenario „Prozessverbesserung" insbesondere in

- der Sichtbarmachung und Nutzbarmachung der menschlichen Interaktionen,

- dem prozess- und mitarbeiterbezogenen Zuschnitt von einbezogenen Informationskanälen sowie
- der Einbeziehung von thematischen Wissensbanken.

Der letzte Punkt führt uns zum nächsten Nutzenszenario.

Nutzenszenario 3: Wissensmanagement

Soziale Software eignet sich hervorragend für die Gestaltung von Wissensmanagementprozessen. Sie überkommt elegant Probleme früherer Ansätze:

- Die Dynamik von Wissensentstehung, -aneignung und -dokumentation wird durch soziale Software modelliert und in einen kontinuierlichen Prozess verschmolzen.
- Soziale Software schafft Auditorium, Feedback und Anerkennung für Wissensteilende (siehe Wirkprinzipien sozialer Software Kapitel 3.4).
- Soziale Software unterstützt den Diskurs zu Best Practices und damit die Aneignung und Durchsetzung von Wissensstandards im Unternehmen, durch aktive Auseinandersetzung wird die Herausbildung von High Performance Teams und die Ausprägung einer „unsichtbaren Schule“ des Unternehmens gestützt (siehe Kapitel 4.1).
- Und letztlich kann damit die gesamte Organisation ihr Fitnesslevel erhöhen (Kapitel 4.1).

Das Wesentliche besteht darin, Wissensentstehung und Wissenscodierung und -dokumentation nicht mehr voneinander zu trennen, sondern zu vereinen und als einen kontinuierlichen Prozess zu verstehen.

> Wissensentstehung sowie Wissenscodierung und -dokumentation zu vereinen und als einen kontinuierlichen Prozess zu verstehen ist das einzige und zugleich wirksamste Argument sozialer Software überhaupt. Es ist nichts Zusätzliches, welches vom eigentlichen Arbeiten ablenkt, sondern der ganz normale Arbeitsprozess hinterlässt auf diese Art und Weise (mit sozialer Software) seine digitalen Spuren. „Users create knowledge, per default“, können wir in Abwandlung eines der Web-2.0-Pattern behaupten.

Eine Möglichkeit, soziale Software im Kontext des Wissensmodells von Nonaka und Takeuchi zu verstehen, ist in Bild 5.3 dargestellt (SECI =

Socialization, Externalization, Combination, Internalization). Tabelle 5.6 zeigt nun unser Schema für das Szenario „Wissensmanagement".

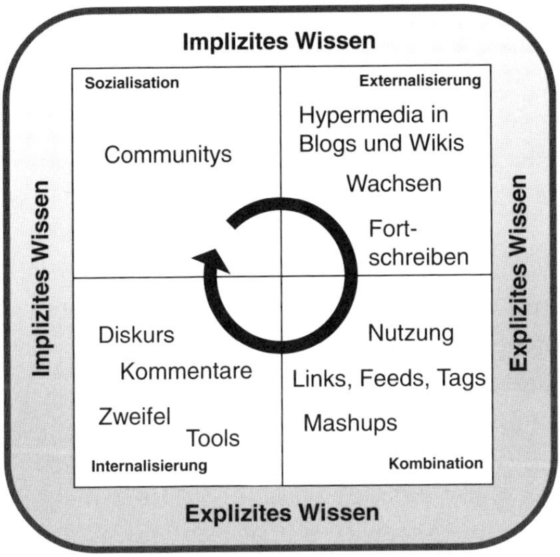

Bild 5.3: Soziale Software unterstützt die SECI-Spirale im Wissensmanagement.

Tabelle 5.6: Zielzustand und Kundenversprechen im Szenario Wissensmanagement

Kundenversprechen, Zielzustand	**Kosteneinsparungspotenziale**	**Produktivitätspotenziale**	**Neue Möglichkeiten**
Veränderung	„Users create knowledge, per default"; Darstellung eines individuellen Wissensprofils	Verwaltung, Nutzung und Schutz von Intellectual Properties im Unternehmen	Nächstes Fitnesslevel der Organisation; unsichtbare Schule im Unternehmen bildet sich aus
Messgrößen (Ist/Soll)	Keine Zusatzkosten durch Wissensmanagement	Einarbeitungszeiten neuer Mitarbeiter; Qualität von Produkten und Services; Innovationsrate	Best-Practice-Durchdringung im Unternehmen; Wissensbilanz

Als Zielstellung im Unternehmen könnte formuliert werden:

- Ablösung der Skill-Datenbank (sofern je vorhanden); Übergang zu selbst gepflegten Interessen-, Skill- und Projektprofilen,
- Anreicherung der Kreationsprozesse des Unternehmens und der Entscheidungsprozesse mit sozialer Software (Users create knowledge, per default),
- Senkung der Einarbeitungszeiten von Mitarbeitern um 50 %,
- schnellere Wechsel von Mitarbeitern ermöglichen (Ressourcenausgleich),
- Qualität von Produkten und Services steigern,
- Best Practices im Unternehmen nachhaltig durchsetzen (z. B. Kalkulationsschemata; Softwaretoolketten),
- Innovationsrate auf 20 % pro Jahr erhöhen (20 % des gesamten Produkt- und Dienstleistungsspektrums eines Jahres sind Innovationen),
- Grundlagen einer *Wissensbilanzierung*[69] (Humankapital, Strukturkapital, Beziehungskapital) ermöglichen; Übergang zum strukturierten Intellectual Property Management.

An Kosten sind für ein mittleres Unternehmen ca. 200.000 bis 400.000 € anzunehmen. Falls ein durchschnittlicher Einarbeitungsprozess drei Monate (= 60 Arbeitstage) dauert und im Jahr 100 Mitarbeiter betrifft, können also 100 · 30 Arbeitstage = 3.000 Arbeitstage vorher produktiv gemacht werden, zu unserem Umsatzerlös von 900 € bewertet, ergibt dies 2,7 Millionen €.

Zwei abschließende Bemerkungen zu diesem Szenario. Erstens, unser neues Enterprise-2.0-Pattern: „Users create knowledge, per default" heißt nicht, dass keine fortwährenden Pflege-, Aggregations-, Strukturierungs- und Navigationsanpassungen vorgenommen werden müssen – im Gegenteil. Aber als integraler Bestandteil des Wertschöpfungsprozesses verstanden, ist es das, was schon immer stattgefunden hat. Eine Softwarecodebasis wurde restrukturiert, ein technischer Entwurf wurde angepasst, alles, was man tun muss, ist, den Bearbeitungs- und Veränderungsprozess mit Mitteln sozialer Software auszudrücken und zu unterstützen.

---

[69] www.wissensbilanz.net/pdf/Wissensbilanz_Made_in_Germany_Leitfaden_deutsch.pdf

Zweitens, die Idee der Wissensbilanz und die Prinzipien sozialer Software harmonieren hervorragend miteinander, die Grundbausteine der Wissensbilanz sind ebenfalls Grundbausteine sozialer Software. Der mühselige Prozess der Erhebung der Intellectual Properties eines Unternehmens sowie seiner strukturellen und beziehungstechnischen Vernetzung kann über eine Analyse der Wissens- und Themenbanken sowie seiner Vernetzung zu Kunden des Unternehmens erheblich vereinfacht und plausibilisiert werden. Womit wir beim nächsten Nutzenszenario, dem Einbeziehen von Kunden und weiterer Stakeholder, angekommen sind.

Nutzenszenario 4: Einbeziehung unternehmensexterner Stakeholder

Die Wertschöpfungstiefe, d. h. der Anteil der vom Unternehmen selbst hergestellten Güter und Dienstleistungen im Vergleich zu seiner Gesamtherstellung, ist in den vergangenen Jahren in fast allen Branchen kontinuierlich gesunken. So beträgt er in der Automobilindustrie und im Maschinenbau ca. 25 %, in der IT-Industrie 30 %, im Pharmabereich etwa 45 %, ein Mittelwert über alle Branchen liegt bei 35 %.[70]

Das bedeutet umgekehrt, dass eine erhöhte Abstimmung, Koordinierung und Zusammenarbeit mit Partnern und Zulieferern erfolgen muss, und zwar nicht nur in der Phase der Produktfertigung und des Produktservice, sondern auch in den frühen Phasen der Ideenfindung, Kreation und Produktentwicklung. Die Einbeziehung eines neuen Lieferanten oder Partners kann substanzielle Aufwände verursachen. Soziale Softwaresuiten können die Anbahnungs- und Koordinierungskosten dieser Einbeziehung reduzieren.

Neben der Einbeziehung von Partnern können Kunden wertschöpfend in Prozesse der Produktbewertung, -weiterentwicklung und Innovation einbezogen werden. Das kann zum einen indirekt geschehen, indem man das Kundenfeedback aus den sozialen Medien mit intelligenten Methoden herausfiltert (Anbieter z. B. Nielsen BuzzMetrics oder TNS Cymfony[71]) oder direkt Produktbewertungen ermutigt. In seiner fortgeschrittensten Form bezieht es Kunden oder alle Teilnehmer des digi-

---

[70] M. Stephan: *Technologische Diversifikation von Unternehmen*, Gabler Edition Wissenschaft, 2004.

[71] www.nielsen-online.com und www.cymfony.com

talen Lebens- und Geschäftsraumes in einen Open-Innovation-[72] oder Crowd-Sourcing-Prozess[73] mit ein. Wir wollen diese Enterprise-2.0-Pattern als *„Openness on Demand"* bezeichnen.

Damit ergibt sich das in Tabelle 5.7 dargestellte Schema für Einbeziehung externer Stakeholder.

Tabelle 5.7: Zielzustand und Kundenversprechen im Szenario „Einbeziehung externer Stakeholder „

Kundenversprechen, Zielzustand	**Kosteneinsparungspotenziale**	**Produktivitätspotenziale**	**Neue Möglichkeiten**
Veränderung	Plattformen für die Einbeziehung von Lieferanten, Partnern, Kunden und Außenwelt; Onlinemarktforschung	Open Innovation; Openness on Demand; Nutzung des Wissens von Partnern	Crowd Sourcing; Innovationsnetzwerke; Heben von Synergien zwischen Partnern
Messgrößen (Ist/Soll)	Schnelligkeit zur Aufsetzung einer Basis für Zusammenarbeit; Reduktion Kosten Marktforschung; Time to Market	Innovationsrate mit Partnern und Kunden; Kundenzufriedenheit; Rate erfolgreicher Produkteinführungen	Anzahl Ideen aus der Außenwelt; Innovationsgeschwindigkeit

Eine realistische Zielstellung für dieses Szenario kann also lauten:

- Schaffen einer Austauschplattform für Dokumente, Termine, Personenprofile, Angebote, Verträge in maximal zwei Tagen nach Bestätigung eines neuen Partners (Kunden),
- Reduktion der Ausgaben für Consumer-Marktforschung um 25 %,
- Erhöhung der Innovationsrate unter Einbeziehung von Kunden auf 5 %,
- Ideenmanagement mit Außenwelt realisieren,
- Erfolgsrate von Produktinnovationen um 10 % erhöhen,

---

[72] www.open-innovation.com/iws/buch.html

[73] Mit Crowd Sourcing bezeichnet man die Einbeziehung der Außenwelt in den Wertschöpfungsprozess des Unternehmens.

- Beschleunigung der Einführung neuer Produkte (Time to Market) um 10 %.

Die Kosten dieses Szenarios liegen vergleichbar dem vorigen zwischen 200.000 und 400.000 €. Dazu kommen Aufwände für die Erstellung und Umsetzung eines Sicherheitskonzeptes und Nutzungskonzeptes unter Datenschutz- und Vertraulichkeitsbedingungen. Dieses ist komplexer als im Fall unternehmensinterner Zusammenarbeit.

Obwohl in der Kosteneinsparung für den Prozess „Zusammenarbeit mit externen Stakeholdern" durchaus Potenzial steckt, bleibt die Hauptmotivation in diesem Szenario, die Innovationsgeschwindigkeit und die Erfolgsrate von Innovationen zu erhöhen, die branchenabhängig bei nur 10 bis 35 % liegt, d. h., dass zwischen 90 % und 65 % aller Produktinnovationen keinen Bestand am Markt haben und innerhalb von zwölf Monaten verschwinden (Crawford 1987).[74] Abhängig von den Entwicklungskosten für neue Produkte sowie den damit verbundenen Umsatzerwartungen entsteht bei einer nur 10%igen Erhöhung der Erfolgsrate schon ein dramatischer Hebel.

Nutzenszenario 5: Standardisierung von Zusammenarbeit und Projektmanagement

In diesem Szenario nutzen wir soziale Software, um Standards einer Zusammenarbeit zu definieren und damit Rüstzeiten für Zusammenarbeit zu verkürzen. Zu den Standards gehören die bekannten Elemente wie

- Dokumentenbibliothek,
- Arbeitsbereiche, persönliche Bereiche,
- Kommentare,
- Nachrichten, Neuigkeiten (Blog),
- Abonnierbarkeit,
- Verschlagwortung,
- Suche,
- Navigationshilfen (Tag Clouds),
- Versionskontrolle,

---

[74] Crawford, C. M: „New product failure rates: A reprise", *Research Management*, 30(1987) 4: S. 20–24

- Foren
- ...

Ausgehend von diesen Basiselementen können Schablonen (Templates) erstellt werden, die die Hauptformen von Zusammenarbeit standardisieren:

- Meeting Template,
- Bereichs-Template,
- Arbeitsgruppen-Template,
- Prozess-Template.

Standardisierung bedeutet im hier gebrauchten Zusammenhang, eine gewisse Grundfunktionalität schnell und definiert bereitzustellen, sie schließt eine spezifische Erweiterung nicht aus.

Fortgeschrittene Konzepte können dann komplexere Muster oder Vorgehensweisen „standardisieren“. So kann der allgemeine Projektmanagementstandard, wie er z. B. vom Project Management Institute (PMI) vorgesehen wird, in einem Template verankert sein, und die Elemente (Wissensgebiete) wie Kommunikationsmanagement, Kostenmanagement, Risikomanagement etc. mit den unternehmensspezifischen Vorgehensweisen und Tools unterlegen.

Dieses Vorgehen kann dann weiter spezialisiert werden, z. B. kann ein Softwareerstellungsprojekt im Template „Projektmanagement“ ablaufen, aber um seine artspezifischen Besonderheiten und Tools erweitert werden (Entwicklungsumgebung, Anforderungsmanagement, Nachverfolgung, Konfigurationsmanagement, Testmanagement).

Neben der Fähigkeit zur instantanen (sofortigen) Zusammenarbeit werden also insbesondere die Kosten- und Erfolgsfaktoren von Projekten, wie Termintreue, Budgeteinhaltung, Erreichen der Sachziele, adressiert. Falls ein Optimum zwischen Anforderungen und den Fähigkeiten des Projektteams erreicht wird, kann ein Project Flow (besondere Arbeitsproduktivität) entstehen.

Tabelle 5.8 zeigt unser Schema für das Szenario „Standardisierung von Zusammenarbeit und Projektmanagement“.

Tabelle 5.8: Zielzustand und Kundenversprechen im Szenario „Standardisierung von Zusammenarbeit und Projektmanagement „

Kundenversprechen, Zielzustand	Kosteneinsparungspotenziale	Produktivitätspotenziale	Neue Möglichkeiten
Veränderung	Nutzung und Einbettung von Standard-Templates für Zusammenarbeit und Prozesse; Einhaltung von Projektbudgets und Terminen	Bessere Projektergebnisse	Integrierte Verwendung verschiedener Templates; individuelle Template-Anpassung; Social Return of Invest: Project Flow
Messgrößen (Ist/Soll)	Schnelligkeit zur Aufsetzung einer Basis für Zusammenarbeit; Reduktion der Rüstzeiten; Reduktion der Budgetüberschreitung und Terminverzögerung	Erreichung von Projektzielen; Prozesskonformität; Ergebniswirksamkeit	Geschwindigkeit der Anpassung an Prozessweiterentwicklungen

Ein Unternehmen kann dann Folgendes anstreben:

- Reduktion der (technischen) Rüstzeiten für Zusammenarbeit um 75 %,
- Reduktion von Budgetüberschreitungen und Terminverzögerungen in Projekten um 20 %,
- verbesserte Staffing-Effektivität durch optimale Ressourcenauswahl und -zuweisung,
- verbesserte Sachzielerreichung in Projekten von 20 %,
- Einhaltung von Prozessstandards, Konformität,
- Agilität bei Prozessanpassungen.

Die zu erwartenden Kosten bewegen sich im Rahmen der beiden vorigen Szenarios (200.000 bis 400.000 €). Nehmen wir ein Unternehmen mit 1.000 Projekten im Jahr und einer durchschnittlichen Projektrüstzeit von zwölf Tagen an, diese reduziert sich auf durchschnittlich drei Tage, spart 9.000 Projekttage (entspricht 8,1 Millionen Umsatz). Reduktion von Budgetüberschreitung, Terminverzögerungen, Erreichen von Sachzielen werden fast direkt ergebniswirksam, das Ergebnis kann also um 20 % steigen. Für Projekthäuser geht man von EBIT-Raten zwischen 3 und 15 % aus (sofern sie denn positiv sind), sodass wir diese auf 3,6 bis 18 % steigern können (Lünendonk 2007).

Nutzenszenario 6: Talentmagnet und Motivationsfaktor

Wir kommen zum letzten, vielleicht dem umstrittensten unserer Nutzenszenarien. Es zählt zu denen, wo wir keine monetäre Bewertung anstellen wollen, da wenige Forschungsergebnisse zu den Erwartungshaltungen der Digital Natives und der daraus folgenden Arbeitgeberselektion vorliegen. Wenige Ergebnisse liegen auch für die Effekte der Mediation (Vermittlung) zwischen Digital Natives und den Nondigital Natives vor. Die „Work in Progress“ von Schulmeister[75] zeigt, dass es keine homogene Digital-Natives-Generation gibt und auch die viel beschworenen Eigenschaften der Digital Natives wie beschränkte Aufmerksamkeitsspanne und Multitaskingfähigkeit sich nicht zwingend nachweisen lassen. Auf der anderen Seite gesteht auch er ein, dass die intensive Mediennutzung spezielle Fähigkeiten und Kompetenzen erzeugt.

Tabelle 5.9: Zielzustand und Kundenversprechen im Szenario Talentmagnet und Motivationsfaktor

Kundenversprechen, Zielzustand	Kosteneinsparungspotenziale	Produktivitätspotenziale	Neue Möglichkeiten
Veränderung		Austausch zwischen Belegschaftsgenerationen; (Reverse Coaching)	Gewinnung von Talenten
Messgrößen (Ist/Soll)		Segmentierte Durchdringungsrate sozialer Software	Einflussfaktoranalyse auf Arbeitgeberwahl

Wir können also zunächst nur postulieren, dass es sinnvoll ist, auf solche modernen Technologien als Magnet für Talente (und Experten) zu setzen, und dass es sinnvoll ist, eine Mediation von Erfahrungen zwi-

---

[75] www.zhw.uni-hamburg.de/pdfs/Schulmeister_Netzgeneration.pdf

schen Digital Natives und Nondigital Natives herbeizuführen. Tabelle 5.9 zeigt unser Schema in Bezug auf Talentmagnet und Motivationsfaktor.

5.2 Zusammenfassung der Wertversprechen

5.2.1 Die Enterprise-2.0-Pattern

Wir wollen zunächst sehr plakativ die Wertversprechen des Enterprise 2.0 auflisten, indem wir die Pattern des vorangegangenen Abschnittes noch einmal darstellen (Bild 5.4). Das Enterprise 2.0 ist gekennzeichnet durch seine im Vergleich zum vorigen Zustand

- überlegene Meetingorganisation, Ergebnisbereitstellung und -verwertung (*„One Meeting – One Place" Pattern*),
- schnellere und qualitativ hochwertige Ende-zu-Ende-Geschäftsprozesse durch Schließen von Kontextlücken (*„One Process – One Context" Pattern*),

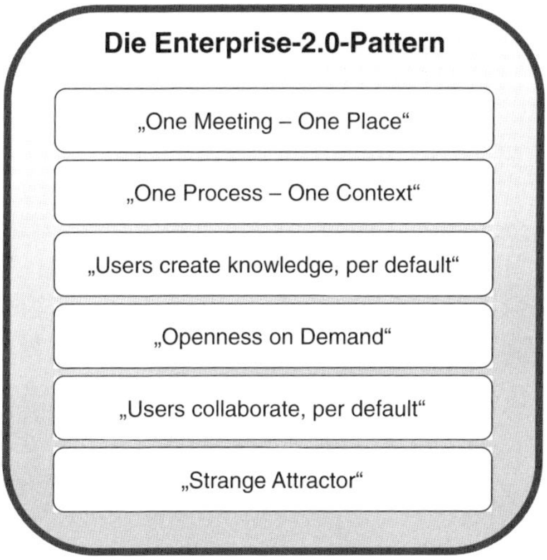

Bild 5.4: Die Pattern erfolgreichen Enterprise-2.0-Einsatzes

- effektives und effizientes Wissensmanagement (*„Users create knowledge, per default" Pattern*),

- gezielte Einbeziehung externer Stakeholdergruppen in Geschäftsprozesse („*Openness on Demand*“ *Pattern*),
- Schnelligkeit, Qualität und Standardisierung von Zusammenarbeit und Projektmanagement („*Users collaborate, per default*“ *Pattern*),
- hohe Anziehungskraft und motivierendes Umfeld („*Strange Attractor*“ *Pattern*)

Im folgenden Abschnitt fassen wir die Wertversprechen auch qualitativ und quantitativ noch einmal zusammen.

5.2.2 Quantitative und qualitative Darstellung der Wertversprechen

Wir kommen auf unsere Tabelle 5.1 vom Anfang des Kapitels zurück und wollen sie erneut ausfüllen mit den meisten der verwendeten Nutzenparameter. Qualitative Veränderungen bewerten wir mit einer Skala von (+) bis (+++) (von positiv bis sehr stark positiv). Quantitative Veränderungen haben wir in Prozent zum Ausgangszustand angegeben. Die Zahlen sind prinzipiell realistisch, sollen aber vor allem die Fantasie und Handlungsbereitschaft anregen und müssen für das Unternehmen im Einzelfall angepasst werden. In Zeile zwei nehmen wir die Bezeichnungen unserer Enterprise-2.0-Pattern auf (Tabelle 5.10).

Eine andere Art der Darstellung hilft uns, die drei Stufen der Einbeziehung des Enterprise 2.0 (innerhalb des Unternehmens, Einbeziehung von Kunden und Partnern, Einbeziehung Außenwelt) und die Natur des Wertversprechens (Kostensenkung, Produktivitätszuwachs, neue Möglichkeiten [disruptive Veränderungen und Social Return of Invest]) zu verstehen. Dabei lösen wir die Einzelszenariobetrachtung auf und führen sie in einer Darstellung zusammen (Bild 5.5).

Die Nutzenszenarien haben wir in einer Checkliste zusammengefasst, die dem Anhang entnommen werden kann.

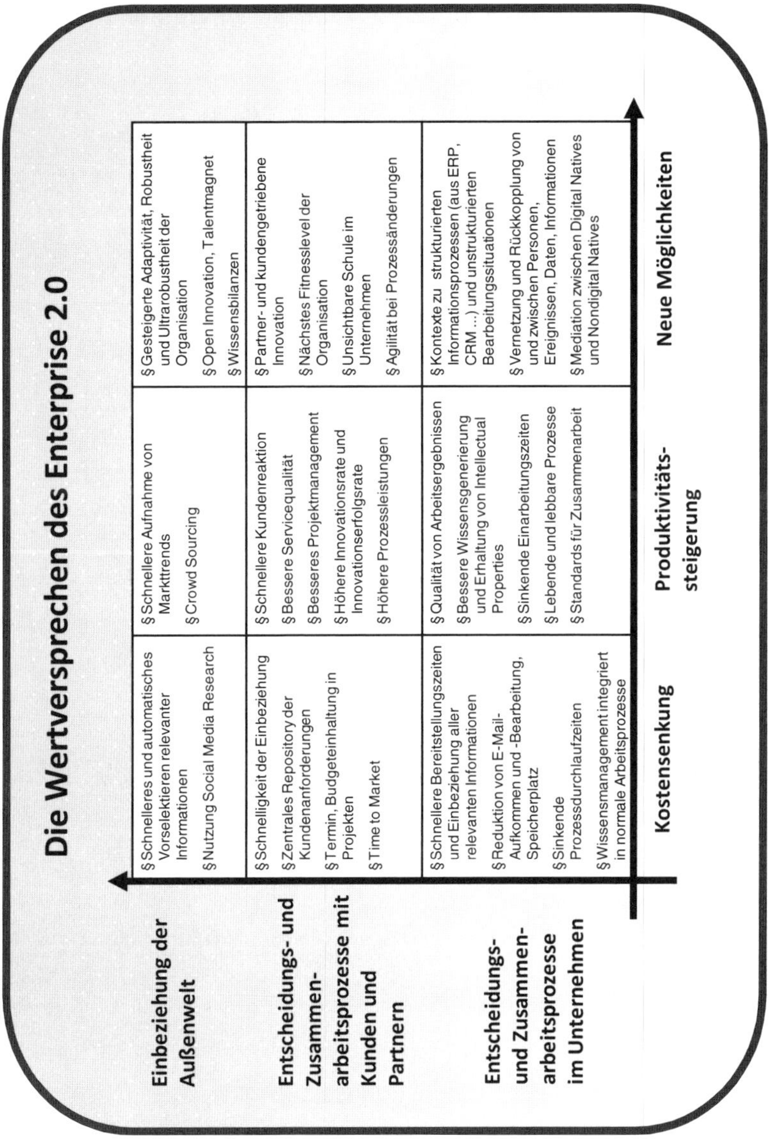

Bild 5.5: Wertversprechen des Enterprise 2.0 entlang der Wertschöpfungspotenziale (Kostensenkung, Produktivität, neue Möglichkeiten) und dem Grad der Einbeziehung von Stakeholdern

Tabelle 5.10: Quantitative und qualitative Wertversprechen der Nutzenszenarien des Enterprise 2.0

Effiziente Meeting-organisation und	*„One Meeting – One Place"*	▪ Bereitstellungszeit für Protokolle **(–80 %)** ▪ Qualität und Konsistenz von Protokollen **(++)** ▪ Verwertbarkeit (Finden) von Ergebnissen sichern **(+++)** ▪ Reduktion von E-Mail **(–20 %)** ▪ Reduktion von Speicherplatz **(zwei Größenordnungen)**
Verbesserte Geschäftsprozesse	*„One Process – One Context"*	▪ Prozessdurchlaufzeit **(–10 %)** ▪ Arbeitsaufwand im Prozess **(–10 %)** ▪ Qualität der Prozessleistung **(++)** ▪ Kundenzufriedenheit **(+5 %)** ▪ Mitarbeiterzufriedenheit **(+5 %)** ▪ Agilität bei Prozessanpassungen **(+++)**
Wissen lokalisieren, erzeugen und verbinden	*„Users create knowledge, per default"*	▪ Kostenreduktion altes Wissensmanagement **(–100 %)** ▪ Einarbeitungszeiten reduzieren **(–50 %)** ▪ Transfer von Wissen in die Organisation (Prozesse, Prozeduren, Standards, Tools) **(+++)** ▪ Innovationsrate im Unternehmen **(+20 %)** ▪ Wissensbilanz **(+++)**
Einbeziehung unternehmensexterner Stakeholder	*„Openness on Demand"*	▪ Rüstzeiten für Einbeziehung **(–50 %)** ▪ Innovationsanteil mit Kunden und Partnern je **(+5 %)** ▪ Reduktion Standardkosten Marktforschung **(–25 %)** ▪ Time to Market **(–10 %)** ▪ Erfolgsrate Innovation **(+10 %)** ▪ Ideenmanagement mit Außenwelt **(+++)**
Standardisierung von Zusammenarbeit und Projektmanagement	*„Users collaborate, per default"*	▪ Rüstzeiten für Zusammenarbeit **(–75 %)** ▪ Projektrüstzeiten **(–75 %)** ▪ Budgetüberschreitungen **(–20 %)** ▪ Terminüberschreitungen **(–20 %)** ▪ Erreichung von Projektsachzielen **(+20 %)** ▪ Staffing-Effektivität **(+5 %)** ▪ Konformität, Agilität **(++)**
Anziehungskraft und Motivationsfaktor sozialer Technologien	*„Strange Attractor"*	▪ Gewinnung von Talenten **(++)** ▪ Austausch von Erfahrungen zwischen Belegschaftsgenerationen **(+)** ▪ Durchdringungsrate sozialer Technologien im Unternehmen **(auf 80 %)**

5.2.3 Gefährdungen der Wertversprechen

Den dargestellten Potenzialen stehen Risiken gegenüber, sodass man die aufgeführten Wertversprechen nicht als garantiert ansehen sollte. Eine detaillierte Betrachtung dazu werden wir anstellen, wenn wir die Erfolgsfaktoren bei der Einführungsstrategie (Kapitel 9) zu Enterprise 2.0 erläutern. Dennoch soll auch schon hier auf die Risiken hingewiesen werden:

- Soziale Software wird im Unternehmen nicht verstanden und führt ein Mauerblümchendasein.
- Soziale Software führt zur Explosion von Belanglosigkeiten im Unternehmen.
- Soziale Software schafft nicht den Schritt in die eigentlichen Arbeitsprozesse des Unternehmens.
- Soziale Software überwindet nicht die Integrationshürde zur Enterprise-Architektur, ein weiteres Silo entsteht.
- Die Kräfte zur Inhaltsproduktion werden entfesselt, diejenigen zur Aggregation und Filterung jedoch nicht, es entsteht Unübersichtlichkeit.
- Soziale Software stößt auf die gewachsenen sozialen (und hierarchischen) Beziehungen im Unternehmen.

Wie heißt es so schön: Kein Risiko, kein Spaß.

5.3 Zwischenfazit zur Halbzeit

Zur Halbzeit des Buches sind wir in der Lage, ein Zwischenfazit zu ziehen.

- Wir haben gesehen, dass die Entwicklung des Internets und des World Wide Web sich nur als Zusammenspiel von Technologie und Herausbildung eines neuen Mediums verstehen lässt. In diesem Medium treffen private und soziale Nutzungsformen mit Nutzungen geschäftlicher Natur (Geschäftsprozesse, Transaktionen) aufeinander. Die entstehende Struktur haben wir *digitalen Lebens- und Geschäftsraum* genannt.
- Unternehmen müssen sich diesem neuen Raum aufgrund seiner schieren Größe und Bedeutung, den sie einerseits selbst gestalten, andererseits seinen Wirkungen (*Verlagerung von Produkt-, Kom-*

munikations- und Preishoheit) ausgesetzt sind, anpassen. Die Anpassung muss die Richtungen vom Unternehmen in den digitalen Lebens- und Geschäftsraum (*soziale Geschäftskonfiguration*), aber auch die umgekehrte Anpassung vom digitalen Lebens- und Geschäftsraum in das Unternehmen hinein (*soziale Unternehmenskonfiguration*) umfassen. Der Gestaltung der „Übergangsbereiche" bei *verschwimmenden Unternehmensgrenzen* kommt besondere Bedeutung zu.

- *Enterprise 2.0* zu werden bedeutet, diesen Anpassungsprozess zu meistern. Dabei umschließt diese Auffassung vom Enterprise 2.0 sowohl die soziale Geschäftskonfiguration, die soziale Unternehmenskonfiguration und die Konfiguration der Grenzübergänge (Permeabilitätskonfiguration). Enterprise 2.0 im engeren (und ursprünglichen) Sinne bedeutet insbesondere die Gestaltung der sozialen Unternehmenskonfiguration und die Konfiguration der Grenzübergänge zu Kunden und Partnern. Auf diesen Teil der Anpassung konzentriert sich das Buch im Weiteren.
- Ein Großteil der technologischen Anpassungsarbeit soll durch den Einsatz *sozialer Software* geleistet werden. Soziale Software (*Wikis, Blogs, Social Networks, Social Bookmarks, Mashups, Tags, Feeds, Mikroblogs*) unterstützt die Einsatzgebiete (*Wirkkategorien*) Informationsmanagement, Zusammenarbeitsmanagement, Reputationsmanagement und Beziehungsmanagement. Seine *Wirkprinzipien* sind durch soziale Kreation sowie mehrfach verschachtelte Rückkopplungen zwischen verschiedenen *Wirkebenen* und insbesondere eingebaute *soziale Anerkennung* gekennzeichnet.
- Durch diese Rückkopplungen werden *Netzwerkeffekte* und *Emergenz* im Unternehmen befördert. Zu den emergenten Netzwerkeigenschaften zählen insbesondere die Herausbildung von *kleinen Welten, schwachen Verbindungen, Entdeckbarkeit, Navigierbarkeit*, aber auch *Ultrarobustheit, unsichtbare Schule, High Performance Teams* und damit der Übergang zu einem neuen *Fitnesslevel* der Organisation.
- Die *Wertversprechen* des Enterprise 2.0 bauen auf diesen Eigenschaften sozialer Software auf und wenden diese auf Zusammenarbeits- und Entscheidungsprozesse im Unternehmen und seinen Grenzbereichen an. Damit lassen sich konkrete *Nutzenszenarien* darstellen und rechnen, die entlang zunehmend komplexerer Prozesse und zunehmender Einbeziehung der Außengrenzen des Un-

ternehmens strukturiert sind. Die Wertversprechen sind nach Kosteneinsparungen, Produktivitätssteigerungen und neuen Möglichkeiten (Disruption, Social Return of Invest) strukturiert.

Bisher sind wir den Beweis, dass diese Wertversprechen des Enterprise 2.0 durch Einsatz sozialer Software tatsächlich eingelöst werden können, schuldig geblieben. In einem etablierten Wissensgebiet hat man es häufig leicht, auf entsprechende Studien und Ergebnisdokumentationen zurückzugreifen.

In einem sich formierenden, auch durch Unschärfe gekennzeichneten Gebiet wie in unserem Fall steht häufig weniger belastbares Datenmaterial zur Verfügung. Als erste Überbrückung wird man dann Fallstudien verwenden, die häufig sehr gute Evidenz zu Einzelbehauptungen liefern, aber selten quantitative Angaben enthalten und insgesamt zueinander schwer vergleichbar sind. Zur Zeit der Entstehung dieses Buches (Anfang 2009) müssen wir das als den Status quo akzeptieren.

Im nächsten Kapitel wollen wir diesen Status quo aus vorhandenen Fallstudien, Daten und eigenen Erfahrungen umreißen.

Die ROI Diskussion zu Enterprise 2.0 ist nicht abgeschlossen. Eine klassische Betrachtungsweise ist in Newman, Thomas 2008 zu finden. Newman, A., Thomas, J.: Enterprise 2.0 Implementation: Integrate Web 2.0 Services into Your Enterprise. Mcgraw-Hill Professional. 2008.

Eine gute tabellarische Darstellung von Wertversprechen liefert Dawson 2009. Dawson, R.: Implementing Enterprise 2.0. A practical guide to creating business value inside organizations with web technologies. Advanced Human Technologies. 2009.

6 Der Status quo von Enterprise 2.0

Die Wahrheit triumphiert nie,
ihre Gegner sterben nur aus.

M. Planck

Fragen, die in diesem Kapitel beantwortet werden:

- Wie groß ist der Veränderungseffekt durch Enterprise 2.0?
- Welche belastbaren Erkenntnisse liegen zu Enterprise 2.0 vor?
- Woher kommen die Fallstudien zu Enterprise 2.0?
- Gibt es allgemeine Anwendungsmuster für Enterprise 2.0?
- Welches sind die Blueprints des Enterprise 2.0?

6.1 Technologieadoption oder Paradigmenwechsel und ihre Begründbarkeit

Der Übergang zum Enterprise 2.0 kann einmal als eine pure Frage der Durchsetzung einer Technologie oder Innovation (Einsatz sozialer Software im Unternehmen) verstanden werden. Wenn man zu den Anhängern der These zählt, dass der Übergang auch bedeutende kulturelle und organisatorische Anpassungen hervorruft und unter Umständen neue Arten von Unternehmen schafft, dann reicht das Verständnis im *Adoptionszyklus* von Technologien oder Innovationen nicht aus. Eine geeignete Charakterisierung würde dann wahrscheinlich von einem Paradigmenwechsel sprechen.

Paradigmenwechsel ist ein großes Wort. Typischerweise wird es verwendet, wenn eine wissenschaftliche Schule durch eine andere abgelöst wird (z. B. das geozentrische Weltbild durch das heliozentrische). Das alte Paradigma mit alten Annahmen führt zu Anomalien und letztendlich zu einer Krise. Erst durch eine Revolution wird ein neues Paradigma geschaffen und setzt sich allmählich durch. Die Falsifizierbarkeit des alten Paradigmas reicht nicht zur Begründung des neuen aus.

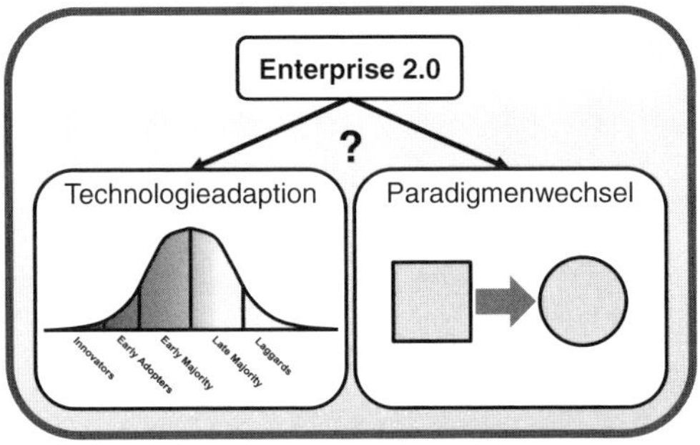

Bild 6.1: Der Übergang zum Enterprise 2.0: Pure Technologieadoption oder doch Paradigmenwechsel?

Für den Übergang zum Enterprise 2.0 stehen uns also beide Möglichkeiten zur Charakterisierung im Spektrum von Evolution (Technologieadoption) und Revolution (Paradigmenwechsel) offen (Bild 6.1).

Die größere Wahrscheinlichkeit muss man derzeit wohl in der Richtung der Technologieadoption vermuten, gegebenenfalls verbunden mit einer graduellen Weiterentwicklung im Kommunikations- und Zusammenarbeitsverhalten von Unternehmen. Welche Ergebnisse und Erkenntnisse liegen dazu vor?

In der jetzigen Phase der Entwicklung[76] sind nach wie vor quantitative Daten und Querschnittsanalysen Mangelware. Die meisten vorliegenden Aussagen sind qualitativer Natur und das wird auch für absehbare Zeit so bleiben.

6.2 Ergebnisse aus Fallstudien zum Enterprise 2.0

Fallstudien können aus unterschiedlichen Quellen gewonnen werden:

- aus dem Web, entweder aus den Referenzen von Herstellern, aus Linklisten oder Sammlungen oder Whitepapern oder einer Unmenge Blogbeiträgen (z. B. www.socialtext.net/cases2/index.cgi, e20portal.com/index.php/real-world-enterprise-2.0-case-studies.html),
- aus guten Linklisten sozialer Bookmarker (z. B. delicious.com/communardo/case_study oder delicious.com/injelea/case-study),
- aus Büchern (Koch, Richter 2007, Mader 2008, Back, Gronau, Tochtermann 2008, Buhse, Stamer 2008, Reichwald, Piller 2006),
- aus Konferenz- oder Kongressmaterialien (www.e20forum.de, www.e2conf.com),
- aus der eigenen Erfahrung (nach Konfuzius ist das der bitterste Weg).

Wir wollen im Folgenden die generellen Muster, die sich aus den Fallstudien ergeben, beschreiben. Für einige der Muster geben wir konkrete Unternehmensbeispiele an. Die Muster zeichnen sich für folgende Fragen ab:

- Einführungsmodelle für soziale Software im Enterprise 2.0,

[76] Anfang 2009

- konkrete Anwendungsfälle und Geschäftsprozesse im Enterprise 2.0,
- Unternehmensführung mit sozialer Software im Enterprise 2.0 (ausgehend von einem Metamodell der Unternehmensführung),
- Häufigkeitsverteilung der einzelnen Elemente sozialer Software im Unternehmen.

6.2.1 Einführungsmodelle für Enterprise 2.0

Nach einem populären Blogpost von E. Semple[77] von der BBC ist die einfachste Methode für ein Unternehmen, Enterprise 2.0 einzuführen, diejenige, *nichts* zu tun, denn dann würden es die talentierten, brillanten und vorwärtsdrängenden Mitarbeiter des Unternehmens von alleine tun.

In gewisser Weise wird damit das eine Ende des Spektrums der Einführungsmöglichkeiten aufgeführt, am anderen Ende sind die Unternehmen zu finden, die es als Teil ihrer Unternehmensphilosophie verstehen und neben der strategischen Einführung sozialer Software durchaus radikale Methoden der Selbstorganisation und Führungspolitik gestalten und gestatten. In der Mitte der Möglichkeiten liegt die Einführung für einen speziellen Arbeitsprozess im Rahmen eines Projektes. Diverse Abstufungen der jeweiligen Punkte führen zu einer Füllung des Spektrums, wie in Bild 6.3 dargestellt.

Der Bottom-up-Ansatz gibt Mitarbeitern die Freiheit, benötigte Technologien zu ihrer Arbeitsgestaltung zu installieren und einzusetzen. Strategiegetrieben heißt, eine klare Vision mit der Einführung zu verbinden, eine klare Projektorganisation aufzubauen, die Migration alter Ansätze einzuplanen und genügend Mittel dafür vorzusehen.

Die meisten Firmen versuchen im Rahmen konkreter Projekte, ihre Fähigkeiten für Zusammenarbeit und Entscheidungsfindung zu verbessern. Die dominierende Art, das zu tun, findet in Erweiterungen oder Ablösungen von Intranets statt (z. B. in zwei Dritteln aller Fallstudien von e20portal.com).

---

[77] theobvious.typepad.com/blog/2007/03/the_100_guarant.html

Generell kann man sagen, dass ca. 70 % aller Einführungen „Grassroot"-Ansätze (also anarchisch und bottom-up getrieben) und nur 30 % durch Projekte oder mit strategischem Hintergrund betrieben werden (Edwards 2007). Daraus folgt auch, dass die Mehrzahl der Einführungen Einzelfragen adressiert und damit auch dedizierte Technologien präferiert. Den Einsatz kompletter Suiten sozialer Software findet man kaum in den ad hoc betriebenen Lösungen, sondern eher in den projekt- oder strategisch dominierten.

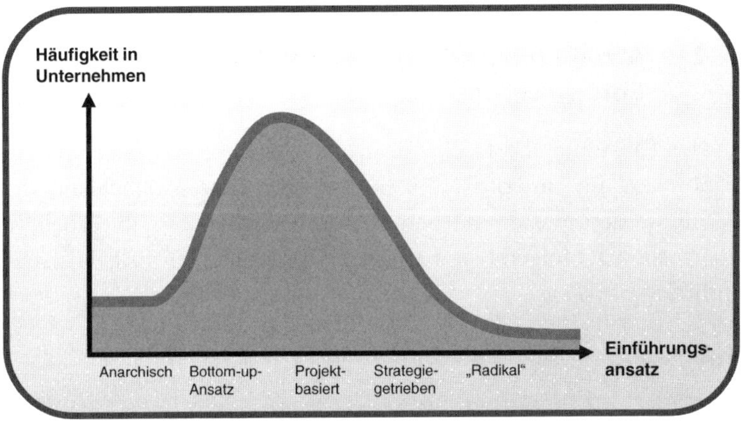

Bild 6.2: Einführungsmethoden für Enterprise 2.0

Der strategische Impetus und daraus folgende Angang wird also von weit weniger Firmen gewählt. In Deutschland kann man sicher Adidas, T-Systems und Lufthansa (Quelle: www.e20forum.de) zu diesen Firmen zählen, international wird immer wieder Cisco genannt[78], aber auch IBM und Microsoft sind Vorreiter. Noch einen Schritt weiter gehen Firmen wie Synaxon[79] oder CoreMedia[80], wobei letztere auch die Besetzung der Führungspositionen der Firma in einem demokratischen Wahlprozess gestaltet.

[78] www.fastcompany.com/magazine/131/revolution-in-san-jose.html
[79] www.synaxon.de siehe insbesondere das Unternehmensleitbild
[80] Erklärt in Buhse/Stamer 2008, S. 56 ff.

Fazit: Ca. 70 % der Einführungen sozialer Software findet „Grassroot“-getrieben statt, d. h. durch Initiativen von Mitarbeitern oder kleinen Arbeitsgruppen. Dementsprechend dominieren Einzelinstallationen zur Lösung konkreter Arbeitsprobleme (ein Wiki, ein Blog). Nur 30 % aller Einführungen sind durch ein Projekt oder gar durch die Strategie des Unternehmens gestützt. Die bewusste Gestaltung völlig neuer Unternehmensstrukturen und -kulturen wird nur vereinzelt gefunden.

6.2.2 Anwendungsfälle und Geschäftsprozesse für Enterprise 2.0

Aus den Fallstudien lässt sich eine große Anzahl von Ansätzen für soziale Software im Enterprise 2.0 herauslesen. Eine Möglichkeit, diese Vielfalt wiederum zu verstehen und einzuordnen, ist in Tabelle 6.1 dargestellt. Nachfolgend sind einige Beispiele aus den Fallstudien aufgeführt.

Tabelle 6.1: Anwendungsfälle und Geschäftsprozesse für das Enterprise 2.0

<table>
<tr><td colspan="6">Enterprise 2.0</td></tr>
<tr><td colspan="5"></td><td>Web 2.0</td></tr>
<tr><td colspan="3">Geschäftsprozesse</td><td>Source</td><td>Make</td><td>Deliver</td></tr>
<tr><td rowspan="3">Enterprise 2.0</td><td rowspan="2"></td><td>Innerhalb des Unternehmens</td><td colspan="3">Klassische Arbeits- und Entscheidungsprozesse
- Zusammenarbeit, Wissensarbeit
- Projektmanagement
- Personal
- Entwicklung, Produktion
- Innovation
- Marketing
- Kundenbetreuung</td></tr>
<tr><td>... zu Kunden und Partnern</td><td rowspan="2">Open Innovation und Crowd Sourcing</td><td rowspan="2">Produktindividualisierung und Mass Customization</td><td>Customer Communities</td></tr>
<tr><td>Web 2.0</td><td>... zu Märkten</td><td>Voice of the Customer, WoM, Buzz</td></tr>
</table>

Unter WoM (Word of Mouth) verstehen wir die Nutzung von viralen Effekten (Übertragung von Kunde zu Kunde) zur Verstärkung von tatsächlichen (oder gewünschten) Aussagen eines Unternehmens.

Klassische Arbeits- und Entscheidungsprozesse

Im Umfeld *Zusammenarbeit und Wissensmanagement* sind eine Vielzahl von Fallstudien zu Hause. In einer Studie von KPMG werden die Firmen IBM, Microsoft, Intel, Nokia und General Motors mit konkreten Projekten dazu erwähnt (KPMG 2007)[81]. Lockheed Martin unterstützt den Wissenstransfer zwischen Belegschaftsgenerationen mit SharePoint. Der Pharmakonzern Pfizer hat eine „Pfizerpedia" aufgebaut, von der CIA wird die „Intellipedia" erwähnt (Quelle jeweils e20portal.com), auch das FBI arbeitet an einer „Bureaupedia". Aus der Bundeswehr sind Arbeiten an einem Bundeswehr-Wiki bekannt (Geneme 2008), der Flughafen Frankfurt arbeitet mit einem SkyWiki (www.e20summit.com).

Trotz des Hypes um *Projektmanagement 2.0* sind kaum seriöse Fallstudien dazu vorhanden. Eine Untersuchung, wie die wichtigsten Projektmanagementkategorien mit Web 2.0 unterstützt werden können, findet sich bei Happ et.al. (Happ 2006).

Der Einsatz in wichtigen *Entwicklungs- und Produktionsprozessen* ist dem Autor insbesondere aus eigener Erfahrung bekannt. In einem Blog werden sämtliche Ereignisse (Fehler, Hardware Ausfälle, Patches, Angriffe etc.) zu einer Applikation, die sich im Application Management der Firma befindet, aufgelistet. Das Blog wird von der nächsten Schicht übernommen und fortgeschrieben. So entsteht eine lückenlose Dokumentation aller Ereignisse und Maßnahmen. Das Wissen über die Applikation kondensiert parallel dazu in einem Wiki (Bild 6.3).

In der Softwareentwicklung (die auch als Geburtshelfer von Wikis schlechthin verstanden werden kann) greifen immer mehr wikibasierte Unterstützungen um sich, das Wiki sammelt das im Projektverlauf entstehende Wissen, das Blog informiert über alle Ereignisse in der Kundenkommunikation. Die klassischen Instrumente der Software-

---

[81] G. Matuszak: *Enterprise 2.0: Fad or Future*, KPMG International

entwicklung (Issue Tracking, Konfigurationsmanagement und Entwicklungsumgebung) sind nahtlos mit dem Wiki verknüpft.

Von ATT wird ein Beispiel zum Einsatz eines Wikis im *Kundendienst* zitiert.[82] Je mehr wir uns auf die Außengrenzen des Unternehmens zubewegen, desto mehr Fallstudien und Ergebnisse liegen vor. Im Buch von S. Mader (Mader 2008) werden zehn Fallstudien präsentiert, davon adressieren drei die Einbeziehung und den Austausch mit externen Stakeholdern (unter anderem wikis.sun.com), dreimal wird internes Wissensmanagement adressiert, zweimal wird das Wiki als verteilt editierbares Content-Management-System einer Website genutzt, einmal wird ein konkreter Arbeitsprozess, Konferenzmanagement, unterstützt.

Bild 6.3: Ein Blog hält die nachfolgende Schicht über die Veränderungen der Konfiguration eines Systems auf dem Laufenden. Ausfälle werden dokumentiert. Parallel dazu entsteht die Wissensbasis zum Betrieb des Systems im Wiki.

Zu *Open Innovation* und *Mass Customization* liegen durch Reichwald und Piller (Reichwald, Piller 2006) einige Fallstudien vor, unter anderem werden Adidas (siehe z. B. www.kickandstyle.de) und die „Dynamic Packages" der deutschen Tourismusbranche diskutiert. Weitere bekannte Beispiele stellen Dells Ideastorm.com sowie die *Crowd-*

[82] www.mckinseyquarterly.com/Six_ways_to_make_Web_20_work_2294

Sourcing-Ansätze von spreadshirt.de oder threadless.com dar. Auf www.openinnovators.net wird eine Liste von über 40 Open-Innovation-Plattformen geführt, davon etwa 14 Aktivitäten von Unternehmen (unter anderem IBM, Procter & Gamble, BMW, Kraft, Henkel).

Im *Web-2.0-Marketing* und Einbeziehung externer Stakeholder liegen durch die Forrester Groundswell Awards über 150 Beschreibungen von Einsatzfällen vor (www.forrester.com/Groundswell/awards.html). Darunter von Firmen, wie Starbucks, Mattel, Accenture, Intuit, allesamt Preisträger des Jahres 2008. Intuit hat ein Kundenforum (für Steuerfragen) mit über drei Millionen Seitenabrufen pro Jahr geschaffen, 90 % aller Kundenanfragen können darüber adressiert werden. Mattel hatte eine Plattform für Lead User (500 Mütter) ins Leben gerufen, die erfolgreich als Krisenratgeber im Rückruffall von (giftigem) Spielzeug fungierten.

Unter www.interactiveinsightsgroup.com wird eine Liste der Anwendungen von sozialen Medien geführt, darunter auch ein Verweis auf den Einsatz sozialer Software in Regierungs- und öffentlichen Organisationen der USA (www.collaborationproject.org), geordnet nach eingesetzten Technologien (Wikis, Blogs, Mashups etc.).

Fazit: Wir finden eine überwältigende Vielzahl realer Anwendungen sozialer Software in Unternehmen und öffentlichen Institutionen. Häufig wird soziale Software noch zusätzlich zum eigentlichen Arbeitsprozess eingesetzt, die Integration in klassische Arbeitsprozesse (und damit ihre Veränderung) stellt noch die Minderzahl der beschriebenen Fälle dar. Einfacher hat es soziale Software dort, wo es keine Alternative zu ihrem Einsatz gibt, insbesondere in der Gestaltung von Außenbeziehungen zu Kunden und Partnern. In den seltensten Fällen liegen zu den qualitativen Aussagen ebenfalls quantitativ vergleichbare Daten vor.

6.2.3 Unternehmensführung mit Enterprise 2.0

Neben den Einsatzmöglichkeiten von sozialer Software im konkreten Arbeitsprozess können wir eine abstraktere Position zu den Aufgaben eines Unternehmens einnehmen und solche Kategorien wie Führung, Kommunikation, Strategieentwicklung, Mitarbeiter- und Kundeninteraktion, Asset- und Prozessmanagement und deren Unterstützung untersuchen.

Ein guter Ansatz dazu besteht darin, ein anerkanntes Metamodell für Unternehmensführung zu verwenden, wie es z. B. im EFQM-Modell[83] (in Europa angewendet), im Baldrige-Modell[84] (USA) oder beim Deming Prize[85] (Asien) verwendet wird. Aus naheliegenden Gründen verbleiben wir mit dem EFQM-Modell, eine weitgehende Vergleichbarkeit mit den anderen Ansätzen ist gegeben.

Ohne auf Details des EFQM-Modells einzugehen, listen wir seine Hauptkriterien auf:

- Führung,
- Politik und Strategie (Ableitung, Entwicklung, Kommunikation und Umsetzung),
- Mitarbeiterinteraktion,
- Ressourcenmanagement (Assets, Partner, Finanzen, Technologie, Wissen),
- Prozessmanagement,
- Kundeninteraktion,
- Interaktion mit der Gesellschaft,
- entsprechende Ergebnisse in allen Kriterien.

Auch hier liegen bereits einige Erfahrungen aus den Fallstudien zum Enterprise 2.0 vor. Das *Führungsinstrument* schlechthin ist das Blog, er wird von vielen Unternehmen zur Innen- und Außenkommunikation eingesetzt, z. B. vom Sun-CEO, von IBM, von Microsoft, von General Motors nach außen, von T-Systems nach innen. Fortgeschrittene Unternehmen haben ein durchlässiges Konzept, entweder von innen nach außen oder von außen nach innen. Das heißt, dass ein interner Blogpost auch außen sichtbar werden kann (bei entsprechender Sinnfälligkeit). Socialtext führt eine Liste[86] der Fortune-500-Firmen und ihrer Blogaktivitäten.

---

[83] www.efqm.org

[84] www.baldrige.com

[85] www.juse.or.jp/e/deming/

[86] www.socialtext.net/bizblogs/index.cgi?fortune_500_business_blogging_wiki

Wir können eine ähnliche Tabelle wie im vorigen Abschnitt mit einem Modell zur Einordnung der Einsatzmöglichkeiten sozialer Software angeben (siehe Tabelle 6.2).

Tabelle 6.2: Soziale Software im Einsatz zur Unternehmensführung

Unternehmens-ausrichtung und -aufgaben	**... innerhalb des Unternehmens**	**... zu Kunden und Partnern (Kundeninteraktion)**	**... zu den Märkten (bzw. weiteren Stakeholdern, Gesellschafts-interaktion)**
Führung	Offene, authentische, persönliche Kommunikation; Energetisieren; Erzeugung von Bewegung in eine Richtung		
Politik und Strategie	Erarbeitung und Bereitstellung; Involvierung von Führungskräften und Mitarbeitern	Kommunikation und Ausrichtung; Einbeziehung; Abstimmung	Adaption durch schnellere Feedback-Schleifen
Interaktions- und Beziehungsmanagement	Mitarbeiter involvieren, ermutigen, ermächtigen; Reputation aufbauen; Medienkompetenz erweitern	Reputation nach außen über die Gesichter der Firma tragen; Social Networks aufbauen und unterhalten	Social-Media-Nutzung und Monitoring
Ressourcenmanagement	Wissen; Experten; Technologie	Open Innovation; Co-Design, Co-Development	Crowd Sourcing
Prozessmanagement	Lebende und lebbare Prozesse; Prozessstandards und Templates	Vernetzte Prozesse	Märkte als Teil des Prozesses

Führung

Zu Führung mit oder über Blogs führen wir an dieser Stelle ein weiteres Beispiel an. Einige Geschäftsführer und CEOs von kleinen und mittelständischen (IT-nahen) Unternehmen sind dazu übergegangen, neben ihren Blogs auch mit dem Mittel des Mikroblogs zu kommunizieren und Nachrichten anderer zu konsumieren. D. Hinchcliffe, einer der Vorreiter des Enterprise-2.0-Gedankens, verwirklicht das selbst vorbildlich. Seine Firma, bestehend aus mehreren Consultants und dem Backoffice, sieht ihren CEO höchst selten, da er selbst weltweit im Einsatz ist. Durch seine „Tweets" (Mikroblog-Nachrichten) und Bilder („Tweetpics") hält er seine Mannschaft auf dem Laufenden, umgekehrt sieht er, was seine Consultants tun, und ist so immer auf dem angemessenen „Awareness-Level". Führung ist (vor allem) Kommunikation.

Politik und Strategie

Aus dem eigenen Unternehmen kennt der Autor einen vollständig wikigestützten Strategieentwicklungs- und -kommunikationsprozess. Im sogenannten StraWiki sind die Analysephase, die Synthesephase und auch der Fortschritt in der Ausführung in all ihren Entwicklungsschritten nachzuverfolgen. Im gesamten Prozess ist eine hohe Beteiligung der Führungskräfte und der Mitarbeiter ermöglicht und bringt hohe Werte bezüglich Einbeziehung und Verständnis. Die entstandene Balanced Scorecard wird als Mittel zur Operationalisierung und „Execution Engine" der Strategie (natürlich ebenfalls im Wiki) genutzt und verstanden (Bild 6.4).

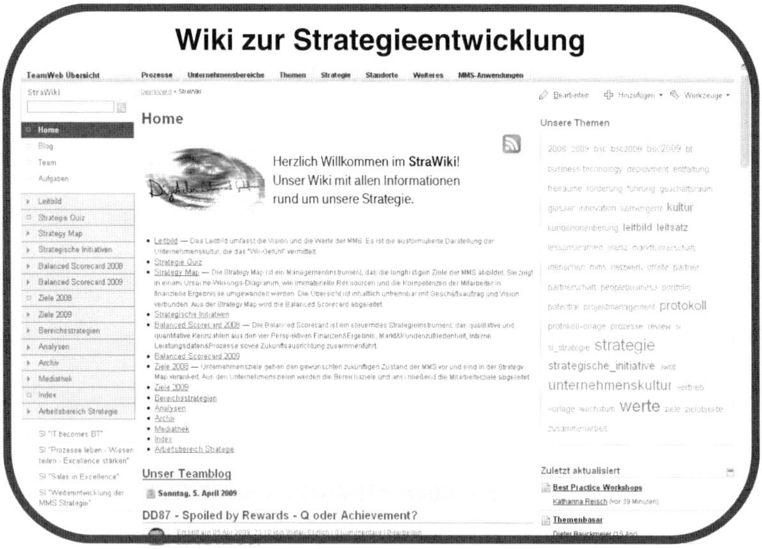

Bild 6.4: StraWiki: Abbildung des kompletten Strategieentwicklungs-, Kommunikations- und Execution-Prozesses in einem Wiki

Interaktions- und Beziehungsmanagement (zu Mitarbeitern, Kunden, Partnern, weiteren Stakeholdern, Gesellschaft)

Dieser Punkt ist sicher Kerngedanke sozialer Software. Fortgeschrittene Unternehmen erkennen, dass sie ihre (personenbezogenen) Kompetenzen auch über die Reputation dieser Personen nach außen managen (lassen) müssen. Dies kann z. B. über eine unternehmensweite Blog-Policy erfolgen.

Neue Medienkompetenzen werden notwendig. Fortgeschrittene Unternehmen unterstützen ihre Mitarbeiter im Erwerb und Einsatz dieser Instrumente und etablieren gegebenenfalls eine „Reverse Coaching"-Strategie (DNADigital 2009, S. 228 ff.). Zu einer ganzheitlichen Betrachtung zählt auch ein Social Media Monitoring (als erweitertes Web Traffic Controlling verstanden), um die Resonanz des Unternehmens im digitalen Lebens- und Geschäftsraum zu messen und zu bewerten und um gegebenenfalls steuernd einzugreifen.

Ressourcenmanagement ist bereits ausreichend im vorigen Abschnitt diskutiert und mit vorliegenden Fallstudien unterlegt worden.

Prozessmanagement

Prozesse sind unverzichtbar in einem Unternehmen, welches definierte, wiederholbare und messbare (und damit verbesserbare) Ergebnisse erreichen will. Prozessmanagement versucht, die erwähnten Tätigkeiten eines Unternehmens (Führung, Strategie, Interaktion etc.) auf eine Menge von Schlüsselprozessen abzubilden und ihre Einhaltung im Unternehmen zu erreichen. Prozesse kreuzen häufig intraorganisationale Grenzen (Abteilung, Bereich etc.) oder sogar interorganisationale Grenzen (Verkauf zum Kunden).

Prozessmanagement besteht aus dem *Planen* und *Modellieren* von Geschäftsprozessen, *Durchführung* der Prozesse und *Monitoring* der Prozessergebnisse (gegebenenfalls Vergleich mit Kennzahlen) sowie einer fortwährenden *Prozessanpassung und -verbesserung.* Soziale Software wird in vier Zusammenhängen mit dem Thema Prozessmanagement in Verbindung gebracht und ansatzweise (aber nicht weiträumig) durch Fallstudien belegt:

- Geschäftsprozessflexibilisierung durch SOA (serviceorientierte Architekturen) und Mashups (Fallstudien insbesondere durch die Hersteller[87, 88]),
- Fortschreibung von Prozesshandbüchern, lebende Prozessdokumentation in Wikis, Übertragung der Process Ownership an diejenigen, die den Prozess ausführen (beschrieben durch K. Lavrsen, Motorola A/S[89]),
- Schaffung von Prozesskontext zu Standardgeschäftsprozessen (z. B. der Übergang zu CRM 2.0[90]),
- Redefinition von Prozessen entsprechend den sozialen Bedürfnissen seiner Nutzer: Prozess-„Flows“ (noch keine Fallstudien).

Fazit: Während die Nutzung sozialer Software im Kontext eines konkreten Arbeitsprozesses schon Akzeptanz gewonnen hat, ist die systematische Nutzung als Instrument der Unternehmensführung (verstanden als ganzheitliche Aufgabe) nicht etabliert. Einzig die kommunikative Nutzbarkeit, insbesondere in Form von Blogs, und die Möglichkeiten erweiterten Sourcings wurden entdeckt und systematisch verfolgt. Das Potenzial sozialer Software zum gezielten Entwickeln und Voranbringen der Politik und Strategie eines Unternehmens, zur Einbeziehung und Interaktionsgestaltung von Mitarbeitern (Reputationsmanagement), Kunden, Partnern und weiteren Stakeholdern sowie zum Prozessmanagement liegt weitgehend ungenutzt brach. Die Möglichkeit, Prozesse nach anderen Regeln (als z. B. optimaler Ressourcenallokation) zu strukturieren, wird verschenkt.

---

87 www.jackbe.com/customers/case_studies.php

88 www.kapowtech.com/aboutus/aboutus_customers.aspx

89 www.e20summit.com/archive/program.html

90 crm20.pbwiki.com

6.2.4 Häufigkeit der Elemente sozialer Software in der Anwendung im Unternehmen

Wir wollen kurz beschreiben, zu welcher Art von sozialer Software welche Verbreitung bekannt ist. Nach einem Forrester Survey[91] von 2008 (ca. 1.000 Firmen in Nordamerika und Europa wurden befragt) sind

- Wikis in 28 %,
- Blogs in 27 %,
- Feeds (RSS) in 22 %,
- Social Networks in 22 %,
- Mikroblogs in 11 %,
- Mashups in 9 %

der Unternehmen schon implementiert, werden diese Installationen erweitert oder befinden sich gerade in der Pilotierung. Zu Tagging und Social Bookmarks liegen keine separaten Zahlen vor.

Weiterhin wird gezeigt, dass in 49 bis 77 % der Firmen kein Wissen und/oder kein Interesse an diesen Technologien existiert. Immerhin scheint eine positive Entwicklung der Adoptionsrate vorzuliegen, denn in den Untersuchungen der Berlecon Research[92] für deutsche Firmen aus dem Jahre 2007 lag die firmenweite Adoption dieser Technologien noch zwischen 2 und 6 % und für 62 % der Firmen waren die Nutzenaspekte überhaupt unklar.

Aus beiden Studien liegen Aussagen zu den Haupteinsatzzwecken der Technologien vor, es führen das Erhalten und Teilen von Wissen, neue Formen der Unternehmenskommunikation, Projektmanagement und Innovation.

Zu den Auswirkungen des Einsatzes von Wikis und Social Networks und den Veränderungen im Unternehmen liegen durch zwei Studien

---

[91] Forrester Research: Enterprise and SMB software survey, Q4 2008

[92] Publiziert in Buhse/Stamer 2008, S. 140 ff.

(ca. 100 Befragte in Edwards 2007, ca. 2.500 Befragte in ATT 2008[93]) interessante quantitative Ergebnisse vor.

- Wikis steigern die Hilfsbereitschaft im Unternehmen (!) um 15 % (auf 55 %).
- Die Wahrnehmung freier Informationsflüsse steigt um 15 % beim Einsatz von Wikis (auf 48 %).
- 22 % der Befragten sind sicher, Dinge zu erreichen, die ohne Social Networks (Social Software) nicht möglich wären, 63 % glauben dies.
- Verbesserte Effizienz durch Social Networks (Social Software) sehen 23 % als gegeben, 65 % als sehr wahrscheinlich an.
- 46 % der Befragten glauben, dass Kreativität und Ideenreichtum positiv beeinflusst werden, 42 % glauben dies nicht.
- 21 % der Befragten sind sicher, dass ihre Firma offener geworden ist (ebenfalls 21 % denken das nicht), weitere 46 % denken, dass sie ein bisschen offener geworden ist.
- 41 % erwarten das Vorhandensein moderner Zusammenarbeitsumgebungen, 25 % die Nutzung von Social Networks.
- Die größten Sorgen macht man sich um Ablenkung von „wirklicher" Arbeit (49 %) und um Durchlässigkeit vertraulicher Informationen (45 %).

Fazit: In 70 bis 80 % der Firmen werden Anfang 2009 soziale Softwaretechnologien noch *nicht* eingesetzt. Die Adoptionsrate der Jahre 2007 und 2008 zeigt allerdings steigende Tendenzen. Vier Kerntechnologien (Wikis, Blogs, Feeds und Social Networks) werden bevorzugt eingesetzt. Mashups und Mikroblogs führen noch ein Nischendasein. Die Nutzung dieser Technologien hat Auswirkungen auf Offenheit, Hilfsbereitschaft und Effizienz im Unternehmen. Das Vorhandensein solcher Technologien wird von immer mehr Angestellten (im Falle eines Jobwechsels) erwartet und vorausgesetzt.

---

[93] Die in der Studie erwähnten prozentualen Ergebnisse für Social Networks sind etwas irreführend, da darunter gleichermaßen Intranet, Videosites, Fotosites, Foren und Social Bookmarking wie auch externe Social Networks gezählt werden.

6.3 Was zu tun bleibt

Es fällt im Moment noch schwer, vor lauter Bäumen (Fallstudien) den Wald (das System und den Nutzen) zu sehen. Die Ausführungen der letzten beiden Abschnitte können als Vorstufe einer qualitativen Querschnittsanalyse verstanden werden, d. h. eine Einordnung bekannter Fallstudien in ein Raster, welches sie untereinander zu vergleichen erlaubt. Häufig adressieren die vorhandenen Fallstudien allerdings nur einen oder zwei Aspekte des hier diskutierten Rasters. Offene Fragestellungen stellen der Übergang zu einer quantitativen Querschnittsanalyse und die stärkere Nutzung konstruktiver Ansätze (wie Simulationen oder Berechnungsmodelle) dar, um Ergebnisse (bezüglich Produktivität, Effizienz) auch sicher prognostizieren zu können (vgl. dazu Richter, Koch 2009).

Tabelle 6.3: Handlungsoptionen

Handlungsoption, Enterprise-2.0-Fragestellung	Von ...	Über ...	bis ...
Quelle und Zielstellung der Einführung von Enterprise-2.0-Technologien (und -Kultur)	Anarchisch; zufällig; bottom-up; „Grassroots“	Projektgetrieben für einen Arbeitsprozess; strategiegetrieben für das gesamte Unternehmen	„Radikal“ mit Umgestaltung der Führungskultur
Technologieauswahl	Einzellösung; Open Source	Vollständige Suite sozialer Software	Best of Breed aus existierenden Lösungen und Eigenentwicklungen
Randbedingungen der Technologieauswahl	Lokale Wirkung; keine Berücksichtigung von Randbedingungen	Integration in das Intranet	Vollständige Integration in eine definierte Umgebung bezüglich Authentifizierung und Autorisierung (Rollen und Rechte); Berücksichtigung vorhandener Intranet- oder Portalserverstandards; Integration mit weiteren Anwendungen; Migrationskonzept für existierende Anwendungen

Tabelle 6.3: Handlungsoptionen (Fortsetzung)

Handlungsoption, Enterprise-2.0-Fragestellung	Von …	über …	bis …
Entscheidung, welche Elemente sozialer Software	Wiki, Blog	Social Networks; Feed Management	Mashups; Mikroblogs; Tagging und Social Bookmarks; weitere soziale Technologien (z. B. Prediction Markets)
Einsatzradius für Zusammenarbeits- und Entscheidungsprozesse	Einsatz innerhalb des Unternehmens	Einsatz zu Kunden und Partnern	Einsatz für alle Stakeholder des Unternehmens; automatisierte Nutzung von Rückkopplungen des Marktes
Einsatz im Arbeitsprozess	Zusätzlich zum „eigentlichen“ Arbeitsprozess	Integriert und verwoben im Arbeitsprozess	Arbeitsprozess neu definiert durch soziale Technologien („Process Flows“)
Art der unterstützten Arbeitsprozesse	Meetings; Zusammenarbeit	Wissensmanagement; Innovation; Projektmanagement	Beliebige Geschäftsprozesse
Einsatz zum Zweck der Unternehmensführung	Kommunikation über Blogs nach innen	Kommunikation nach innen und außen über Blogs und Mikroblogs; Erweiterte Sourcing-Konzepte (Open Innovation)	Ganzheitliches Verständnis der Unternehmensführung (Führung, Politik und Strategie, Interaktionen, Reputationsmanagement, Ressourcenmanagement, Prozessmanagement)

6.3.1 Handlungsoptionen, ein Enterprise 2.0 zu werden

Wir haben damit, aus den Fallstudien abgeleitet, einen Handlungsraum aufgespannt, in dem man sich als Unternehmen orientieren und bewegen kann (Tabelle 6.3). Im Anhang verwenden wir diese Tabelle als Checkliste, um die Präferenzen eines Unternehmens, eines Bereiches oder einer Abteilung zu notieren.

Damit haben wir auch die Grundlagen für ein allgemeines Reifegradmodell von Unternehmen auf ihrem Weg zum Enterprise 2.0 gelegt, welches wir im Kapitel 8 vorstellen wollen.

6.3.2 Die Blueprints des Enterprise 2.0

Aus den Fallstudien und eigenen Erfahrungen abgeleitet können wir schlagwortartig die Blaupausen[94] des Enterprise 2.0 in verschiedenen Fach- oder Querschnittsabteilungen skizzieren. Wir stellen dazu die Möglichkeiten für folgende Bereiche vor:

- Innovation,
- Forschung und Entwicklung,
- Betrieb und Operations,
- Prozessentwicklung und -management,
- Personal,
- Kundenerfahrungsmanagement, Kundendialog,
- Marketing/Lead Management/Vertrieb,
- Unternehmenssteuerung, Finanzen, Controlling,
- Führung und Kommunikation.

Innovation

- Ideenmanagement als partizipativen Prozess (Ranking von Ideen, Kommentieren von Ideen) gestalten,
- Innovation Jams (virtuelle Brainstormings und kollaborative Inhaltsproduktion),
- Open Innovation,
- Innovation Networks,

[94] Das heißt, für das eigene Unternehmen überprüfbar und gegebenenfalls einsetzbar.

- Innovation Tweets („Zwitschern“ von Neuigkeiten aus der Innovation).

Forschung und Entwicklung

- Wissens-Wikis, Wissens-Bookmarks,
- Projektmanagement-Templates,
- News Blog,
- Interest Groups und Kompetenz-Center als Social Networks mit eigenen Identitäts-Spaces,
- Entwicklungsprozesse mit integriertem Wissens-Wiki, Issue Tracking und Communications Blog,
- Task- und Fortschrittsmanagement im Wiki,
- Co-Creation,
- Crowd Sourcing, Developer Communities,
- Open Business Models (Open Source, Open Data, Open Access, User Generated Content, Context und Services),
- Intellectual Property Management Support.

Betrieb und Operations

- Blogs für Monitoring von Veränderungen von Anlagen und Prozessen,
- Schichtübergabe per Blog,
- Exception Tweets (abonnierte „Ausnahmezustände“ von Systemen oder Prozessen),
- Wissens-Wikis.

Prozessentwicklung und -management

- Prozesshandbücher als Wikis,
- Prozess-Templates,
- Best Practice Wikis,
- KPI und Process Monitoring Wikis.

Personal

- Alumni-Networks in Social Networks,
- Job Tweets (neue Positionen den „Followern“ ankündigen),
- „Welcome“- und Einarbeitungs-Wikis,

- Social Employer Branding,
- Nutzung von Arbeitgeberbewertungsportalen,
- Team Development Wikis,
- Anziehungskraft für Digital Natives,
- Mediation zwischen Digital Natives und Nondigital Natives,
- Quick Polls und Feedback-Management,
- Ganzheitliches digitales Reputationsmanagement der Individuen und des Unternehmens.

Kundenerfahrungsmanagement, Kundendialog

- Enterprise Blogs (Kundenkommentare),
- Kunden-Communitys,
- Kundenforen,
- Kunden-Wissens-Wikis,
- Kundenbeirat,
- Lead-Kunden-Unterstützung,
- Lead-User-Unterstützung.

Marketing/Lead Management/Vertrieb

- Social Media Configuration (Zuhören, Ansprechen, Unterstützen, Energetisieren, Umfassen der Zielgruppe[n]),
- Sales Tweets für Heben der Cross- und Upselling-Potenziale,
- Opportunity Development Wiki,
- Referenzlösungs-Wiki,
- Sales Community,
- CRM 2.0 – Mashup zwischen Projekt/Produkt, Kunde, handelnden Personen und offenen Fragen (Issues).

Unternehmenssteuerung, Finanzen, Controlling

- Prediction Markets für Planung und Forecasts (Nutzung kollektiver Intelligenz),
- Risk Monitoring Blog.

Führung und Kommunikation

- Executive Blog und Kommentare (nach innen und außen),
- News Tweets,

- team- und hierarchieübergreifende Kommunikation,
- Personal Blogs – digitale Reputation,
- Strategie-Wiki,
- Strategie-Execution – BSC-Wiki,
- Verfolgen strategischer Initiativen,
- Change Management Wikis,
- Change Jams – Austausch zu Kultur und Werten einer Organisation,
- Agenda- und Protokoll-Repositories.

Jetzt sage keiner mehr, es gäbe keine Anwendungsfälle für Enterprise 2.0. Aus ca. 60 Blueprints können wir wählen, um unseren Weg zum Unternehmen 2.0 zu gestalten.

Zunächst interessiert uns aber die Gestaltung einer grundlegenden Enterprise-2.0-Referenzarchitektur und der neuen Governance-Richtlinien, die wir benötigen, um zur vollen Wirksamkeit in der Entfaltung des Enterprise-2.0-Gedankens und seiner Blueprints zu gelangen.

Eine systematische Zusammenfassung von Fallstudien zu Open Innovation enthält Zerfaß, Möslein 2009: Kommunikation als Erfolgsfaktor im Innovationsmanagement: Strategien im Zeitalter der Open Innovation. Gabler. 2009.

7 Eine Referenzarchitektur für das Enterprise 2.0

Kleinliche Gebäude
beherbergen kleinliche Gedanken.

J. D. Rockefeller

Fragen, die in diesem Kapitel beantwortet werden

- Was ist eine Referenzarchitektur? Wobei kann sie mir helfen?
- Was versteht man unter SLATES und FLATNESSES?
- Welche Bausteine und welche Schnittstellen besitzt die Enterprise-2.0-Referenzarchitektur?
- In welchem Kontext steht soziale Software im Unternehmen?
- Wie ordnet sich die Referenzarchitektur in Intranet- und Internetkonzepte des Unternehmens ein?
- Welche modifizierten Governance-Prinzipien gelten für das Enterprise 2.0?
- Wer ist für die Realisierung der Referenzarchitektur verantwortlich?
- Welche Aufwände verursachen die Schritte zur Realisierung der Referenzarchitektur?

7.1 Referenzarchitekturen

Referenzarchitekturen stellen für eine Klasse von Problemen anerkannte Lösungsmuster in Form von Bauplänen und Schnittstellenbeschreibungen bereit. Referenzarchitekturen definieren ebenfalls eine gemeinsame Begriffswelt, innerhalb derer wiederkehrende Fragen diskutiert werden können. Referenzarchitekturen können auf verschiedenen Abstraktionsebenen angesiedelt sein.[95]

Softwarearchitekturen können aus verschiedenen Sichten dargestellt werden (Starke 2008):

- in der Bausteinsicht (Einzelelemente und Schnittstellen),
- in der Infrastruktursicht (Abbildung auf standardisierte Schichten sowie Hardware- und Netzwerktopologie),
- in der Kontextsicht (Zusammenhang zu anderen Systemen),
- in der Laufzeitsicht (dynamisches Verhalten des Systems, im Folgenden nicht weiter betrachtet).

Wir wollen dieses Vorgehen aufgreifen und im folgenden Abschnitt (7.2) schrittweise Bausteinsicht, Infrastruktursicht und Kontextsicht entwickeln. Dabei greifen wir zunächst die ursprünglichen Ideen von McAfee und Hinchcliffe zu den Bestandteilen von Enterprise 2.0 auf und entwickeln diese weiter. Insbesondere zeigen wir die Bedeutung des „menschlichen Faktors“ für die Entdeckung und Weiterverarbeitung erstellter Ressourcen.

Abschnitt 7.3 beschäftigt sich mit der Einbettung und Einbringung dieser Referenzarchitektur in die Organisation, denn das ist es, was schließlich zählt: die technische und organisatorische Vorbereitung des Unternehmens auf die Entfaltung der Wirkprinzipien sozialer Software. Die Referenzarchitektur hilft uns also,

- die technischen Fragestellungen sozialer Software (Bausteine, Schnittstellen, Zusammenhang zu anderen Systemen),
- die organisatorischen Fragestellungen (Qualitätssicherung, Richtlinien, Governance),

[95] Definition inspiriert durch: en.wikipedia.org/wiki/Reference_architecture

- das Ausmaß der Veränderung im Intranet und Internet (Hinzutreten, Ersetzen bzw. Ergänzen durch soziales Intranet und Internet, siehe Abschnitt 0) sowie
- die Szenarien und Aufwände zur ihrer Realisierung (Abschnitt 7.5)

zu verstehen, einzuschätzen und zu gestalten.

7.2 Entwicklung der Referenzarchitektur

7.2.1 Ursprünge der Referenzarchitektur – SLATES und FLATNESSES

Schon in seinem Kick-off-Artikel (McAfee 2006) hat A. McAfee die Ingredienzien für eine Enterprise-2.0-Architektur benannt und mit einem wunderschönen Akronym versehen: *SLATES* (englisch so viel wie Dachschiefer, aber auch Kandidatenliste). SLATES steht für:

- *Search*: Um als Informationsplattform dienen zu können, müssen Nutzer finden, was sie suchen und benötigen. Suche stellt die schnellste und einfachste Form von Navigation dar. Allerdings klaffen zwischen der Zufriedenheit mit Suche im Intranet und Internet Welten (ca. 40 % geringere Zufriedenheit im Intranet).
- *Links*: Links im Internet spielen die Rolle des Verstärkers von Wichtigkeit und können gezielt ausgenutzt werden, um relevante Suchergebnisse zu erzielen. Im Intranet gibt es diese verstärkende Kraft (bisher) nicht, da es von sehr wenigen strukturiert und gepflegt wird. Das Intranet (oder eine neue Form davon) gehört in die Hände der vielen und damit auch die Möglichkeit zu verlinken und damit Relevanz sichtbar und verfolgbar zu machen.
- *Authoring*: Die meisten Personen besitzen die Fähigkeit, etwas beizutragen, man muss sie nur lassen. Damit entwickelt sich ein Teil des Intranets von einer Plattform der wenigen zu einer kontinuierlich fortgeschriebenen und verlinkten Plattform der vielen.
- *Tags*: einfache Informationskategorisierung durch die Schlagfertigkeit der vielen.
- *Extensions*: Zusammenfassung der individuellen Nutzungserlebnisse auf systemischer Ebene und Wiedereinspeisung zur erneuten Nutzung im individuellen Kontext. Folksonomies und Tag Clouds

ersetzen oder ergänzen vordefinierte Taxonomien, Collaborative Filtering weist auf potenziell interessante Inhalte hin (Nutzer, die diesen Beitrag spannend fanden, fanden auch ...).
- *Signals*: Einschränkung der Vielfalt auf das, was interessiert und abonniert wird, in Form von E-Mail-Alerts oder Feeds (siehe Kapitel 3).

D. Hinchcliffe[96] hat später das Akronym erweitert, auf FLATNESSES (englisch so viel wie Flachheit, Ebenheit, Anspielung auf die egalitäre [gleichmacherische] Wirkung von Enterprise 2.0). Dazu hat er SLATES ein wenig umgestellt und um vier neue Begriffe erweitert:

- *Freeform*: Keine Vorgaben der Software bezüglich einer Struktur und Navigation, eher die Herausbildung beliebiger Strukturen und Navigationsarten unterstützend.
- *Network-oriented*: Inhalte sollten weborientiert, adressierbar und wiederverwendbar sein.
- *Social*: Unterstützung sozialer Feedback-Schleifen, Sichtbarmachen von Verbindungen zwischen Inhalten, Personen und Ereignissen (siehe Kapitel 3).
- *Emergence*: die Nutzung und Herausbildung von Eigenschaften auf der Makroebene eines Systems, die auf niederen Stufen des Systems (seinen Elementen) nicht vorhanden sind und durch Interaktionen von Systemelementen und Teilsystemen entstehen (vgl. Kapitel 4).

Die vorgeschlagenen Bestandteile können wir nun in verschiedenen Abbildungen kondensieren, die uns in mehreren Schritten zur Referenzarchitektur führen werden.

7.2.2 Bausteine und Bauherren der Referenzarchitektur

Bausteinsicht

In der Bausteinsicht für Social Software, die wir auch als *Social Technology Stack* bezeichnen wollen, finden wir die einzelnen Elemente der SLATES- bzw. FLATNESSES-Definition wieder. Durch soziale Soft-

---

[96] blogs.zdnet.com/Hinchcliffe/?p=143

ware werden (Network-oriented) Ressourcen verwaltet. Zu den „netzorientierten Ressourcen" zählen (siehe Bild 7.1):

- Personen(-Profile), Inhalte (Dokumente, Webseiten, Posts, Nachrichten), Services (Web-APIs).
- Typischerweise werden diese Ressourcen über einen Uniform Resource Locator identifiziert (URL, also die Spezifikation von Ort und zu verwendendem Protokoll für die Ressource).

Bild 7.1: Bausteinsicht: Im Social Software Technology Stack werden netzorientierte Ressourcen verwaltet. Das können Profile von Personen, Blogposts, die Seite in einem Wiki oder die Adresse eines Services sein.

Diese Ressourcen müssen erstellt und erweitert werden können (Authoring), sie müssen zueinander in Beziehung gesetzt werden können (Links), semantische Abstraktionen zu Ressourcen müssen bildbar sein (Tagging) und Veränderungen an diesen oder von diesen Ressourcen müssen signalisiert bzw. abonniert werden können (Signals und Feeds). Generell können wir die Schritte neben dem *Authoring von Ressourcen* als *Vernetzen von Ressourcen* und *Schaffung von Kontext* zu Ressourcen verstehen sowie die *Anzeige von Veränderung* an Ressourcen (Bild 7.2).

Der menschliche Faktor

Das Besondere an der (in Bild 7.2 dargestellten) Erstellung, Verlinkung, semantischen Erweiterung und Veränderungsmeldung von netzorientierten Ressourcen ist, dass die Quelle dieser Aktivitäten, ein Individuum oder eine Menge von Personen, sichtbar bleibt, d. h., dass jeweils ein Rückbezug auf die erstellende(n) Person(en) möglich ist (Bild 7.3). Das unterscheidet die vorliegende Art von Informationserzeugung von den anonymen Datengräbern der alten ERP-, CRM- und Datenbanksysteme und auch von den Webautorensystemen, wo diese Verbindung nicht explizit gemacht wird.

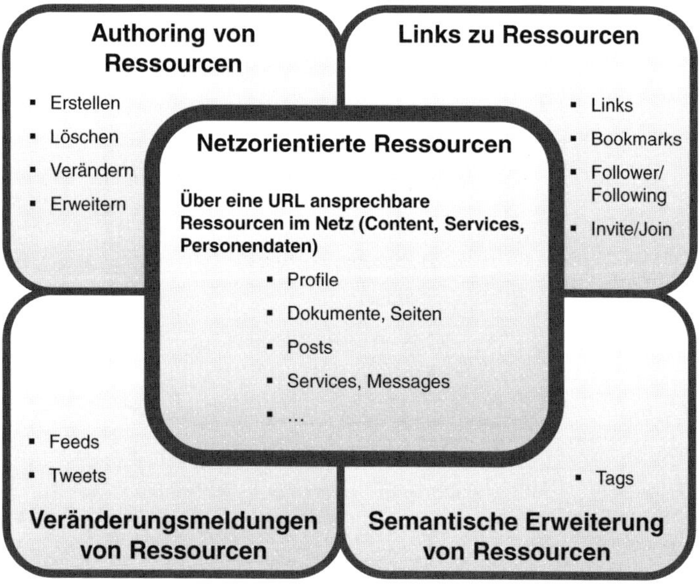

Bild 7.2: Bausteinsicht: Der Social Software Technology Stack benötigt das Erstellen von Ressourcen (Authoring mit Wikis, Blogs ...), das Verlinken von Ressourcen, das Schaffen von semantischem Kontext zu Ressourcen und die Fähigkeit, Veränderungen an Ressourcen automatisch anzuzeigen.

Die Wirkung dieses scheinbar einfachen Effekts geht weit über die Nachverfolgbarkeit der Erstellung von Ressourcen hinaus. Er hat entscheidenden Einfluss auf die tatsächliche Nutzung dieser Ressourcen. Typischerweise orientieren sich Menschen in ihrem Vorgehen sowohl an Themen als auch an den Interessen anderer Menschen.

Wir (ver)folgen Ressourcen von Personen, denen wir trauen oder die eine ausgewählte Stellung aus unserer individuellen Perspektive besitzen. Gleichzeitig profitieren wir von der geleisteten Erstellungs-, Verlinkungs- und Annotationsarbeit dieser Personen und reduzieren damit unseren eigenen Recherche- und Suchaufwand. Die Nutzung fremder Intelligenz kann so einfach sein: Ich folge den Inhalten, Links, Tags und Feeds, die eine andere Person *für mich* erstellt hat. Durch Aggregationseffekte über Inhalten, Links, Tags und Personen entsteht kollektive Intelligenz (siehe folgender Text und Kapitel 4).

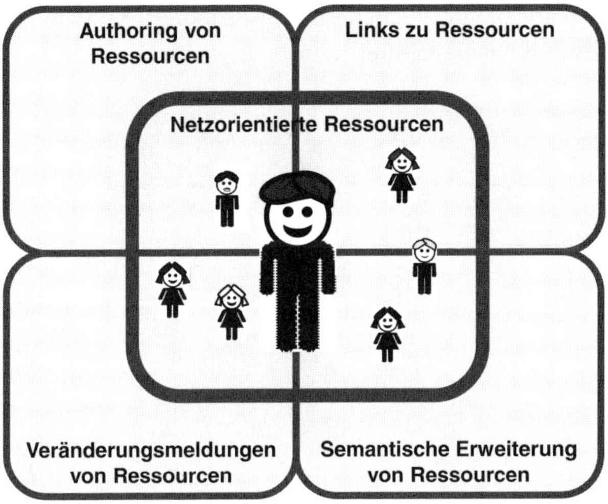

Bild 7.3: Der menschliche Faktor: Das Authoring und die Verlinkung von Ressourcen, ihre semantische Klassifizierung sowie deren Veränderung lassen sich eindeutig einer Person oder mehreren Personen zuordnen. Diese Kenntnis hat für die Nutzung der Ressourcen entscheidende Bedeutung, da damit neben die thematische Ordnung (nach Begriffen) eine menschliche Ordnung (nach Gesichtern bzw. Erstellern) tritt.

Fortsetzung Bausteinsicht

In der nächsten Ebene müssen die nun im Kontext stehenden und verlinkten Ressourcen angeordnet werden können (ohne zu feste Strukturen vorzugeben, Freeform). Weiterhin müssen Daten aus der systemischen Nutzung der Ressourcen, die sich im Verlaufe der Zeit ergeben, ebenfalls zur Verfügung gestellt werden (Extensions), damit werden Nutzungsmuster der vielen dem Individuum als weitere Orientierungsoption zur Verfügung gestellt (Bild 7.4).

Die Anordnung von Ressourcen kann in Spaces, Projekten, Gruppen, Dashboards (eine Art personalisierte Ressourcendarstellung) oder im Fall von Services mit Mashups geschehen. Erweiterungen (Extensions) können in Form von Linklisten, Social Bookmarks, Favoriten, Statistiken (most viewed, most commented, am höchsten bewertet), durch Tag Clouds, Tag Bundles oder Folksonomies (semantischer Zusammenhang zwischen Tags, die häufig miteinander verwendet werden) dargestellt werden. Collaborative Filtering setzt Aktionen aus der Nutzung von Ressourcen in einen semantischen Zusammenhang zu möglichen Folgeaktionen. (Wir kennen dieses Konzept insbesondere aus den Kaufempfehlungen für Bücher im E-Commerce: Kunden, die dieses Produkt gekauft haben, kauften auch …).

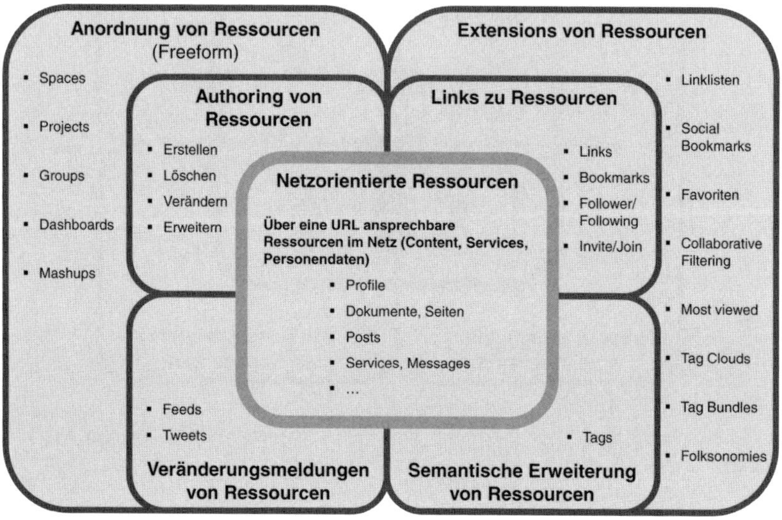

Bild 7.4: Bausteinsicht: Der Social Software Technology Stack erlaubt die freie Anordnung von Ressourcen in Spaces, Projects, Groups sowie die Ausnutzung von systemischen Rückkopplungseffekten aus der Verwendung der Ressourcen (Extensions) wie z. B. Social Bookmarks und Tag Clouds.

Alle diese Vorbereitungen folgen einem einzigen Ziel: diese Ressourcen findbar, entdeckbar und damit nutzbar zu machen. Diese Entdeckbarkeit und (Nach-)Nutzbarkeit wird unterstützt

- über die Verknüpfung von Ressourcen mit Personen/Menschen und die Verfolgbarkeit dieser Verknüpfung,
- über die Anordnung von Ressourcen (z. B. kann man durch alle Spaces oder Projects navigieren),
- durch die Extensions (Einstieg über die Tag Cloud, über die Favoriten),

- über die direkten Verbindungen zu und zwischen Ressourcen (Tags, Feeds, Links, Bookmarks, Tweets) oder
- durch Suche, falls die anderen Mittel nicht zum Ziel führen.

In Bild 7.5 ist diese letzte fehlende Schicht „Entdeckbarkeit" von Ressourcen (Discovery) ergänzt.

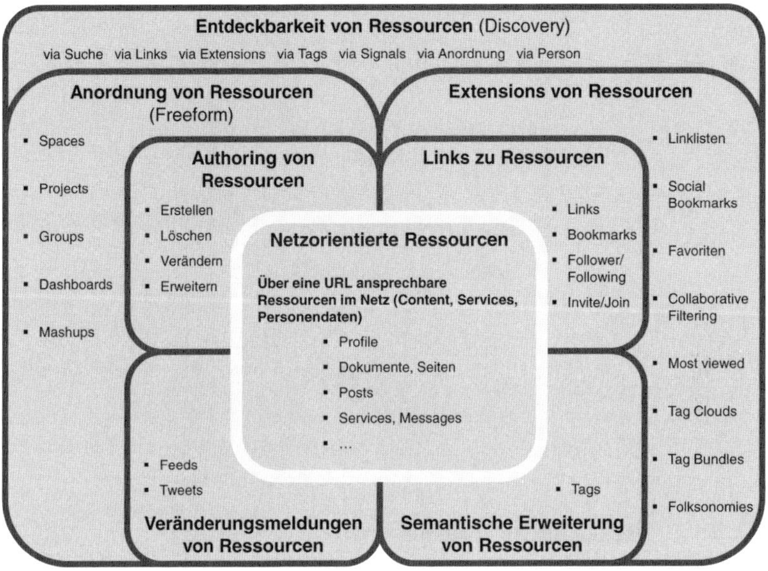

Bild 7.5: Bausteinsicht des Social Software Technology Stacks. Ressourcen werden erstellt, vernetzt, mit Kontext versehen, ihre Änderungen werden transparent gemacht. Ressourcen werden angeordnet und im Laufe der Zeit wird ihre Nutzung über Extensions sichtbar. Durch Suche, über Anordnungen und Extensions und über Verknüpfungen mit Personen werden Ressourcen entdeckbar und nachnutzbar gemacht.

Für die weitere Betrachtung wollen wir uns allerdings auf eine abstraktere Form der Betrachtung zurückziehen. Dazu genügt uns die Vorstellung, dass soziale Tätigkeiten im Arbeitsprozess, wie Zusammenarbeiten, Entscheiden, Beziehungen knüpfen etc., nun auch auf eine entsprechende Businesstechnologie zurückgreifen können, nämlich den Social Software Technology Stack (Social Technology Stack). Den unteren Kasten von Bild 7.6 können wir uns also immer durch Bild 7.5 aufgelöst vorstellen.

In Abschnitt 7.3 werden wir die Fragestellungen, die sich aus der Integration mit weiteren Technology Stacks ergeben, diskutieren.

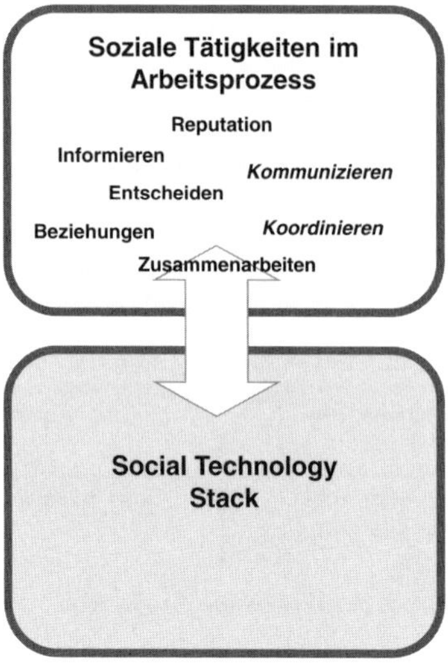

Bild 7.6: Soziale Tätigkeiten im Arbeitsprozess (siehe Wirkkategorien sozialer Software im Kapitel 3) werden durch den Social Technology Stack (Social Software Technology Stack) gestützt. Diesen Stack können wir uns durch die Abbildung 7.5 gefüllt vorstellen. Tätigkeiten wie Kommunizieren und Koordinieren werden ebenfalls durch andere Softwaresysteme aus der Kontextsicht (Abbildung 7.7) unterstützt (z. B. durch E-Mail-Systeme).

7.2.3 Die Schichten der Referenzarchitektur

Infrastruktursicht

Die Infrastruktursicht eines Social Software Stack folgt in vielen Fällen einer Vier-Schichten-(Four-tier-)Architektur, wie in Bild 7.7 angegeben.

Die Realität einer konkreten Implementierung sieht noch einmal wesentlich komplexer aus. Tabelle 7.1 stellt die vier Schichten für drei bekannte Social Software Frameworks dar. Während Jive SBS nur auf Linux-Derivaten und Solaris läuft, wird von Confluence und MediaWiki ebenfalls eine Windows-Server-Variante unterstützt.

Wie wir in Tabelle 7.1 sehen können, folgt die Auswahl einer Technologie also nicht nur funktionalen Anforderungen, sondern muss sich auch vorhandenen Technologien und Schnittstellen anpassen. Wenn eine Firma DB2 als den Datenbankstandard vorschreibt, dann muss sich die soziale Technologie dem anpassen. Typische Fragestellungen für ein Unternehmen sind:

- *Verwendung vorhandener Nutzerverzeichnisse* des Unternehmens (LDAP oder Active Directory); Lösung der Identifizierungs- und Authentifizierungsproblematik einschließlich Rollen und Rechtekonzept und Single Sign-on.
- *Integration in existierende Portalserver* und Portlet-Standards, sofern mit diesen gearbeitet wird (Präsentationsschicht); Fähigkeit, das Corporate Design aufzunehmen und umzusetzen.

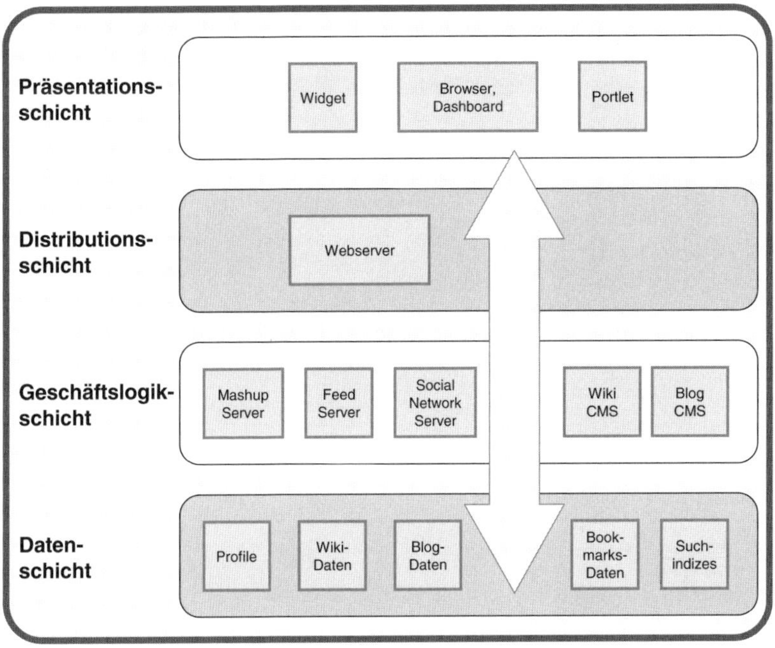

Bild 7.7: Die Infrastruktursicht einer Social Software Suite folgt häufig einer Four-tier-Architektur. Die Ressourcen werden in der Datenschicht verwaltet, die Logikschicht stellt die Funktionalitäten der Wikis, Blogs, Mashups und Feed-Systeme bereit. Die Bereitstellung erfolgt über Webserver, zur Anzeige wird ein Browser oder alternativ ein Widget genutzt. Diese Schichtenarchitektur wird häufig eins zu eins in eine Hardware- und Netzwerkarchitektur übertragen. Erweiterungen finden häufig noch durch eine Clusterbildung statt.

- *Integration mit vorhandenen Kollaborationslösungen* wie Telefonanlagen (VoIP) oder Web-Conferencing-Lösungen oder Workflow-Lösungen.

- *Weitere Standardentscheidungen* des Unternehmens, z. B. Java vs. PHP, Oracle vs. DB2 vs. MySQL vs. SQLServer, jede weitere Plattform multipliziert die Erhaltungs- und Sicherheitsaufwendungen (insbesondere bei Einsatz im Internet).

Tabelle 7.1: Infrastrukturelle Anforderungen von Social Software Frameworks (Stand 6/2009) und ihren Schnittstellen

Schicht/System	Jive Social Business Suite 3.0	Atlassian Confluence 3.0	MediaWiki 1.15
Unterstützte Browser (Präsentationsschicht)	Microsoft IE 6, 7, 8; Mozilla Firefox 2, 3; Apple Safari 3.x; Google Chrome 1.0	Microsoft 6, 7; Mozilla Firefox 2, 3; Safari 2, 3	Nicht genau spezifiziert; Microsoft 6, 7; Mozilla Firefox 2, 3; und weitere
Webserver; Distributionsschicht	Apache	Apache	Apache; IIS 6.0; Cherokee; lighttpd
Application Server plus Logikschicht	Apache Tomcat Application Server; Java	Apache Tomcat 5.5+; BEA Weblogic; IBM Websphere 6.1; Caucho Resin; JBoss; Java	PHP 5.x
Datenbanken, Datenschicht	Oracle 10.x; Postgres 8.x; MySQL 5.x; SQL Server 2005	Oracle 10.x ; Postgres 8.x ; MySQL 5.x ; SQL Server 2005 ; DB2	MySQL, PostgreSQL, SQLite
Weitere Eigenschaften; Besonderheiten	Integration mit LDAP bzw. Active Directory möglich	Zahlreiche Plug-ins und Konnektoren verfügbar	Open Source; über 1.000 Add-ons verfügbar (Komplexität)

Wie bei jeder sich neu entwickelnden Technologie müssen wir davon ausgehen, dass die Zeit der Unsicherheit, der Kompromisse und durchaus auch der Gefahr, eine falsche, nicht zukunftsfähige Entscheidung zu treffen, relativ hoch ist. Die Alternative, zu warten, bis sich klarere Optionen herausgebildet haben, ist keine reale. Die Zeit, das Unternehmen kulturell und organisatorisch auf diese Änderungen vorzubereiten, kann im Falle des Abwartens nicht mehr aufgeholt werden.

7.2.4 Die Referenzarchitektur im Kontext anderer Systeme

Kontextsicht

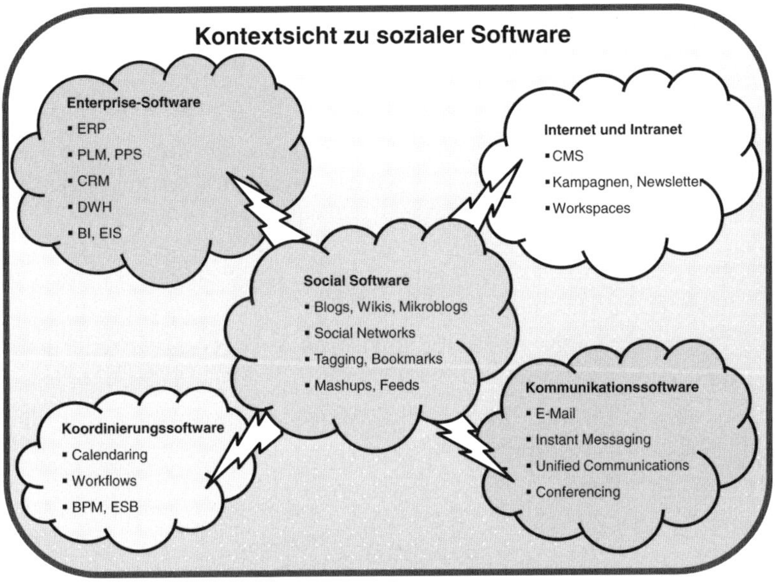

Bild 7.8: Kontextsicht der Enterprise-2.0-Referenzarchitektur. Social Software trifft auf die etablierten Systeme und Architekturen im Unternehmen. Schnittmengen und Beziehungen zu diesen Systemen bleiben zunächst unklar (BPM: Business Process Management; ESB: Enterprise Service Bus – ein Integrationskonzept).

In der Kontextsicht (siehe Bild 7.8) stellen wir dar, auf welche vorhandenen Systeme und Architekturen unsere Referenzarchitektur für soziale Software im Unternehmen trifft. Typischerweise finden wir:

- *Kommunikationssoftware* (E-Mail, Conferencing, eventuell Instant Messaging oder schon Unified Communications [eine Zusammenfassung moderner Kommunikationsmittel und erweiterter Präsenzanzeige]),
- *Koordinierungssoftware* (Calendaring, Workflows, Business Process Modeler),
- Intranet und Internet (Content Management System [CMS], Kampagnenmanagementsysteme, CRM-Systeme, Newsletter-Systeme, eventuell Workspaces),

- *Enterprise Software* (Enterprise Resource Planning [ERP], Produktionsplanungs- und Steuerungssysteme [PPS], Product-Lifecycle-Management-[PLM-]Systeme, Data Warehouses [DWH] und Business-Intelligence-[BI-]Systeme, Enterprise Information Systems [EIS]),
- weitere *Systemsoftware* für Datenbanken, Netzwerkbetrieb, Virtualisierung und Monitoring und unternehmensspezifische Software (in Bild 7.8 nicht dargestellt)

Wir können davon ausgehen, dass durch die Entwicklung sozialer Software neue Bewegung in die Grenzziehung zu anderen Softwarekategorien gekommen ist. Insbesondere stellen wir

- die Erweiterung klassischer Content-Management-Systeme im Intranet um soziale Komponenten,
- die Annäherung von Kommunikationssoftware und sozialer Software und
- die Anreicherung von Koordinierungssoftware (insbesondere der Prozessmodellierung) mit sozialer Technologie

fest.

7.3 Einbettung der Referenzarchitektur in die Organisation

7.3.1 Ein allgemeines Einbettungskonzept

Zur abschließenden Vervollständigung der Referenzarchitektur (nachdem wir Bausteinsicht, Infrastruktursicht und Kontextsicht kennen) müssen wir sie nun in einen Gesamtkontext des Unternehmens einbetten, der folgende Layer beinhaltet (Bild 7.9):

- Architecture Integration Layer,
- Qualitätssicherungs-Layer,
- Governance Layer.

Die dargestellten Layer können als verallgemeinertes Vorgehen bei der Einführung beliebiger neuer Technologien verstanden werden. Immer stellen sich die Fragen: Welche Übergänge zu existierenden Systemen müssen geschaffen werden (*Architecture Integration Layer*)? Wie kann die Qualität bei der Nutzung der neuen Technologie gesichert werden (*QS-Layer*)? Wie werden die Gesamtinteressen des Unternehmens strukturiert und gewahrt (*Governance Layer*)?

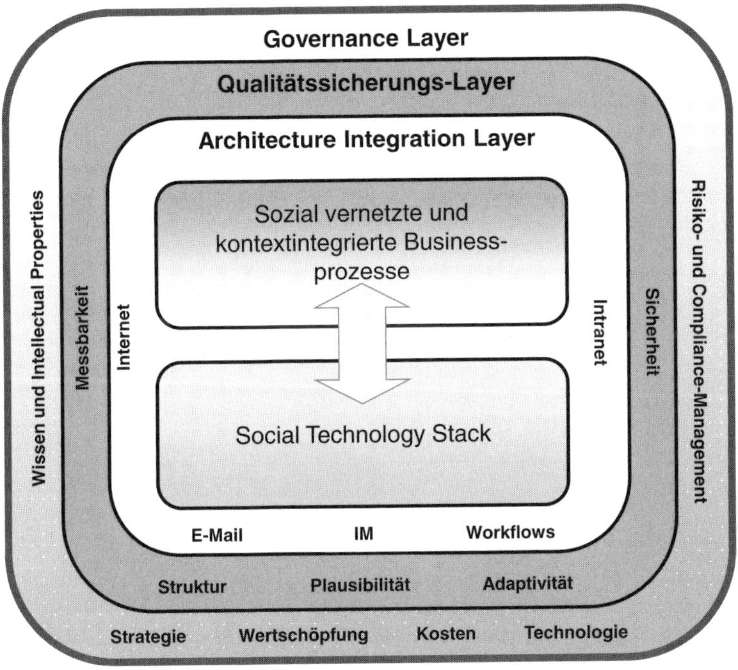

Bild 7.9: Die Enterprise-2.0-Referenzarchitektur im Gesamtbild von Technology Stack, Architecture Integration Layer, Qualitätssicherungs-Layer und Governance Layer

7.3.2 Technische Einbettung – das Architecture Integration Layer

Im Architecture Integration Layer werden die weiteren Schnittstellen zu relevanten Softwaresystemen (aus der Kontextsicht) definiert und gestaltet. Von Interesse sind insbesondere die Übergänge oder Schnittstellen zu Kommunikationssystemen wie E-Mail, Instant Messaging (IM) oder allgemeiner Unified-Communication-Systemen, zu Workflow-Systemen und insbesondere die Einbettung oder Integration in existierende Intranet- und Internetsysteme bzw. Portalservertechnologien. Als relevante Teilfrage muss die Anbindung an existierende Nutzerautorisierungs- und Rollen- und Rechtesysteme beantwortet werden.

Die sozialen Tätigkeiten sind im Arbeitsprozess auch in der Vergangenheit ausgeführt worden, allerdings noch nicht in dem Ausmaß an technischer Unterstützung. Jetzt tritt der Social Technology Stack zunächst erst einmal neben die etablierten Technology Stacks der etablierten Anwendungen (Bild 7.10).

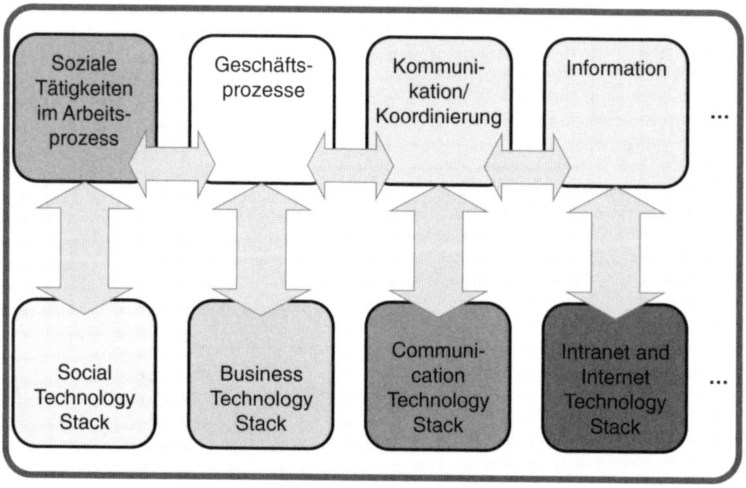

Bild 7.10: Businessprozesse werden durch einen Business Technology Stack gestützt, soziale Prozesse durch den Social Technology Stack, Kommunikationsprozesse nutzen den Communication Technology Stack usw. Zunächst existiert keine Verbindung der Technology Stacks, wohl aber im normalen Arbeitsprozess zwischen sozialen Tätigkeiten und allen anderen Prozessen.

So wie im realen Unternehmensalltag keine Trennung zwischen den sozialen Tätigkeiten im Arbeitsprozess (Zusammenarbeiten, Entscheiden, Reputation und Beziehungen pflegen) und den Geschäftsprozessen existiert, sondern sie im Gegenteil nur im engen Wechselspiel zum Erfolg gebracht werden können, so könnte man auch geneigt sein, die Technology Stacks vollständig zu integrieren. Eine realistische Einschätzung muss davon ausgehen, dass das auf absehbare Zeit unter vernünftigen Kosten-Nutzen-Verhältnissen nicht möglich ist, da die verwendeten Basiskonzepte und die gewachsenen Lösungen zu unterschiedlich sind.

Es gibt eine Ausnahme – den Intranet and Internet Technology Stack. Da er auf den gleichen Protokollen und Adressierungsschemata wie der Social Technology Stack beruht, ist hier eine Integration einfacher möglich, aber auch nicht problemlos (so findet man häufig, dass Tagging in Content-Management-Systemen der Intranets nicht unterstützt wird, und selbst wenn, dann inkompatibel zum Tagging-Ansatz des Social Technology Stack).

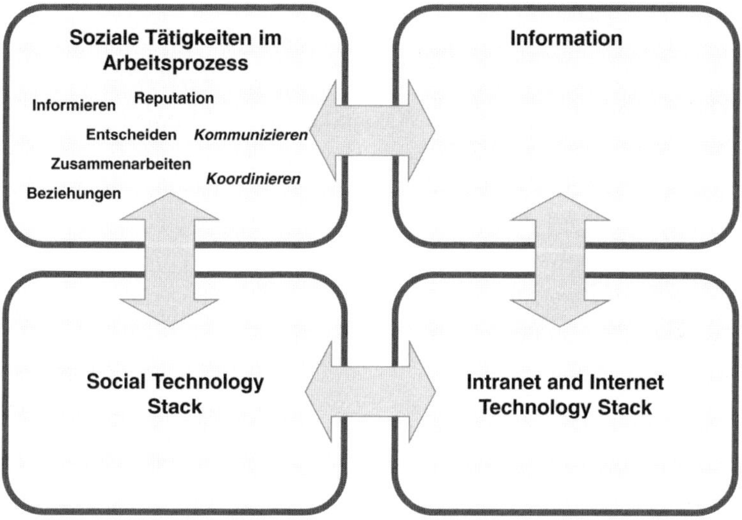

Bild 7.11: Für eine integrierte Enterprise-2.0-Architektur existieren gute Anknüpfungspunkte, die Technology Stacks für Social Technologies und Information Technologies (Intranet und Internet) miteinander zu verbinden. Einfachste Integrationsmethode bleibt die Suche; fortgeschrittene Ansätze erlauben, Ressourcen Stack-übergreifend zu verwalten und zu verarbeiten.

Integration der weiteren Technology Stacks

Exkurs: SOA vs. WOA

Als Mittel der Wahl zur flexiblen Technologieintegration haben sich in den letzten Jahren Architekturstile der serviceorientierten Architektur (SOA) herausgebildet. Eine weborientierte Architektur (WOA) kann als Spezialisierung einer SOA verstanden werden oder, wie es von Gartner-Analysten[97] ausgedrückt wird: WOA = SOA + REST + WWW[98].

Der Kerngedanke einer SOA besteht darin, den Zugriff und die Manipulation von Ressourcen nur über Services zu gestatten und diese Services allen Konsumenten der Ressourcen zur Verfügung zu stellen. Man fordert in einer SOA, dass die Services modular, verteilt, beschreibbar, geteilt nutzbar sein müssen und nur lose gekoppelt sein dürfen.

In einer WOA werden diese Eigenschaften durch die Anforderungen des REST-Architekturstils weiter eingeschränkt und es werden außerdem zwingend die WWW-Standards (siehe Kapitel 1) für die verteilte Verarbeitung gefordert. Generell stellt WOA/REST die Ressource und ihre netzweite Identifizierbarkeit in den Mittelpunkt (via URI und URL). Der zweite wesentliche Gedanke von REST ist die Vereinheitlichung des Manipulationsinterfaces von Ressourcen, also nicht eine endlose Anzahl von Services, sondern ein definiertes Set von Operatoren (Get, Put, Post, Delete) über Ressourcen.

Wir müssen davon ausgehen, dass die weitgehende Verfügbarkeit einer WOA im Unternehmen noch ein paar Jahre entfernt liegt. An dem grundsätzlichen Trend dahin besteht allerdings kein Zweifel. Durch neue Konzepte des Software as a Service bzw. Cloud Computing sowie das Vorpreschen von Innovationen, die auf diesen Prinzipien Kommunikation, Kollaboration und soziale Software verschmelzen (z. B. Google Wave[99]), erhöht sich der Druck auf Unternehmen, ihre internen Architekturen passfähig dazu zu gestalten.

Die naheliegende und wichtigste Integration sozialer Software findet im Intranet oder bei Einbeziehung von Kunden und Partnern im Internet (oder Extranet) statt, sodass wir diesen Punkt nachfolgend separat behandeln werden (7.4).

---

[97] http://www.itbusinessedge.com/cm/community/features/interviews/blog/why-woa-vs-soa-doesnt-matter/?cs=23092

[98] Web Oriented Architecture = Service Oriented Architecture + Representational State Transfer + World Wide Web

[99] wave.google.com

7.3.3 Organisatorische Einbettung – das QS-Layer und das Governance Layer

Qualitätssicherungs-Layer

Dieses Layer regelt Fragen im Grenzbereich zwischen Technologie und Organisation. Einerseits muss die Qualität und *Plausibilität* der erstellten Ressourcen (Inhalte) garantiert werden (z. B. Sicherung der Qualität von Glossareinträgen im Wiki des Unternehmens, Durchsuchbarkeit und Entdeckbarkeit von Ressourcen, Filterungsmöglichkeiten für Ressourcen, um den *Information Overflow* zu bekämpfen).

Die Strukturen, welche die Ressourcen aufnehmen, müssen weiterentwickelt und je nach Entwicklungsstand adaptiert werden (klassische *Navigationskonzepte*).

Es müssen *Richtlinien* zur Sicherheit und zum Umgang mit den Ressourcen existieren. Weiterhin kann die Veränderung von Prozessquantitäten gemessen werden, um eine Grundlage für eine Prozessbewertung und -verbesserung zu erhalten.

Governance Layer

Dieses Layer sichert den adäquaten Einsatz der Enterprise-2.0-Lösung in Hinsicht auf *Wertschöpfung* und Umsetzung der *Strategie* des Unternehmens. Gleichzeitig werden Fragen der *Technologiekompatibilität* und *Kosten* der Technologie hier geklärt. Als wichtiges Instrument der Wissenssicherung und -entwicklung im Unternehmen muss der Zusammenhang zum *Intellectual Property Management* dargestellt werden. Abschließend müssen die gesetzlichen Bestimmungen gewährleistet sein und in einer *Risiko- und Compliance*-Regelung behandelt werden.

Typischerweise herrscht eine gewisse Phobie in Unternehmen, wenn es um die Sicherheit und Freigabe von unternehmensrelevanten Informationen geht. Die effektive Verwendung sozialer Software im Unternehmen und über seine Grenzen hinaus fordert die Aufgabe einiger traditioneller und etablierter Governance-Prinzipien und die Etablierung einiger neuer, wie in Tabelle 7.2 festgehalten.

Tabelle 7.2: Governance-Prinzipien im Enterprise 2.0 (QS: Qualitätssicherung; CI/CD: Corporate Identity/Corporate Design)

Governance-Kategorie	Corporate Intranet/Internet	Social Intranet/Internet
Sicherheit	Strikte Realisierung	Strikte Realisierung
Datenschutz	Datenschutzkonzept	Aufklärung der Nutzer über Wirkungsweise sozialer Software; Datenschutzkonzept
Inhaltsqualität	QS im Inhaltserstellungsprozess verankert	QS durch Selbstorganisation; Richtlinien; Blog- und Wiki-Policy; Beschränkungen in der Themenwahl (z. B. keine Finanzdaten)
Freigabe von Inhalten	Freigabe- bzw. Redaktionsprozess	Freigabe durch Autor bzw. in Policy geregelt
Risk & Compliance Management	Grundprinzip: gezielte Freigabe geschützter Inhalte; dediziertes Rollen- und Rechtekonzept	Umkehr des Grundprinzips: Alle Inhalte sind offen, es sei denn, sie erfordern einen Schutz; Daten unter NDA (Vertraulichkeitserklärung) gehören nicht ins soziale Intranet
CI/CD	Vollständige Realisierung des CI/CD	Verzicht, gegebenenfalls partielle Realisierung über Templates

Generell verschiebt sich die Verantwortung in Richtung der Inhalteproduzenten, das Unternehmen stellt Leitlinien und Basisservices bezüglich Sicherheit und Richtlinien zur Nutzung der sozialen Medien bereit. In den IBM Blog Policies[100] heißt es: *Sei, wer du bist. Sprich in der ersten Person. Mach klar, dass es sich um deine eigene Meinung handelt.*[101]

[100] http://www.ibm.com/blogs/zz/en/guidelines.html

[101] Weitere Beispiele von Policies siehe http://blogs.forrester.com/groundswell/2004/11/blogging_policy.html

7.4 Das soziale Intranet und Internet

Zurück zur Betrachtung des Zusammenhangs sozialer Technologien mit Intranet und Internet, den wir hier aufgrund der sowohl technischen als auch organisatorischen Implikationen separat betrachten.

Wir behaupten, dass neben das klassische Corporate Intranet (Internet) ein sogenanntes *Social Intranet (Social Internet)* tritt (vgl. HSV 2007). Es ist hilfreich, sich die Gemeinsamkeiten, aber auch die Unterschiede zwischen beiden klarzumachen. Wir beschränken uns auf den Vergleich von Corporate Intranet mit Social Intranet, analoge Überlegungen können für das Internet angestellt werden.

Tabelle 7.3: Unterschiede zwischen Corporate Intranet und Social Intranet

Vergleichskategorie	Corporate Intranet	Social Intranet
Nutzung	Platz für abgestimmte, konsolidierte Kommunikation	Platz für ernsthafte Arbeit
Inhalte	Finalisierte Statements; Erfolgsstorys; final freigegebene Strukturen und Dokumente; gegebenenfalls moderierte Diskussionen	Work in Progress: Angebote; Präsentationen; moderierte und unstrukturierte Diskussionen; Dokumente und Software aus Innovation und Entwicklung
Business Owner	Corporate Communications	YOU (and YOUR business)
Produzent	Editoren, Redakteure	YOU (and YOUR business)
Freigabe	Geregelter Freigabeprozess	Freigabe durch Autor(en)
Unterstützung	Redaktionsteam	„Wiki-Gärtner"

Mit der etwas plakativen Verwendung von „YOU" and „YOUR" business wollen wir ausdrücken, dass der Erfolg des sozialen Intranets von IHNEN und IHREN Geschäftsanwendungen abhängt, es kommt also auf SIE an, nicht auf alle[102].

---

[102] Wir nehmen damit Bezug auf die Schlagzeile des Time-Magazine vom Dezember 2006, die Folgendes erklärte: Wer ist die Person des Jahres? Wer kontrolliert das Informationszeitalter: YOU.

Neben der äußeren Ähnlichkeit als Intranetlösung gibt es also nicht viele Gemeinsamkeiten. Der Versuch, die vollständige Verantwortung für das soziale Intranet, dem Corporate-Communications-Team (Unternehmenskommunikation) zu übergeben, muss scheitern, da es sich um nahezu widersprüchliche Anforderungen handelt.

Da jede Zusammenarbeit aber *auch* Kommunikation ist, kann das soziale Intranet von den Erfahrungen der Unternehmenskommunikation profitieren, insbesondere wenn es darum geht, Erfahrungen in der Gestaltung (Layout, Design, Navigation, Farbwelt), aber auch in der Richtliniengestaltung zu übernehmen.

Vor den Unternehmen liegt eine Entwicklung, diese „soziale Geschäftskonfiguration und Unternehmenskonfiguration (vgl. Kapitel 2) anzugehen. Die Ausgangssituation der meisten Unternehmen lässt sich durch das Vorhandensein eines „Corporate Intranet"- und „Corporate Internet"-Auftritts charakterisieren (siehe Bild 7.12).

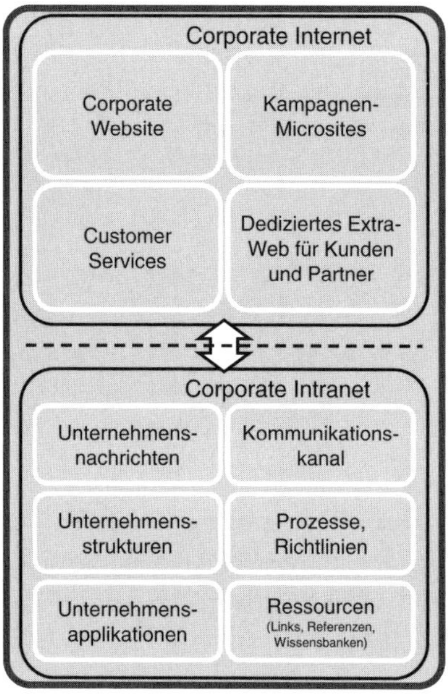

Bild 7.12: Ausgangssituation vieler Unternehmen vor sozialer Geschäfts- und Unternehmenskonfiguration. Es existieren ein Webauftritt nach außen und ein Intranet nach innen. Fortgeschrittene Unternehmen integrieren im Internet bereits Kundenservicefunktionen bzw. stellen dedizierte Austauschbereiche für Kunden oder Partner bereit. Strukturen in Intranets folgen im Wesentlichen dem dargestellten Schema, manchmal wird dies auch durch Bereiche für Zusammenarbeit ergänzt.

Nach der Einführung und Adoption sozialer Technologien ergibt sich die in Bild 7.13 dargestellte Einbettung in eine Intra- und Internetarchitektur.

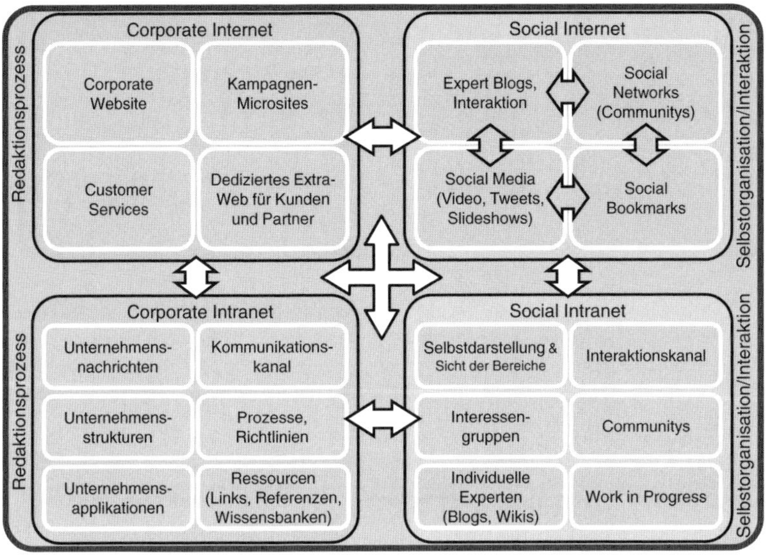

Bild 7.13: Zielstruktur des Enterprise 2.0. Neben den klassischen Internetauftritt und das kommunikationsgetriebene Intranet treten das „Social Internet" und das „Social Intranet" als Räume für Interaktion, Konversation und Zusammenarbeit. Die sich herausbildenden Strukturen des Social Intra-/Internet sind durch Selbstorganisation geprägt, d. h. nicht vollständig planbar und vorhersagbar. Das bedeutet nicht, dass sie nicht professionell gemanagt werden können (und sogar müssen). Einige Themen der klassischen Auftritte werden vollständig durch ihre „sozialen" Gegenparts übernommen (Zusammenarbeit, Interaktionen, Extra-Web für Kunden und Partner sowie Innovationsthemen, Open Innovation).

Die „Entdeckbarkeitsmechanismen" (vgl. Bild 7.5) des sozialen Intranets können zum Teil über den Inhalten des klassischen Intranets angewendet werden (siehe Bild 7.14). Die übergreifende semantische Annotierung verschiedener Content-Basen mit Tags (z. B. Artikel des Intranet-CMS, Blogposts im Social Software Stack) ist ein komplexes Thema und wird aus Aufwandsgründen meist nicht realisiert. Eher verdrängt die soziale Technologie klassische Intranetarchitekturen und verzichtet auf die Implementierung komplizierter Freigabeprozesse oder fügt diese mühsam hinzu.

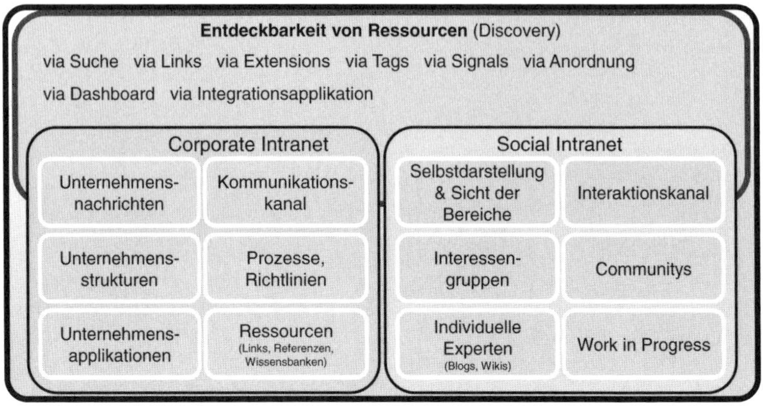

Bild 7.14: Integration des sozialen Intranets mit dem klassischen Intranet. Eine besondere Form der Integration können Dashboards darstellen, welche Inhalte nach gegebenen Gesichtspunkten aus beiden Quellen darstellen und gegebenenfalls personalisieren. Weiterhin können spezielle Integrationsapplikationen relevante Zusammenhänge verfolgen und darstellen (Projekt – Kunde – Mitarbeiter).

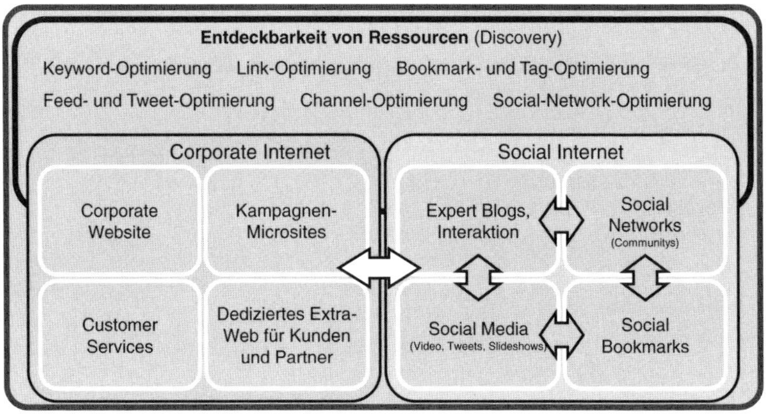

Bild 7.15: Corporate Internet und Social Internet werden miteinander verzahnt. Über Keyword-Optimierung und Link-Optimierung wird das Such-Ranking verbessert. Social Bookmarks werden bevorzugt mit diesen Keywords getaggt bzw. aufseiten des Unternehmens gesetzt. Die Medienkanäle des Internets (YouTube, SlideShare, Flickr) liefern Treffer und hochwertigen Content zu diesen Keywords und verlinken auf die Expertenblogs des Unternehmens. Mit Feeds und Tweets und über die sozialen Netzwerke werden Kampagnen des Unternehmens unterstützt.

Inwieweit die Trennung (Corporate Intranet und Social Intranet) längerfristig Bestand hat oder doch zu einer Einheit verschmilzt, ist eine offene Frage. Das Technologiemanagement kann vereinheitlicht werden, als Anforderer fungieren einmal die Unternehmenskommunikation, zum anderen die Geschäftseinheiten. Am wahrscheinlichsten ist ein Szenario, in dem das klassische Intranet um Funktionen des Social Intranet ergänzt und erweitert wird (oder umgekehrt?).

Ein ähnliches Bild lässt sich für Integration des Corporate Internet mit dem Social Internet darstellen. Allerdings nutzt diese Integration die Möglichkeiten des offenen Internets.

Die Referenzarchitektur ist ein wichtiger Schritt bei der Realisierung des Enterprise-2.0-Gedankens, sie schafft die notwendigen (aber nicht hinreichenden) Voraussetzungen, um die Netzwerkeffekte und Wirkprinzipien sozialer Software entfalten zu können. Ihre Einführung kann in verschiedenen Schritten und Ausbaustufen (Szenarien) erfolgen (siehe folgender Abschnitt).

7.5 Szenarien für die Einführung der Referenzarchitektur

Die Realisierung der Referenzarchitektur erfordert unterschiedliche Voraussetzungen, Aufwände und Zeiten und benötigt unterschiedliche Strukturen im Unternehmen zu ihrer Umsetzung, wie in Tabelle 7.4 dargestellt.

Man bekommt sie also nicht geschenkt, die vollständige Referenzarchitektur, im Gegenteil, sie erfordert substanzielle Aufwände und Commitment des Unternehmens.

Im Steering Board sollten insbesondere Vertreter von Fachabteilungen, der Sponsor aus der obersten Ebene des Unternehmens (CEO, CTO oder Personalvorstand) sowie die weiteren genannten Rollen vertreten sein (IT, Enterprise Architect, Security-Verantwortung, Intellectual Property Management). Die frühzeitige Einbindung der Interessenvertreter der Belegschaft ist wichtig, da eine Menge grundlegender Interessen (Meinungsäußerung, Gruppenbildung, Profile und ihre Speicherung, Reporting) berührt sein können.

Tabelle 7.4: Schritte, Teilziele, Verantwortlichkeiten und Komplexität für die Einführung der Enterprise-2.0-Referenzarchitektur

Gestaltungsziel der Enterprise-2.0-Referenzarchitektur	Voraussetzungen; Schritte zur Einführung	Zeit, Aufwände	Durch wen im Unternehmen gestützt?	Schwierigkeit, Komplexität
Social Software Technology Stack	Social Software Suite oder Einzelbausteine (Wiki, Blog ...)	Vergleichsweise gering; von einem Tag bis drei Monate (rein technische Sicht)	Fachabteilungen, IT	Gering
Architecture Integration Layer	Integration mit vorhandenen Intranettechnologien und Autorisierungssystemen	Vergleichsweise gering; vier bis fünf Monate zeitlicher Aufwand	IT, Enterprise Architecture Group	Hoch
Architecture Integration Layer	Integration mit existierenden Workflow- und E-Mail-Systemen; Realisierung einer SOA/WOA	vergleichsweise hoch	IT, Enterprise Architecture Group	Sehr hoch
Qualitätssicherungs-Layer	Verabschiedung von QS und Security Policies; Messbarkeit von Prozessen sicherstellen; permanente Strukturpflege	Mittlere bis hohe Aufwände; kontinuierlich anfallende Aufwände für Struktur- und Qualitätspflege	IT, Process Management Group; neue Rolle: Wiki-Gärtner; Steering Board; Security Board; Interessenvertreter Belegschaft	Hoch
Governance Layer	Einbindung der Lösung in die Standard-Governance-Prozesse des Unternehmens	Mittlere Aufwände	Steering Board; zusätzlich Verantwortlicher für Intellectual Properties	Hoch

Der erwähnte „Wiki-Gärtner" ist die zentrale Rolle für die fortwährende Pflege, Anpassung, Aggregation und Qualitätssicherung der neu entstehenden Ressourcen. Obwohl ein Großteil dieser Arbeit von den nutzenden Gruppen, Fachabteilungen oder Individuen übernommen wird, ist die zentrale Support-Rolle anzuraten. Sie fällt vom Aufwand wesentlich geringer aus als in den zentral redaktionierten Intranets der Vergangenheit.

Es gibt sinnvolle Zwischenschritte bei der Realisierung der Referenzarchitektur. Für viele Unternehmen ist die vollständige Realisierung nicht unbedingt notwendig (abhängig von Unternehmensgröße und geografischer Verteilung), sie können bereits von früheren Stufen (Step 2 oder Step 3) profitieren:

- Step 1: Einführung des Social Software Technology Stack.
- Step 2: Integration mit Intranet und Autorisierungsprozeduren (partielle Realisierung des Architecture Integration Layer).
- Step 3: Partielle Realisierung von QS-Layer und Governance Layer.
- Step 4: Erweiterung des Architecture Integration Layer und partielle Realisierung einer SOA oder WOA.
- Step 5: Vollständige Realisierung der Referenzarchitektur.

Der Referenzarchitektur werden wir im Kapitel 8 im Reifegradmodell erneut begegnen. Dort stellt sie in Form des Technologiemanagements eine der zu betrachtenden Entwicklungsdimensionen dar.

Allgemeine Anforderungen an effektive Software-Architekturen werden von Starke (Starke 2008) diskutiert. Starke, G.: Effektive Software-Architekturen. Ein praktischer Leitfaden. 3. Auflage. Hanser. 2008.

8 Ein Reifegradmodell für das Enterprise 2.0

Reif ist, wer auf sich selbst
nicht mehr hereinfällt.

H. v. Doderer

Fragen, die in diesem Kapitel beantwortet werden

- Was ist ein Reifegradmodell?
- Welches sind die Entwicklungsdimensionen und Reifegrade des Enterprise 2.0?
- Was ist ein partizipatives Unternehmen?
- Welche Wettbewerbsvorteile sind entlang der Reifegrade gestaltbar?
- Was können Fachabteilungen tun, um sich entlang der Reifegrade zu entwickeln?
- Wie lange wird diese Entwicklung dauern?
- Welche Faktoren beeinflussen die Dauer und die Akzeptanz?

8.1 Reifegradmodelle

Reifegradmodelle stellen eine abstrahierte und idealisierte Darstellung von Entwicklungsstufen von Systemen oder Prozessen dar. Sie beschreiben entlang verschiedener *Entwicklungsdimensionen* des Systems den erreichten oder erreichbaren *Reifegrad* (*Maturity Level*) sowie typische Maßnahmen, um von einem Reifegrad zum nächsten zu kommen.

Reifegradmodelle helfen, Anfangszustände, Zwischenzustände und ideale Endzustände von Entwicklungen zu charakterisieren. Der jeweils eigene Prozess oder das jeweils eigene System kann in diesem Kontext verglichen werden, um daraus Anhaltspunkte für die eigene Weiterentwicklung zu gewinnen.

Höhere Reifegrade gehen typischerweise mit gewünschten Eigenschaften des Prozesses oder Systems, wie geringerer Fehlerquote, besserer Prognosefähigkeit oder höherer Wettbewerbsfähigkeit, einher (Bild 8.1).

Existierende Reifegradmodelle

Das bekannteste Reifegradmodell ist das CMM (Capability Maturity Model) des Software Engineering Institute (SEI) zur Softwareentwicklung. Aus ihm hat sich das CMMI[103] (I für Integration) herausgebildet, es stellt Reifegradmodelle für Entwicklungsprozesse (CMMI-DEV), für Serviceprozesse (CMMI-SVC) und für Akquisitionsprozesse (CMMI-ACQ) bereit. Berühmt geworden sind die ursprünglichen fünf Reifegrade des CMM für Prozesse der Softwareentwicklung:

- *Initial (chaotisch oder ad hoc):* Prozesse sind kaum dokumentiert, verändern sich ad hoc und ständig, reaktives Verhalten im Prozess; Prozessresultate kaum vorhersagbar.
- *Wiederholbar:* Einige Prozesse sind wiederholbar gestaltet, gleicher Input erzeugt (nahezu) gleichen Output.

---

[103] www.sei.cmu.edu/cmmi/general/index.html

- *Definiert:* Prozesse existieren, ein Framework für Prozesse existiert, es ist definiert und dokumentiert. Proaktives Verhalten im Prozess wird möglich, Prozesse können aus dem definierten Standard abgeleitet und angepasst werden.
- *Managed (measured):* Es existieren Prozesskennzahlen, deren Einhaltung gemessen und überprüft werden kann.
- *Optimierend (kontinuierlich verbessernd):* Die Performanz der Prozesse wird ständig verbessert, die Prozesskennzahlen werden zur Rückkopplung in das System genutzt, Prozesse selbst können verändert werden.

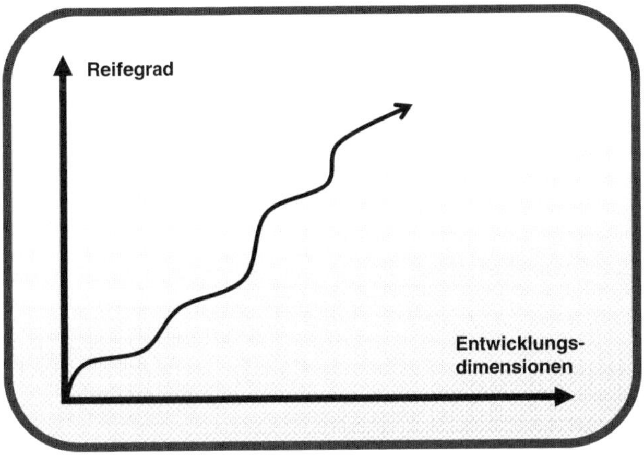

Bild 8.1: Ein Reifegradmodell bildet eine oder mehrere Entwicklungsdimensionen eines Prozesses oder Systems auf eine Reifegradskala ab. Typischerweise verbessern sich wünschenswerte Eigenschaften (Fehlerquote, Prognosequalität) mit zunehmendem Reifegrad.

Die untersuchten Entwicklungsdimensionen (= Teilprozesse) im CMMI für (Software-)Entwicklung adressieren typische Aufgaben des Softwareentwicklungsprozesses wie Anforderungsmanagement, Codierung, Test, Konfigurationsmanagement, Risikomanagement etc. Wir müssen konstatieren, dass die ursprüngliche Leichtigkeit des Modells mit seinen fünf Reifegraden inzwischen einem 573-seitigen Dokument gewichen ist, dessen Anwendung nur noch mithilfe eingeschworener Berater gelingt.

Auch die schon erwähnten Metamodelle zur Unternehmensführung (siehe Kapitel 6) der EFQM, des Baldrige Award oder des Deming-Ansatzes kann man als Reifegradmodelle verstehen. Die Entwicklungsdimensionen des Unternehmens werden dann durch die Kriterien und Subkriterien des Modells dargestellt (Führung, Politik und Strategie, Interaktionen mit Mitarbeitern, Kunden und Gesellschaft, Ressourcen- und Prozessmanagement sowie die jeweiligen Ergebnisse dazu), der Reifegrad wird über ein Scoring-Modell auf einer Punkteskala ermittelt. Das Scoring berücksichtigt dabei, ob zum Erreichen eines angestrebten Ziels eine klare Methode (approach) benannt ist, welchen Durchdringungsgrad (deployment) die Methode im Unternehmen erreicht hat, ob klare Zielwerte (results) benannt sind und ob Messungen und Rückkopplungseffekte (assessment & review) zur Verbesserung der Methode angewendet werden.

Aus dem Project Management Institute (PMI) liegt ein Reifegradmodell zur Bewertung der Fähigkeiten im Projektmanagement einer Organisation vor – das OPM3-Modell.[104] Es bildet drei Dimensionen (Portfolio, Programm, Projekt) auf die vier Reifegrade *standardisiert, gemessen, gesteuert, kontinuierlich verbessernd* ab (Bild 8.2).

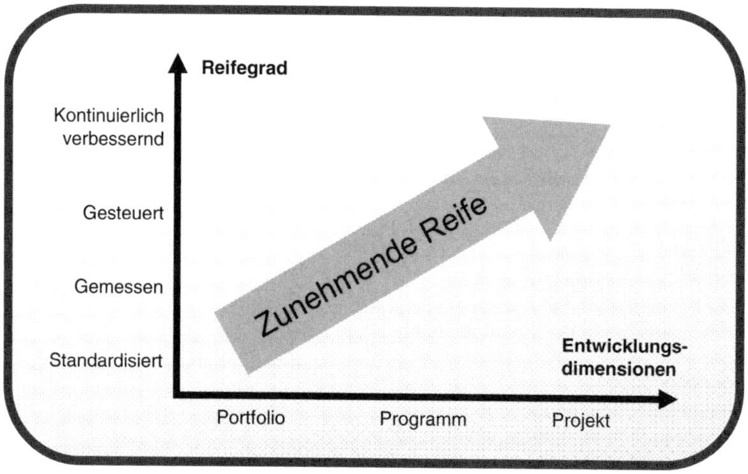

Bild 8.2: Reifegradmodell OPM3 (Organizational Project Management Maturity Model) für Projektmanagement

[104] www.pmi.org/BusinessSolutions/Pages/OPM3.aspx

Aus den dargestellten Beispielen wird ein methodisches Problem bei der Anwendung von Reifegradmodellen deutlich. Sowohl die betrachteten Entwicklungsdimensionen als auch die verwendete Metrik (der Reifegrad) können beträchtlich variieren, abhängig vom gewählten Gebiet und von zugrunde liegender Reifegradsystematik. Während der Reifegrad im CMM der Charakterisierung einer Prozessreife dient, ist es im EFQM-Modell die Charakterisierung einer Organisationsreife (häufig ausgedrückt in Punkten), ebenso im OPM3-Modell, hier aber eingeschränkt auf wenige untersuchte Dimensionen. Wenn wir die Entwicklung eines Systems entlang verschiedener Dimensionen verfolgen, die jeweils eine eigene Bewertungsskala benutzen, stoßen wir auf Probleme, für den Gesamtreifegrad eine einheitliche Metrik zu verwenden.

Ein ähnliches Problem hätten wir, wenn wir den Reifegrad unseres Sonntagsbratens entlang der Dimensionen „Temperatur" und „Geschmack" verfolgen wollten und nur die Metrik *roh, gar, verbrannt* zur Verfügung hätten. Auf die Frage „Wie war dein Sonntagsbraten?" könnten wir dann z. B. nur antworten: „Gar."

Eine gute Reifegradskala besitzt die Fähigkeit, über verschiedene Entwicklungsdimensionen hinweg zu abstrahieren und eine unifizierende (vereinheitlichende) Sichtweise auf das Gesamtsystem (den Gesamtprozess) zu erzeugen.

Für unsere Zwecke, ein leichtgewichtiges, einfach verständliches Reifegradmodell eines Enterprise 2.0 zu präsentieren, wählen wir deshalb einen modifizierten Ansatz. Wir identifizieren die verschiedenen Entwicklungsdimensionen, die Relevanz für ein Enterprise 2.0 besitzen, und charakterisieren jede Dimension einzeln durch logisch aufeinanderfolgende Entwicklungsschritte. Die Dimensionen spannen eine Fläche auf - und in erster Näherung können wir sagen, dass der Reifegrad mit zunehmender Fläche ebenfalls zunimmt. Einen sehr ähnlichen Ansatz finden wir im Buch von Homburg et al. (Homburg et al. 2008) zur Charakterisierung der Sales Excellence eines Unternehmens.

8.2 Entwicklungsdimensionen und Reifegrade des Enterprise 2.0

8.2.1 Entwicklungsdimensionen des Enterprise 2.0

Wir wollen folgende Entwicklungsdimensionen des Enterprise 2.0 charakterisieren:

- *Technologiemanagement*: Die Fähigkeit einer Organisation, den Social Technology Stack (Kapitel 7) zu implementieren und mit den existierenden Technologien zu integrieren sowie eine dauerhafte Governance zu gewährleisten.
- *Einsatzradius sozialer Technologien*: Anwendung sozialer Software in den Grenzen der Organisation und darüber hinaus.
- *Kultur- und Organisationsentwicklung*: Weiterentwicklung der Kultur und der Werte des Unternehmens und Abbildung derselben in den sozialen Medien.
- *Integration in Arbeitsprozesse*: Hier interessiert uns die qualitative Verzahnung sozialer Technologien mit den Arbeitsprozessen und das Ausmaß der Anwendung selbst, d. h., welche Arbeits-, Kommunikations- und Führungsprozesse in die Anwendung sozialer Technologien einbezogen sind.

Der Kultur- und Organisationsentwicklung kommt eine besondere Stellung unter den vier Dimensionen zu. Einerseits ist sie zunächst unabhängig von den anderen Dimensionen, d. h., es kann durchaus Unternehmen mit einer hoch entwickelten Kultur (unternehmerisch, kompetitiv) geben, ohne jemals soziale Technologien einzusetzen. Andererseits kann sie über der Zeit abhängige Variable der anderen Dimensionen werden, da sich gelebte Arbeits- und Verhaltensweisen verändern und damit eine neue Kultur erzeugen können.

Die Einflussgrößen auf die Kultur und Werte einer Organisation sind vielfältig: Geschichte, Eigentumsverhältnisse, Führung, Aufbauorganisation, Marktposition, Menschen. Eine alleinig auf soziale Software als Ursache für Kulturveränderung abzielende Betrachtung kann also nicht zum Ziel führen. Dennoch können soziale Technologien einige wünschenswerte Eigenschaften in der Weiterentwicklung einer Organisation befördern (siehe auch Kapitel 4) und wir konzentrieren uns in der Charakterisierung der Kulturdimension auf diese.

Tabelle 8.1 stellt für die vier betrachteten Entwicklungsdimensionen die jeweilige Skala der Entwicklungsschritte dar.

Tabelle 8.1: Entwicklungsdimensionen des Enterprise 2.0 in Einzelschritten (Einsatz sozialer Software im Unternehmen und darüber hinaus)

Einzelschritt / Entwicklungsdimension	Step 1	Step 2	Step 3	Step 4	Step 5
Technologiemanagement	Ad-hoc-Einsatz nicht integrierter Technologien	Projektgetriebener Einsatz teilweise integrierter Technologien	Strategiegetriebener Einsatz	Strategiegetriebener Einsatz plus Integration lt. Referenzarchitektur	Strategiegetriebener Einsatz plus Integration plus gezielte Use-Case-Entwicklung
Einsatzradius sozialer Technologien	Im Team	Teamübergreifend	Unternehmensweit	Zu Kunden und Partnern	Zur Soziosphäre
Kultur- und Organisationsentwicklung	Abschottend	Identitätsfördernd	Teilend, anerkennend, partizipativ	Transparent, offen, authentisch	Flow Culture
Integration in Arbeitsprozesse	Zusätzlich zum Arbeitsprozess	Verwoben mit dem Arbeitsprozess	Arbeitsprozess neu definiert	Ganzheitlich in Unternehmensführung	Emergente Arbeitsprozesse

Einige Erläuterungen sind angebracht:

- *Technologiemanagement*: Wir bewegen uns von einem Ad-hoc-Einsatz sozialer Technologien hin zu einem projektgetriebenen, schließlich strategiegetriebenen, dann zum strategiegetriebenen Einsatz einschließlich der Integration aller weiteren Technologien

(Kapitel 7, Referenzarchitektur) und im letzten Schritt der kontinuierlichen Identifizierung und Etablierung weiterer Use Cases und ihrer Verbreitung.

- *Einsatzradius sozialer Technologien*: Die Anwendung überwindet zunächst die intraorganisationalen Grenzen des Unternehmens (Team, Abteilung, Bereich, Säule, Unternehmen bzw. Marketing, Vertrieb, Entwicklung, Support, Personal, Finanzen, Controlling etc.). Eine neue Qualität wird mit der Einbeziehung der Außenwelt (zunächst Kunden und Partner) und schließlich der gesamten Soziosphäre[105] (Gesellschaft, weitere Stakeholder) erreicht.
- *Kultur- und Organisationsentwicklung*: Soziale Technologien überwinden ihrer ganzen Natur nach die Abschottung einzelner Individuen und Gruppen. Sie erlauben das Überkommen der Anonymität der Großunternehmen und stärken die Identität des Individuums, von Gruppen, Bereichen und Organisationsteilen sowie die eigene Darstellung derselben. Das Teilen von Informationen, die Anerkennung von kollaborativen Teams wird die Norm, eine Architektur der Partizipation wird ermutigt. Durch den Rückbezug von Informationen, Entscheidungen, Begründungen auf Personen wird eine transparente, offene und authentische Kultur etabliert. Das Gefühl von Kontrolle über die eigene Arbeit, die permanente und unmittelbare Rückkopplung zur Arbeit, die Abwesenheit von Ohnmacht gegenüber der Aktivität sowie das Verstehen der Wichtigkeit der Aufgabe (da sie für andere wichtig ist) führen zu einer „Flow Culture", d. h. einer (lang anhaltenden) Phase höchster Kreativität und Produktivität.
- *Integration in Arbeitsprozesse*: Eine Einführung sozialer Technologien führt häufig zu einer zusätzlichen Tätigkeit zum normalen Arbeitsprozess, d. h., neben den E-Mails muss noch das soziale Profil aktuell gehalten, der Blog geschrieben werden und müssen die Aktivitäten anderer verfolgt werden. Viele Arbeitsprozesse lassen sich ideal mit sozialen Technologien verbinden, wir haben Beispiele im Kapitel 6 gebracht (Softwareproduktion mit Wikis, Schichtübergabe per Blog, Kontaktmanagement im sozialen Netzwerk). Einen Schritt weiter geht man, wenn man das Individuum in den Mittel-

---

[105] Wir verstehen Soziosphäre hier auch als Gesamtheit der im digitalen Lebens- und Geschäftsraum (vgl. Kapitel 1) auftretenden Akteure und Strukturen und der zwischen ihnen ablaufenden Interaktionen.

punkt des Prozesses stellt und von seiner Position den Prozess neu denkt. Zu den Arbeitsprozessen können wir in einem weiteren Schritt auch die Kommunikations- und Führungsprozesse eines Unternehmens zählen (Übergang zur Kulturdimension). Veränderungen im Markt bzw. der Wertschöpfungskonfiguration werden mit ungeplanten, emergenten Prozessadaptionen und -entwicklungen sowie neuen Strukturen beantwortet.

Bild 8.3 stellt die Entwicklungsdimensionen und seine Teilschritte dar.

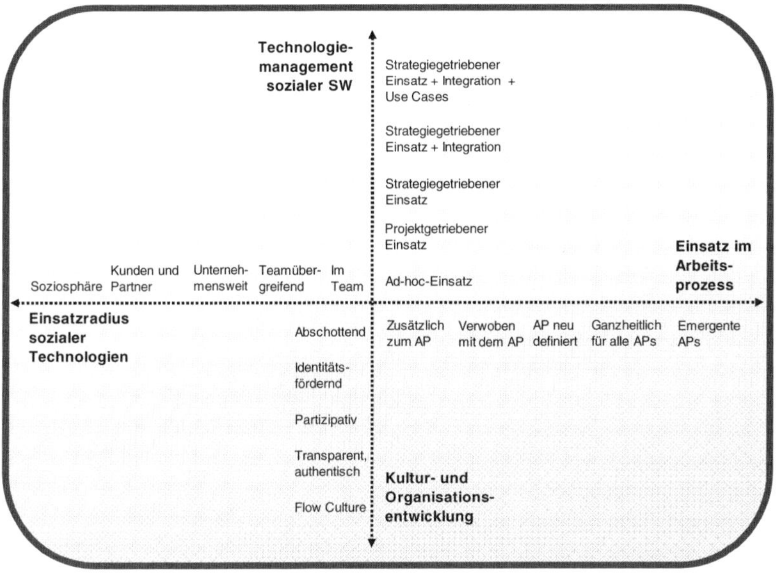

Bild 8.3: Entwicklungsdimensionen des Enterprise 2.0 und ihre Entwicklungsstufen/-schritte

8.2.2 Die Reifegrade des Enterprise 2.0

Mit den vorgestellten Entwicklungsdimensionen ist es möglich, das eigene Unternehmen oder den eigenen Bereich bezüglich des erreichten Standes in der Nutzung sozialer Software zu charakterisieren. Eine typische Ausgangssituation wird in Bild 8.4 dargestellt.

Wir können nun eine Reihe von prototypischen Folgezuständen charakterisieren, die wir gleichzeitig als Reifegrade interpretieren wollen (vgl. Bild 8.5):

- Das *klassische Unternehmen*: keinerlei Einsatz von sozialen Technologien im Unternehmen. Die Kultur des Unternehmens ist durch seine Herkunft bestimmt und kann auf der gesamten Skala der Kultur- und Organisationsentwicklung angeordnet sein.
- Das *„soziale Technologien nutzende“ Unternehmen*: Erste Erfahrungen wurden gemacht, soziale Software befindet sich im regelmäßigen Einsatz (Bild 8.4).

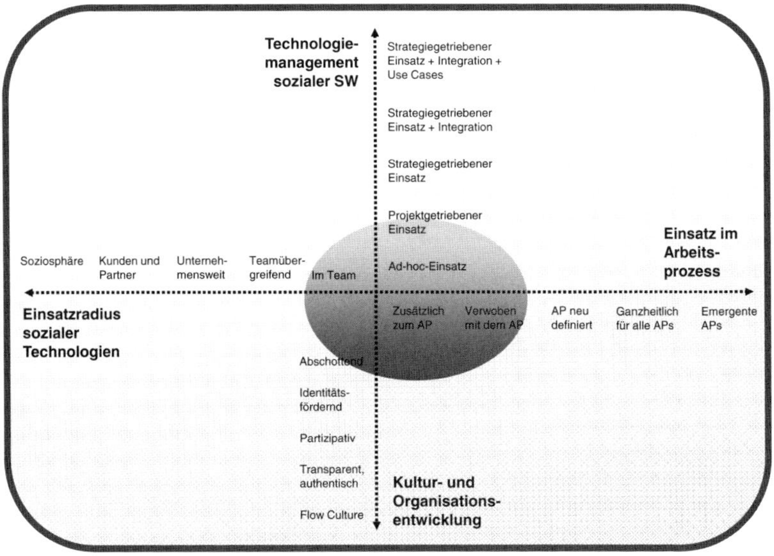

Bild 8.4: **Reifegrad 1**: das *„soziale Technologien nutzende“* Unternehmen. Ein typischer Initialzustand in einem Unternehmen besteht darin, dass im Rahmen eines Projektes eine wikibasierte Lösung zur Unterstützung eines Arbeitsprozesses (z. B. Softwareentwicklung) eingeführt wurde und erfolgreich durch das Pilotteam eingesetzt wird. Häufig wird die Technologie als zusätzliches Abgrenzungsmerkmal zu anderen Gruppen benutzt.

- Das *„soziale Technologien integrierende“ Unternehmen*: Soziale Software hat sich als fester Bestandteil der „corporate“ Softwarelandschaft etabliert und erlaubt neue Methoden der Kommunikation und Zusammenarbeit (Bild 8.6).

- Das *„partizipative" Unternehmen*: Die Arbeits-, Kommunikations- und Führungsprozesse sind unternehmensweit durch die Nutzung sozialer Technologien erweitert, verändert und angepasst. Emergente Prozesse im Unternehmen werden aufgenommen und unterstützt (Bild 8.7).
- Das *„sich öffnende" Unternehmen*: Die Anwendung sozialer Technologien wird auf Kunden, Partner sowie potenzielle Kunden und Partner erweitert, ein erweitertes Verständnis für mögliche Rollen in der Wertschöpfungsorganisation (Open Business Models) tritt ein (Bild 8.8).
- Das *„vernetzte Unternehmen" in einer vernetzten Gesellschaft*: Das Unternehmen ist in der Lage, seine interne Unternehmenskonfiguration optimal auf die Veränderungen im Markt und der Soziosphäre anzupassen, seine Grenzen und Grenzdurchlässigkeit (Offenheit) optimal zu strukturieren, um erweiterte Wertschöpfungskonfigurationen zu unterstützen (Bild 8.9).

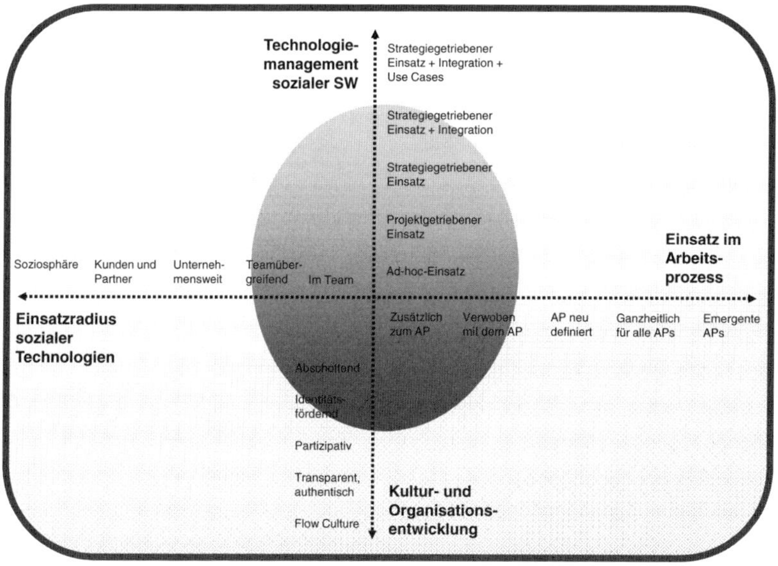

Bild 8.5: Das Reifegradmodell des Enterprise 2.0. Im Gegensatz zu anderen Reifegradmodellen überlappen sich die einzelnen Stufen sehr stark. Der höhere Reifegrad drückt sich in verbesserten Kostenstrukturen durch transformierte Arbeitsprozesse, höherer Innovation durch veränderte Wertschöpfungskonfiguration und schnelleres Identifizieren von Wachstumsmöglichkeiten durch Marktagilität aus und führt insgesamt zu einem schwer kopierbaren Wettbewerbsvorteil, da es sich um eine komplexe Anpassungsleistung der gesamten Organisation handelt.

Wir können die einzelnen Reifegrade sowohl grafisch als auch tabellarisch charakterisieren, um eine genauere Charakterisierung zu erreichen.

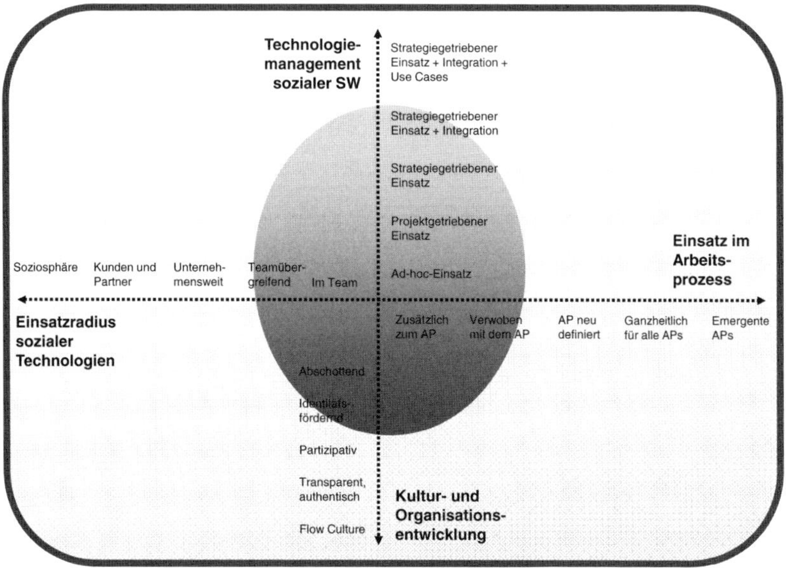

Bild 8.6: **Reifegrad 2**: das *„soziale Technologien integrierende"* Unternehmen. Die Adoption sozialer Technologien ist im Wesentlichen abgeschlossen.

Nach **Reifegrad 2** ist die Einführung sozialer Technologien im Unternehmen im Wesentlichen abgeschlossen, eine Implementierung im Sinne der Referenzarchitektur (Kapitel 7) ist erfolgt, die Software ist im Intranet und den Berechtigungssystemen integriert, Qualitätssicherungskonzepte existieren, Regeln und Policies zur Governance existieren, der Betrieb steht mit SLAs für die stabile Verfügbarkeit der Lösung (Bild 8.6). Mit der Darstellung der eigenen Identität (Individuum, Gruppe, Bereich) beginnt die Möglichkeit team- oder bereichsübergreifender Zusammenarbeit. Prozesse werden auf Einsetzbarkeit sozialer Technologien abgeklopft und gegebenenfalls damit verwoben. Gewisse positive Effekte bezüglich der Entdeckbarkeit von Themen und Experten im Unternehmen treten ein, neuartige leichtgewichtige und kostengünstige Integrationsmethoden für Technologien stehen zur

Verfügung, damit werden Voraussetzungen für wettbewerbsfähige Kostenstrukturen geschaffen.

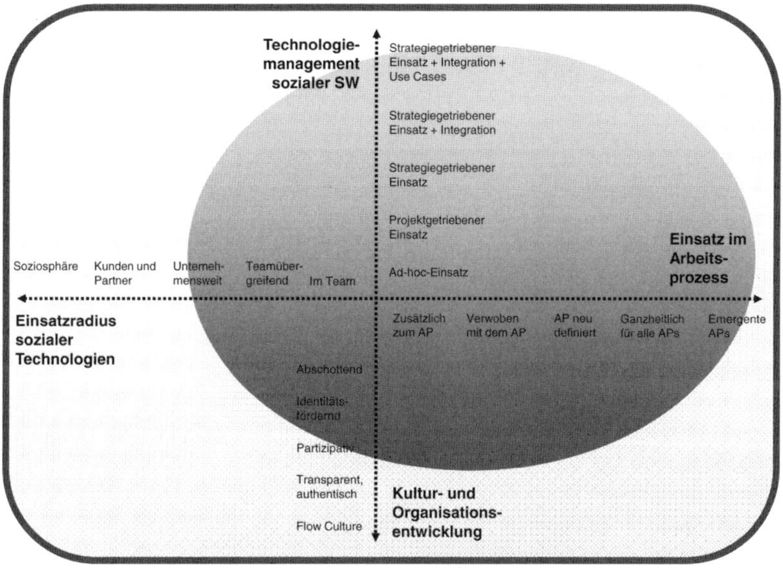

Bild 8.7: **Reifegrad 3**: das *„partizipative"* Unternehmen. Die Durchdringung aller Arbeits- und Führungsprozesse mit sozialen Technologien ist im Wesentlichen abgeschlossen.

Im **Reifegrad 3** (dem „partizipativen" Unternehmen) wird ein geregeltes Programmmanagement zum Aufnehmen neuer Anwendungsfälle für soziale Technologien etabliert, auch die „ungeplanten" (emergenten) Anwendungsfälle werden unterstützt. Damit entstehen neu definierte Arbeitsprozesse, bisher nicht integrierte Prozesse (Führung, HR etc.) werden in die Behandlung einbezogen (Bild 8.7). Eine Architektur der Partizipation im Unternehmen besteht, Teams können unternehmensweit instantan zusammenarbeiten. Die transformierten Arbeitsprozesse zeichnen sich durch höhere Qualität und Agilität (siehe Kapitel 5) aus und stellen einen schwer kopierbaren Wettbewerbsvorteil (da gesamte Organisation betreffend) dar.

Im **Reifegrad 4** wird der entscheidende Schritt nach außen gegangen. Kunden und Partner werden in die Anwendungen sozialer Technologien einbezogen, sogenannte „Open Business Models" (Open Innovation, Co-Creation, Crowd Sourcing, siehe Kapitel 5) werden möglich und damit verändert sich die Wertschöpfungskonfiguration der Unternehmen insbesondere hinsichtlich Innovation (Bild 8.8). Dieser Schritt erfordert besonders sorgfältige Überlegungen zur Öffnung und Offenheit des Unternehmens und geht einher mit größerer Transparenz und Authentizität.

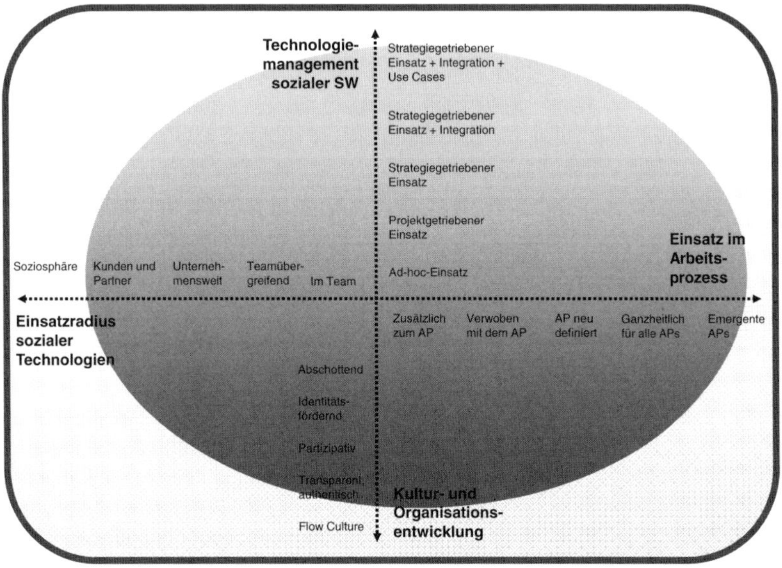

Bild 8.8: **Reifegrad 4**: das *„sich öffnende"* Unternehmen. Die Einbeziehung externer Stakeholder (insbesondere Kunden und Partner) in das Netzwerk sozialer Technologien ist weitgehend abgeschlossen. Offene Geschäftsmodelle finden ihren Platz in den erweiterten Wertschöpfungskonfigurationen der Unternehmen.

Der **Reifegrad 5** weist maximale Ausdehnung entlang jeder Dimension aus und charakterisiert das optimal vernetzte Unternehmen, welches in der Lage ist, Input aus dem Netzwerk zur Rückkopplung in die eigene Unternehmenskonfiguration zu nutzen und insbesondere Wachstumsmöglichkeiten zu antizipieren (Bild 8.9).

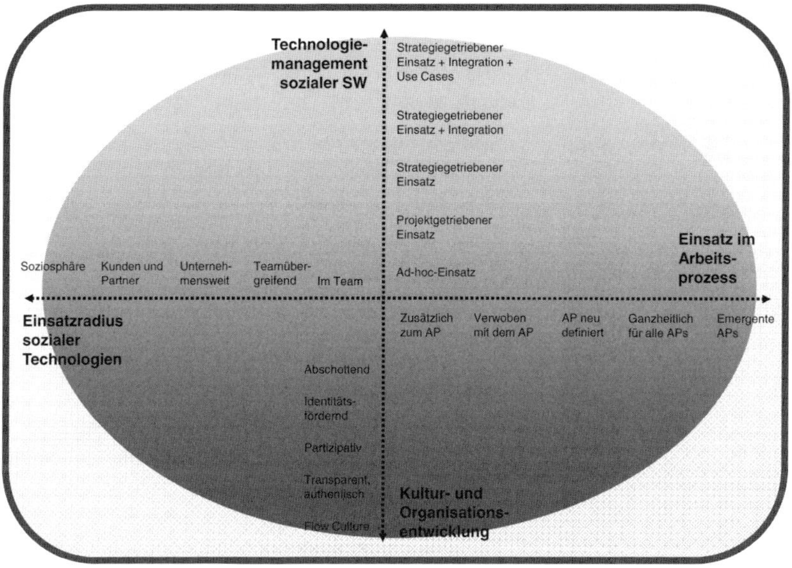

Bild 8.9: **Reifegrad 5**: das *„vernetzte Unternehmen"* in einer vernetzten Gesellschaft. Das Unternehmen ist in der Lage, mit der Soziosphäre zu interagieren und die Unternehmensausrichtung entsprechend zu gestalten.

8.3 Zusammenfassung der Reifegrade

Wir fassen die Charakterisierung der Reifegrade in Tabelle 8.2 zusammen. Dabei wird der gestaltbare Wettbewerbsvorteil jedes Reifegrades separat herausgearbeitet und dargestellt.

Durch die Überlappungsmöglichkeit der einzelnen Reifegrade ist es durchaus möglich, dass sich ein Unternehmen in einer Entwicklungsdimension schon sehr weit entwickelt hat, obwohl es den tieferen Reifegrad noch nicht vollständig erreicht hat. Beispielsweise hat vielleicht noch keine unternehmensweite Adoption sozialer Technologien stattgefunden (Reifegrad 2), und trotzdem experimentiert das Unternehmen bereits mit der Einbeziehung von Kunden und Partnern (Reifegrad 4). Es entsteht gewissermaßen ein unternehmensspezifisches Profil bezüglich der Enterprise-2.0-Reife.

Tabelle 8.2: Charakterisierung der Reifegrade des Enterprise 2.0 (linke Spalten)

	Technologiemanagement	**Einsatz im Arbeitsprozess**
Das „*soziale Technologien einsetzende*" Unternehmen	▪ Ad-hoc-Nutzung oder projektgetriebener Einsatz einzelner sozialer Technologien ▪ Kaum integriert mit Intranet oder Authentifizierungsmechanismen	▪ Experimentalphase ▪ Soziale Technologien werden zusätzlich zum Arbeitsprozess genutzt ▪ Beginnende, konkrete Unterstützung eines Arbeitsprozesses oder eines Teilschrittes davon
Das „*soziale Technologien integrierende*" Unternehmen	▪ Strategiegetriebener Einsatz sozialer Technologien, Referenzarchitektur ▪ Integrations-, Qualitätssicherungskonzept ▪ Betriebskonzept, SLAs ▪ Schulungen ▪ Policies und Governance	▪ Möglichkeiten der neuen Technologien werden mit existierenden Arbeitsprozessen verwoben (Kommunikation, Meeting Organisation, Formierung von Interessengruppen)
Das „*partizipative*" Unternehmen	▪ Kontinuierliches Aufnehmen und Umsetzung von neuen Anwendungsfällen ▪ Unterstützung emergenter Strukturen und Anwendungsfälle	▪ Durch soziale Technologien neu definierte Arbeitsprozesse entstehen ▪ Ganzheitliche Anwendung zur Unterstützung der Unternehmensführung
Das „*sich öffnende*" Unternehmen	▪ Ausweitung der Technologien auf Außenwelt und Grenzbereiche der Organisation ▪ Neue Sicherheits- und Information-Sharing-Ansätze	▪ Neudefinition der Sourcing- und Supply-Chain-Prozesse des Unternehmens (HR, Innovation, Technologie, Dienstleistungen) ▪ Emergente Prozesse zu Kunden und Partnern entstehen
Das „*vernetzte Unternehmen*" in einer vernetzten Gesellschaft	▪ Technologien für das Interferenzmanagement mit der Soziosphäre (Listen and Talk) ▪ Strategische Nutzung von Cloud Services	▪ Neudefinition weiterer Grenzübergänge des Unternehmens ▪ Emergente Prozesse zur Soziosphäre entstehen

Tabelle 8.2: Charakterisierung der Reifegrade des Enterprise 2.0 (rechte Spalten)

Kultur- und Organisationsentwicklung	Einsatzradius sozialer Technologien	Gestaltbarer Wettbewerbsvorteil
▪ Typischerweise offene und innovative Kultur innerhalb eines kleinen Teams ▪ Häufig wird die soziale Technologie auch als Abschottung eigenen Territoriums verwendet	▪ Beschränkt auf die Anwendung im Team	▪ Verbesserung eines Teilprozesses ▪ Unternehmensweiter Wertschöpfungsbeitrag schwierig darstellbar ▪ Einfach nachahmbar und kopierbar
▪ Identitätsförderung, digitale Reputation ▪ Profile von Individuen, Gruppen und Bereichen entstehen selbst gepflegt ▪ Teilen von Informationen ▪ Vernetzungsgrad steigt, Kleine-Welt-Effekt	▪ Identität der anderen wird wahrgenommen ▪ Team- oder bereichsübergreifende Nutzung beginnt	▪ Kostensenkung für Finden von Themen und Experten ▪ Nutzung leichtgewichtiger Integrationsmethoden von Technologien ▪ Schaffung wettbewerbsfähiger Kostenstrukturen
▪ Architektur der Partizipation führt zu stärkerer Einbeziehung, Ermutigung und Ermächtigung ▪ High Performance Teams entstehen ▪ Unsichtbare Schule	▪ Unternehmensweite Anwendung sozialer Technologien ▪ Fähigkeit zur instantanen Zusammenarbeit über Team- und Bereichsgrenzen hinweg	▪ Massive Transformation von Arbeitsprozessen ▪ Schwer kopierbar für Wettbewerber, da es sich um eine komplexe Anpassung der gesamten Organisation handelt
▪ Kultur des Kooperierens anstelle des Kontrollierens ▪ Vertrauen skaliert besser als Kontrolle (und Controlling) ▪ Offene, transparente Kultur ▪ Nächstes Fitnesslevel der Organisation	▪ Anwendung sozialer Technologien mit Kunden und Partnern ▪ Schnellere Anbahnung und Umsetzung von Zusammenarbeit mit potenziellen Kunden und Partnern	▪ Veränderung der Wertschöpfungskonfiguration ▪ Aufnahme von „Open Business Models" ▪ Co-Creation, Open Innovation, Crowd Sourcing, Cloud Sourcing ▪ Neue Innovationsmodelle
▪ Flow Culture ▪ Permanente Anpassung bezüglich Strukturen und Prozessen an die sich wandelnden Außenbedingungen ▪ Aktive Beeinflussung und Nutzung der Soziosphäre	▪ Anwendung sozialer Technologien in der Soziosphäre (Communitys, Self-Services) ▪ Permanentes „Gewahrsein" von Strömungen und Veränderungen im Markt und im Umfeld	▪ Verzahnung der inter- und intraorganisationalen Netzwerke ▪ Komplexe Interaktion zwischen Unternehmen und Soziosphäre ▪ Schneller neue Quellen für Wachstum entdecken

In einem solchen Falle hilft das Reifegradmodell, die fehlenden Zwischenschritte zu identifizieren und damit die notwendigen Strukturen und Prozesse anzustoßen, die die Lücken schließen können. Auf Dauer kann der unternehmensweite Erfolg von Enterprise 2.0 nur durch die Spezifikation eines Zielprofils (Zielreifegrads) und das kontinuierliche Arbeiten, dieses Zielprofil zu erreichen, gesichert werden. Ein allgemeines Vorgehensmodell zur Verwirklichung desselben wird in Kapitel 9 angegeben.

8.4 Das Reifegradmodell in verschiedenen Fachabteilungen

Um das etwas abstrakte Reifegradmodell etwas fassbarer zu machen, illustrieren wir einige konkrete Interpretationen der Reifegrade in verschiedenen Fachabteilungen (Tabellen 8.3 bis 8.11). Dazu greifen wir auf die Blueprints aus Kapitel 6 zurück.

Innovation

Tabelle 8.3: Reifegrade im Innovationsmanagement bezüglich des Einsatzes sozialer Technologien

Innovation		
Reifegrade 1, 2	Reifegrad 3	Reifegrad 4, 5
Das „soziale Technologien einsetzende bzw. integrierende“ Unternehmen	Das „partizipative“ Unternehmen	Das „sich öffnende“ bzw. „vernetzte“ Unternehmen in einer vernetzten Gesellschaft
- Innovation Blog	- Ideenmanagement als partizipativer Prozess (Kommentare, Rankings) - Innovation Tweets	- Co-Creation - Open Innovation - Crowd Sourcing - Innovation Networks

Forschung und Entwicklung

Tabelle 8.4: Reifegrade in Forschung und Entwicklung bezüglich des Einsatzes sozialer Technologien

Forschung und Entwicklung		
Reifegrade 1, 2	Reifegrad 3	Reifegrad 4, 5
Das „soziale Technologien einsetzende bzw. integrierende" Unternehmen	Das „partizipative" Unternehmen	Das „sich öffnende" bzw. „vernetzte" Unternehmen in einer vernetzten Gesellschaft
- Wissens-Wikis - Wissens-Bookmarks - News Blogs	- Interest Groups, Competence Center mit eigenen Spaces - Projektmanagement-Templates - Integrierte Entwicklungsprozesse mit Wissens-Wikis, Issue Tracking und Kommunikationsblogs - Task und Fortschrittsmanagement im Wiki	- Open Business Models - Intellectual Property Management - Developer Communities

Betrieb und Operations

Tabelle 8.5: Reifegrade in Betrieb und Operations bezüglich des Einsatzes sozialer Technologien

Betrieb und Operations		
Reifegrade 1, 2	Reifegrad 3	Reifegrad 4, 5
Das „soziale Technologien einsetzende bzw. integrierende" Unternehmen	Das „partizipative" Unternehmen	Das „sich öffnende" bzw. „vernetzte" Unternehmen in einer vernetzten Gesellschaft
- Blogs für Monitoring von Anlagen und Prozessen - Schichtübergabe per Blog - Wissens-Wikis	- Exception Tweets	

Kundenmanagement

Tabelle 8.6: Reifegrade im Kundenmanagement bezüglich des Einsatzes sozialer Technologien

Kundenmanagement		
Reifegrade 1, 2	Reifegrad 3	Reifegrad 4, 5
Das „soziale Technologien einsetzende bzw. integrierende" Unternehmen	Das „partizipative" Unternehmen	Das „sich öffnende" bzw. „vernetzte" Unternehmen in einer vernetzten Gesellschaft
- Enterprise Blogs		- Customer Communities - Kundenforen - Kundenbefragungen - Lead-Kunden-Support - Lead User Support - Kundenbeirat - Kunden-Wissens-Wikis

Marketing, Lead Management, Vertrieb

Tabelle 8.7: Reifegrade im Marketing, Lead Management, Vertrieb bezüglich des Einsatzes sozialer Technologien

Marketing, Lead Management, Vertrieb		
Reifegrade 1, 2	Reifegrad 3	Reifegrad 4, 5
Das „soziale Technologien einsetzende bzw. integrierende" Unternehmen	Das „partizipative" Unternehmen	Das „sich öffnende" bzw. „vernetzte" Unternehmen in einer vernetzten Gesellschaft
- Referenzlösungs-Wiki	- Opportunity Development Wiki - Sales Community (intern) - Sales Tweets	- Social Media Configuration - CRM 2.0 Mashups

Prozessentwicklung und -management

Tabelle 8.8: Reifegrade in Prozessentwicklung und -management bezüglich des Einsatzes sozialer Technologien

Prozessentwicklung und -management		
Reifegrade 1, 2	Reifegrad 3	Reifegrad 4, 5
Das „soziale Technologien einsetzende bzw. integrierende" Unternehmen	Das „partizipative" Unternehmen	Das „sich öffnende" bzw. „vernetzte" Unternehmen in einer vernetzten Gesellschaft
- Prozesshandbuch-Wiki	- Prozess-Templates - Best Practice Wikis - KPI und Process Monitoring Wikis	- Meshed Processes (zu Kunden und Partnern), d.h. direkt gekoppelte („vermaschte" Prozesse)

Personal

Tabelle 8.9: Reifegrade im Personalmanagement bezüglich des Einsatzes sozialer Technologien

Personal		
Reifegrade 1, 2	Reifegrad 3	Reifegrad 4, 5
Das „soziale Technologien einsetzende bzw. integrierende" Unternehmen	Das „partizipative" Unternehmen	Das „sich öffnende" bzw. „vernetzte" Unternehmen in einer vernetzten Gesellschaft
- Welcome- und Einarbeitungs-Wikis	- Job Tweets - Mediation zwischen Digital Natives und Nondigital Natives - Quick Polls, Feedback-Management - Team Development Wikis	- Alumni Networks - Social Employer Branding - Arbeitgeber Bewertungsportale - Digital Reputation Management (für Individuen und Unternehmen)

Unternehmenssteuerung, Finanzen und Controlling

Tabelle 8.10: Reifegrade in der Unternehmenssteuerung bezüglich des Einsatzes sozialer Technologien

Unternehmenssteuerung, Finanzen und Controlling		
Reifegrade 1, 2	Reifegrad 3	Reifegrad 4, 5
Das „soziale Technologien einsetzende bzw. integrierende“ Unternehmen	Das „partizipative“ Unternehmen	Das „sich öffnende“ bzw. „vernetzte“ Unternehmen in einer vernetzten Gesellschaft
- Risk Monitoring Blog	- Prediction Markets - Planung und Forecasts basierend auf „kollektiver Intelligenz“	

Führung und Kommunikation

Tabelle 8.11: Reifegrade im Bereich Führung, Kommunikation bezüglich des Einsatzes sozialer Technologien

Führung und Kommunikation		
Reifegrade 1, 2	Reifegrad 3	Reifegrad 4, 5
Das „soziale Technologien einsetzende bzw. integrierende“ Unternehmen	Das „partizipative“ Unternehmen	Das „sich öffnende“ bzw. „vernetzte“ Unternehmen in einer vernetzten Gesellschaft
- Executive Blog (nach innen) - Agenda- und Protokoll-Repositories	- Team- und hierarchieübergreifende Kommunikation - Personal Blogs - Digital Reputation - Strategie-Wikis - Change Management Wikis - News Tweets	- Executive Blog (nach außen)

8.5 Fazit

Wir wollen uns mit zwei Schlussfolgerungen begnügen:

- Die Ausgestaltung von Enterprise 2.0 benötigt Zeit. Das Reifegradmodell verdeutlicht noch einmal, dass es sich in der Tat um einen komplexen Veränderungsprozess handelt, der sowohl technologische, organisatorische, rechtliche, aber auch kulturelle Stolpersteine en masse bietet. Wir müssen daher von einem Gestaltungszeitraum von zwei bis fünf Jahren ausgehen.
- Die Akzeptanz wird von zwei Faktoren wesentlich beeinflusst: erstens von der Business Relevanz, d. h. dem tatsächlichen Eintreten von Kostenersparnissen, Prozessverbesserungen und dem Gestalten völlig neuer Möglichkeiten bezüglich Innovation und Wertschöpfungskonfiguration. Zweitens von der kritischen Masse, d. h. der Anzahl der Teilnehmer, da sich die Netzwerkeffekte erst jenseits dieses kritischen Punktes effektiv ausbilden.

Als Rat können wir also formulieren, Geduld mitzubringen, auf die Businessrelevanz und ihre Messbarkeit zu achten sowie eine ausreichende kritische Masse in der Teilnahme und Anwendung zu erreichen.

Wollen Sie jetzt wissen, wie man diese Reifegrade auch erreichen kann? Unser Vorgehensmodell im nächsten Kapitel wird diese Frage beantworten.

Der Klassiker der Reifegradmodelle ist das Capability Maturity Model des Software Engineering Institutes. Ausführlich beschrieben in: Humphrey. W.S.: Managing the Software Process. Addison-Wesley. 1990.

9 Ein Vorgehensmodell zur Etablierung von Enterprise 2.0

Was alle Erfolgreichen miteinander verbindet,
ist die Fähigkeit, den Graben zwischen
Entschluss und Ausführung äußerst schmal zu halten.

P. Drucker

Fragen, die in diesem Kapitel beantwortet werden

- Was ist ein Vorgehensmodell? Wie wende ich es an?
- Warum sollte man ein Vorgehensmodell verwenden?
- Wie hängen Vorgehensmodell und Reifegradmodell zusammen?
- Welche Phasen hat das Vorgehensmodell für Enterprise 2.0?
- Welche Input- und Outputparameter werden für jede Phase benötigt?
- Welche Aktionen sind in welcher Phase notwendig?
- Welche Tools stehen für die einzelnen Phasen zur Verfügung?
- Wie fließen die Erkenntnisse dieses Buches – Handlungsfelder Enterprise 2.0 (Kapitel 2), soziale Software (Kapitel 3), Netzwerkeffekte (Kapitel 4), Wertversprechen (Kapitel 5), Blueprints (Kapitel 6), Referenzarchitektur (Kapitel 7), Reifegradmodell (Kapitel 8) – im Vorgehensmodell zusammen?

9.1 Vorgehensmodelle

Vorgehensmodelle stellen die im Rahmen eines Gestaltungs- oder Einführungsprozesses notwendigen Aufgaben, Aktivitäten und Schritte in einer logischen Gesamtsicht von einzelnen, miteinander verbundenen Phasen dar. Sie ermöglichen damit ein strukturiertes und weitgehend standardisiertes Vorgehen bei der Gestaltung oder Einführung von komplexen Prozessen, Systemen oder Veränderungen. Allen Vorgehensmodellen gemeinsam ist, dass sie einen Weg vom Ist zum Soll (Ziel) beschreiben, ein objektives und rationales Vorgehen stützen und mit einem Set von Methoden und Instrumenten für jede Phase daherkommen. Sie unterscheiden sich in den Phasen, in der Art ihrer Methoden und Instrumente und im Einsatzgebiet voneinander.

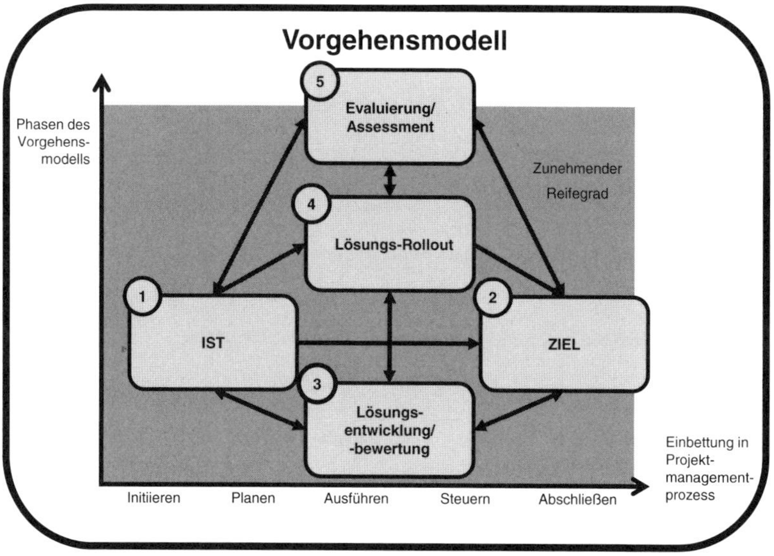

Bild 9.1: Typische Phasen eines Vorgehensmodells. Nach einer Istanalyse (1) wird das gewünschte Ziel (2) spezifiziert, eine Lösung entwickelt und ausgewählt (3), diese Lösung wird eingeführt (4) und die erreichten Ergebnisse werden gemessen und mit den gewünschten Zielwerten abgeglichen. Die Phasen können partiell überlappend und gegebenenfalls mehrfach durchlaufen werden. Die Realisierung des Vorgehens findet im Rahmen eines Projektmanagementprozesses statt.

Während das Reifegradmodell eher das „Was" und den Inhalt eines Zielzustandes beschreibt, hilft das Vorgehensmodell, das „Wie" und den Weg zu diesem Zielzustand zu beschreiben.

Typischerweise sind die Phasen eines Vorgehensmodells in eine Projektvorgehensweise (Projektmanagementsystematik) eingebettet (vgl. Bild 9.1).

Wir können dieses Modell nun auf unsere Fragestellung „Wie realisiere ich Enterprise 2.0 im Unternehmen" anwenden. Das Modell eignet sich dabei für ein projekt- oder strategiegetriebenes Vorgehen und selbst Bottom-up-Ansätze können davon profitieren. Unsere Darstellung stützt sich dabei auf die allgemeinen Elemente eines Vorgehensmodells[106] und nimmt einige Betrachtungen von Dawson auf (Dawson 2009).

9.2 Vorgehensmodell Enterprise 2.0

9.2.1 Das Vorgehensmodell im Überblick

Wir verwenden folgende Begriffe für die zu realisierenden Phasen:

- Ist = *Enterprise 2.0 – Self-Assessment*
- Ziel = Enterprise 2.0 – Zielszenario
- Lösungsentwicklung und Bewertung = Enterprise 2.0 – Technology and Governance Frameworks
- Lösungs-Rollout = Enterprise 2.0 – Rollout und Adoption
- Evaluierung/Assessment = Enterprise 2.0 – Assessment und Review

Das Vorgehensmodell ist in ein Projekt- oder Programmmanagementmodell eingebettet (Bild 9.2), d. h., die typischen Projektaufgaben beim Initiieren, Planen, Ausführen und Steuern sowie Abschließen eines Projektes (die gegebenenfalls mehrfach durchlaufen werden) kommen hinzu, werden im Folgenden aber nicht separat betrachtet. Das heißt, Fragen der Budgetplanung, Ressourcensteuerung, Reporting etc., wiewohl von großer Bedeutung für den Erfolg der Gesamtanstrengung, werden zwingend dem Projektmanagement, aber nicht dem

---

[106] de.wikipedia.org/wiki/Vorgehensmodell

Enterprise-2.0-Vorgehensmodell zugeordnet. Eine mittelfristige Gestaltung des Enterprise-2.0 Paradigmas wird eher im Rahmen eines Programms, denn als einzelnes Projekt, ablaufen.

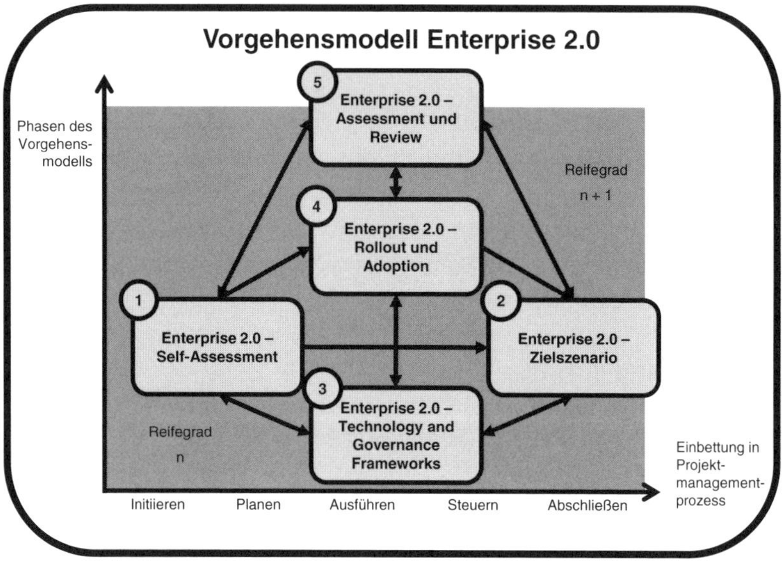

Bild 9.2: Vorgehensmodell zur Einführung und Etablierung von Enterprise 2.0. Nach der Selbsteinschätzung (Istaufnahme) bezüglich des Standes von Enterprise 2.0 (1), wird ein Zielszenario (2) entworfen, ein Technology and Governance Framework entwickelt, ausgewählt und bereitgestellt (3) sowie die prozessuale, organisatorische (und kulturelle) Adoption angestoßen und gesteuert (4). Ein Bewertungs- und Rückkopplungsprozess (5) sichert die kontinuierliche Anpassung und Verbesserung.

Nicht immer müssen alle Phasen des Vorgehensmodells vollständig durchlaufen werden. Abhängig vom erreichten Reifegrad können einzelne Phasen übersprungen oder in geringerem Ausmaß durchlaufen werden. Nachdem eine Technologiebasis etabliert wurde (Reifegrad 2 in Kapitel 8), wird man diese nur geringfügig anpassen und weiterentwickeln und eher alle Anstrengungen auf die Phase „Enterprise 2.0 – Rollout und Adoption" (4) richten.

Jede Phase kann in einem Phasenschema beschrieben werden, welches die benötigten Inputparameter, die auszuführenden Schritte, den erzeugten Output, die einsetzbaren Tools sowie die beteiligten Verantwortlichen und Durchführenden enthält.

9.2.2 Die Phasen des Vorgehensmodells

Enterprise 2.0 – Self-Assessment

In dieser Phase geht es darum, eine Einschätzung für das eigene Unternehmen (Fachabteilung) bezüglich des Reifegrades als Enterprise 2.0 zu gewinnen. Wird diese Phase erneut durchlaufen, wird ein inkrementelles Fortschreiben der Outputdokumente erzeugt. Bild 9.3 stellt das Phasenschema dazu dar.

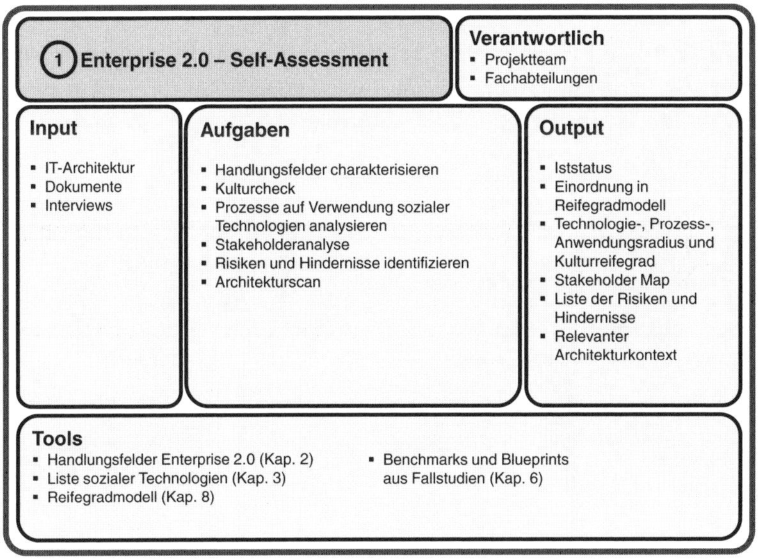

Bild 9.3: Phasenschema Enterprise 2.0 – Self-Assessment

Kurze Erläuterung des Phasenschemas (Aufgaben):

- *Handlungsfelder charakterisieren*: Enterprise-2.0-Gestaltung nach außen und/oder Gestaltung der Grenzübergänge und/oder Gestaltung nach innen (vgl. Kapitel 2).
- *Kulturcheck*: Einschätzung des Unternehmens (Fachabteilung) bezüglich Kultur der Zusammenarbeit und Offenheit (siehe Reifegradmodell Kapitel 8).
- *Prozesse auf Verwendung sozialer Technologien analysieren* (Nutzung der Benchmarks und Blueprints (Kapitel 6) sowie Einordnung in das Reifegradmodell (Kapitel 8).

- *Stakeholderanalyse*: Ziele der Stakeholder identifizieren, Erzeugung einer Stakeholder Map (C-Level, Fachabteilungen, Personal, IT, Mitarbeiter, Interessenvertreter).
- *Risiken und Bedenken* aus der Stakeholderanalyse extrahieren (Sicherheit, Zuverlässigkeit, Kontrollverlust, Reputation, Ressourcenverbrauch und Produktivitätsverluste).
- *Architekturscan*: Iststand der relevanten IT-Architektur und potenzielle Schnittstellen dokumentieren.

Enterprise 2.0 – Zielszenario

In dieser Phase geht es darum, die Zielformulierung für die angestrebte Etappe vorzunehmen, eine Vision für die angestrebte Veränderung zu entwerfen und entlang verschiedener Parameter auszudrücken (Bild 9.4).

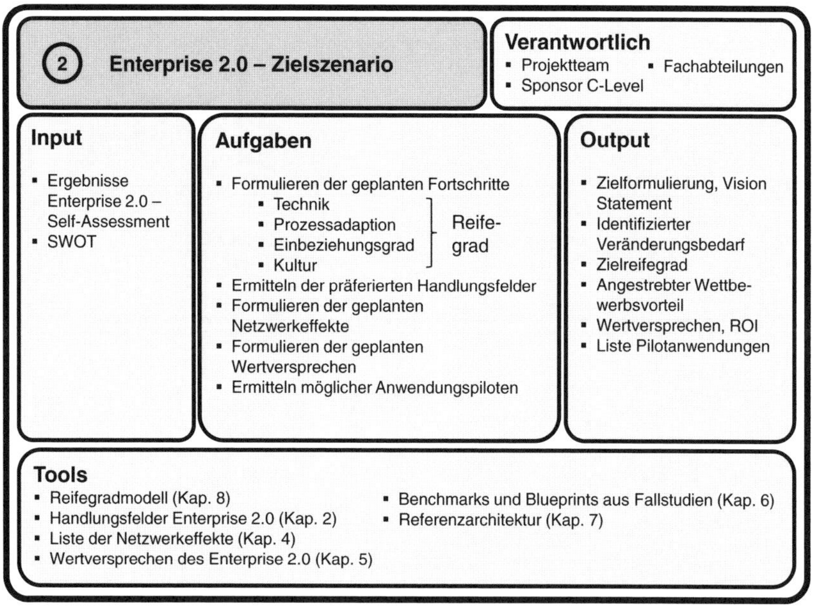

Bild 9.4: Phasenschema Enterprise 2.0 – Zielszenario

Kurze Erläuterung des Phasenschemas (Aufgaben):

- *Formulieren der geplanten Fortschritte*: Entlang der Dimensionen des Reifegradmodells werden die Zielreifegrade ermittelt und begründet. Die angestrebten Wettbewerbsvorteile werden eruiert.
- *Ermitteln der präferierten Handlungsfelder*: Das Unternehmen (die Fachabteilung) legt fest, ob das Ziel in der Unterstützung innerbetrieblicher Zusammenarbeit, Veränderung der Wertschöpfungskonfiguration oder Gestaltung der Kundenschnittstelle mit sozialen Technologien oder gegebenenfalls in mehreren dieser Handlungsfelder liegt.
- *Formulieren der angestrebten Netzwerkeffekte und Wertversprechen:* Das Unternehmen legt die angestrebten Netzwerkeffekte und die erzielbaren Wertversprechen fest und legt damit eine inhaltliche und betriebswirtschaftliche Argumentation für das Enterprise-2.0-Konzept vor.
- *Ermitteln möglicher Anwendungspiloten*: Mithilfe konkret geschilderter Anwendungsszenarien wird die Verständlichkeit und Kommunizierbarkeit der Enterprise-2.0-Zielstellung unterstützt.

Das „Vision Statement" ist die einfache, verständliche, emotionale und kommunizierbare Kurzform des gesamten Zielszenarios.

Enterprise 2.0 – Technology and Governance Frameworks

In dieser Phase geht es darum, die technologischen und organisatorischen Grundlagen zur schrittweisen Realisierung des Zielszenarios zu legen (Bild 9.5). Mit den technischen und organisatorischen Frameworks entsteht für sich gesehen noch kein Nutzen, dieser kann erst über die Phase 4 „Enterprise 2.0 - Rollout und Adoption" gestaltet werden.

Kurze Erläuterung des Phasenschemas (Aufgaben):

- *Anforderungsanalyse*: klassische Analyse und Dokumentation von Anforderungen, einerseits der allgemeinen Anforderungen an eine technische Plattform, andererseits der speziellen Anforderungen aus den geplanten Pilotanwendungen bzw. Berücksichtigung von Erfahrungen aus bereits durchgeführten Pilotanwendungen.
- *Lösungsbeschreibung*: Spezifikation der Lösung, gegebenenfalls Erstellung von Ausschreibungsunterlagen.

- *Lösungsauswahl*: Entscheidung für Lösungsalternative, dokumentierte Auswahl nach Kriterienkatalog (Funktionalität, Preis, Integrierbarkeit, Folgeaufwand).

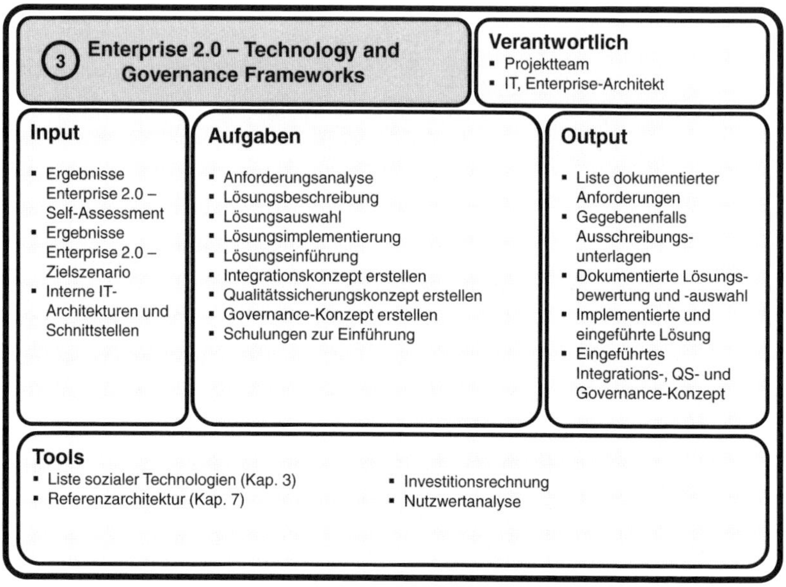

Bild 9.5: Phasenschema Enterprise 2.0 – Technology and Governance Frameworks

- *Lösungsimplementierung/Lösungseinführung*: Einbringen der Lösung in die Gesamtarchitektur des Unternehmens, Vorbereitung zur Nutzung.
- *Integrationskonzept, Qualitätssicherungskonzept, Governance-Konzept erstellen*: Erstellen und Etablieren der Konzepte entsprechend Referenzarchitektur. Klärung der Schnittstellen zu Identifizierungs-, Rollen- und Rechtesystemen. Klärung der Schnittstellen zu weiteren Softwaresystemen (Kommunikationssoftware, ERP-Software, CRM), Stellung im Intranet definieren. Inhaltserstellung und zugehörige Qualitätssicherung definieren. Blog und Wiki Policies (allgemeiner: Social Media Policies) definieren. Etablierung und Einführung aller Konzepte. Verankerung der Governance in den Standardprozessen der Organisation (Code of Conduct, IT-Governance).

- *Schulungen zur Einführung*: Schon vor der Realisierung konkreter Anwendungsfälle kann es notwendig sein, eine Schulung zur Nutzung der technischen Plattform vorzusehen. Obwohl die Plattformen sich durch intuitive und einfache Nutzung auszeichnen, sind gewisse Konzepte zu vermitteln und eventuell Hemmschwellen („ich schreibe im Intranet") abzubauen.

Typischerweise wird diese Phase häufig mit einer konkreten Adoptionsphase eng einhergehen. Damit wird es häufig schwierig, Probleme konkret zuzuweisen, denn diese können in der technischen Plattform, aber eben auch in der Adoption des Anwendungsfalles (und damit in den organisatorischen und kulturellen Abgründen) liegen.

Enterprise 2.0 – Rollout und Adoption

In dieser Phase geht es darum, die identifizierten Anwendungsfälle (Use Cases) und ihre Verbreitung zu unterstützen (Bild 9.6). Dabei gibt es zwei Arten dieser Use Cases:

- zentral geplante (und im Rahmen des Vorgehensmodells ermittelte) Use Cases und
- emergente Use Cases, d. h. Anwendungen, die sich spontan aus der Zurverfügungstellung des Technology Framework ergeben und die meistens hohe Wertschöpfungspotenziale in sich tragen oder ein dringendes Problem adressieren (da sich sonst ja niemand die Mühe machen würde. Man sollte also nicht überrascht sein, wenn plötzlich Speisepläne der benachbarten Kantinen als Mashup zur Verfügung gestellt werden oder ein Wissensaustausch zu Kochrezepten stattfindet).

Kurze Erläuterung des Phasenschemas (Aufgaben):

- *Geplante Anwendungsfälle unterstützen*: Aus dem Zielszenario kommt eine Liste möglicher Anwendungsfälle, die jeweils einzeln ausgewählt und realisiert werden.
- *Enterprise 2.0 Champion identifizieren:* Begeisterung hilft, Berge zu versetzen. Also den oder die Haupttreiber identifizieren und unterstützen.
- *C-Level oder Senior Manager Support sicherstellen*: Wichtig, um den Nachahmungseffekt zu unterstützen.

- *Realisierung*: Die eigentliche Arbeit, das kann bedeuten, eine Folge von Profilen zu erzeugen, Template-Strukturen anzulegen, ein Wiki vorzubefüllen etc.
- *KPIs festlegen*: Diskussion und Festschreibung von Messmethoden und gegebenenfalls angestrebten Zielwerten für den Use Case (vgl. Kapitel 5; z. B. Anzahl von Mitarbeitern mit eigenem Profil im Social Network in Prozent; Aktivitätsindex [Anzahl von erstellten, modifizierten und gelesenen Einträgen], Anzahl von cross-divisionalen Interessengruppen oder Kompetenzzentren, Senior-Management-Aktivität).

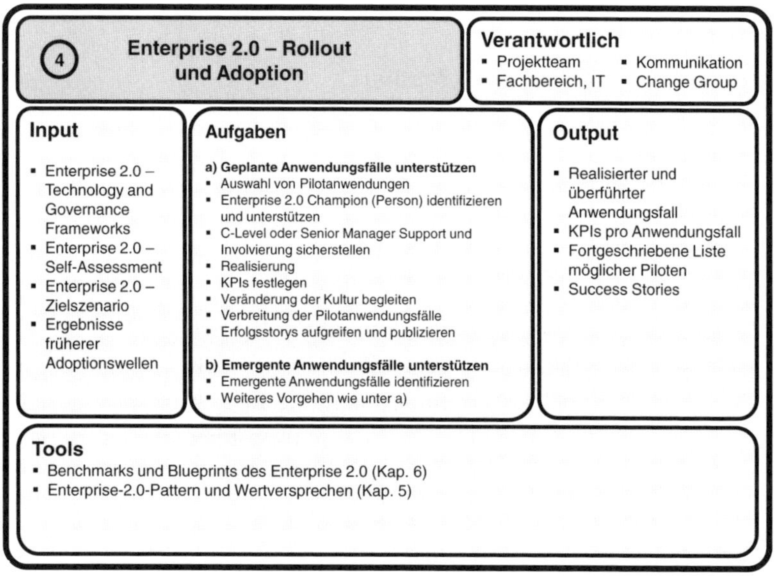

Bild 9.6: Phasenschema Enterprise 2.0 – Rollout und Adoption

- *Veränderung der Kultur begleiten*: Kommunikation, Kommunikation, Kommunikation. Entstehende Fragestellungen offensiv aufgreifen, diskutieren, Lösungen etablieren. Mediation zwischen Digital Natives und Nondigital Natives (gegebenenfalls Reverse Coaching, d. h. Erfahrungsübertragung der Digital Natives an die Nondigital Natives und vice versa). Abbau von Barrieren: Hierarchie vs. Zusammenarbeit; Vertrauen vs. Mikrokontrolle; Offenheit vs. Risiko und Sicherheitsbedenken; C-Level- und Senior-Management-

Verhalten vs. proklamierte Werte sozialer Technologien, Lösung realer Businessprobleme vs. Beschäftigung mit Technologie.

- *Verbreitung der Pilotanwendungsfälle*: Überprüfung der Übertragbarkeit von Ergebnissen, horizontale Ausbreitung in der Organisation (nächstes Team, nächster Prozess); vertikale Vertiefung, d. h. weitere Verbesserung des Anwendungsfalles. Gegebenenfalls auch Beenden eines Pilotanwendungsfalles, sofern die gewünschten Resultate nicht erreicht werden.
- *Erfolgsstorys aufgreifen und publizieren*: Darstellen der erreichten Geschäftsverbesserungen sowohl quantitativ als auch qualitativ (siehe Kapitel 5, Wertversprechen).

Enterprise 2.0 – Assessment und Review

In dieser Phase (Bild 9.7) geht es darum, die identifizierten Anwendungsfälle (Use Cases) zu vermessen, zu bewerten und Schlussfolgerungen daraus zu ziehen und diese zurück in den Adoptionsprozess zu spiegeln (Phase 4 „Enterprise 2.0 – Rollout und Adoption“).

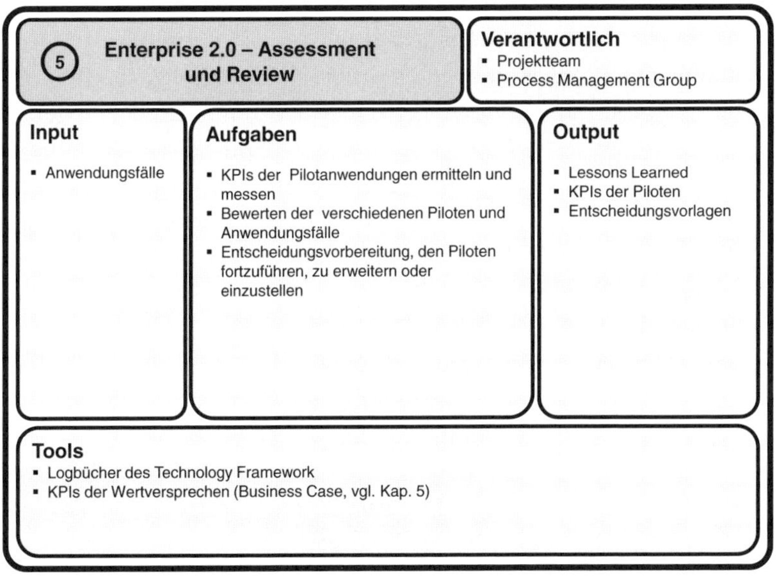

Bild 9.7: Phasenschema Enterprise 2.0 – Assessment und Review

Kurze Erläuterung des Phasenschemas (Aufgaben):

- *KPIs der Pilotanwendungen ermitteln und messen*: Aus dem Zielszenario kommt eine Liste möglicher Anwendungsfälle, die jeweils einzeln ausgewählt und realisiert werden.
- *Bewerten der verschiedenen Piloten und Anwendungsfälle*: Ausgehend von der quantitativen Analyse (KPIs) wird untersucht, inwieweit die geplanten Kosteneinsparungen, Prozessverbesserungen oder neuartigen Gestaltungsmöglichkeiten Raum greifen. Ursachen für Abweichungen werden analysiert und Korrekturmaßnahmen vorgeschlagen. Die Erkenntnisse werden in einer Sammlung von Best (oder Worst) Practices gesammelt und bilden die Grundlage einer fortschreitenden Erfahrungsbasis (Lessons Learned).
- *Entscheidungsvorbereitung Pilotfortführung*: Die KPIs wie auch die Bewertung werden zur Entscheidung in die Phase 4 zurückgegeben.

Dawson (Dawson 2009) listet eine Menge von Barrieren, auf die Enterprise 2.0-Projekte stoßen können, und Wege zu ihrer Überwindung auf. Wir wollen einige davon erwähnen und mit eigenen Erfahrungen ergänzen:

- *Risikoscheuheit, Sicherheitsbedenken des Unternehmens*: Gegenmaßnahme, Verweis auf andere Unternehmen der eigenen Branche oder fremder Branchen, die bekanntermaßen mit Risiken umgehen können (Militär, CIA, FBI) und erfolgreich Enterprise 2.0 einsetzen.
- *Mangel an Vertrauen in Mitarbeiter*: Falls dieser Zustand erhalten bleiben soll, gibt es keine Chance auf Erfolg mit Enterprise 2.0. Andernfalls Enterprise 2.0 als Beginn eines Wandels hin zu mehr Vertrauen deklarieren.
- *Furcht, Kontrolle zu verlieren*: Gegenmaßnahme, Aufzeigen, dass Kontrolle auch über andere Mechanismen (E-Mail) entgleiten kann, Verweis auf das Governance und Qualitätssicherungskonzept. Nur schrittweise Pilotierung der großen Freiheit.
- *Keine Businessrelevanz:* Gegenmaßnahme, strenges Verfolgen relevanter Businesscases, Darstellen und Kommunizieren der Erfolge, nicht in „Blogs“ oder „Wikis“ oder gar „Mashups“ sprechen, sondern in Business Language, also z. B. die Darstellung der „Referenzen des Unternehmens“.
- *Zu viel auf einmal wollen:* Gegenmaßnahme, Komplexität reduzieren, durch einzelne, überschaubare Schritte und Geschäftsfälle.

- *Geringes Verständnis bei Executives:* Gegenmaßnahme, Schulung und Einbeziehung, Gewinnung von Vorreitern.

Um das bisher abstrakte Vorgehen unseres Modells zu verdeutlichen, stellen wir im folgenden Abschnitt eine konkrete Anwendung dazu vor.

9.3 Anwendung des Vorgehensmodells Enterprise 2.0

Für unser Beispiel nehmen wir an, dass ein Unternehmen oder eine Fachabteilung erste Erfahrungen mit sozialen Technologien und ihrer Nutzung gesammelt hat und nun eine geregelte Technologiebasis und weitere sinnvolle Anwendungsfälle einführen möchte.

Outputphase 1: Enterprise 2.0 – Self-Assessment

- *Iststatus*: Das Unternehmen wendet eine Open-Source-Blog/Wiki-Lösung in einer Abteilung des Unternehmens zur Wissensgenerierung bei der Überwachung technologischer Prozesse an. Es hat damit die Einarbeitungszeit für neue Mitarbeiter dramatisch reduziert und die Qualität der Prozessbetreuung erheblich verbessert. Allerdings sind das gefühlte Einschätzungen, reale Messungen liegen nicht vor. Anwendungen sozialer Technologien zu Kunden oder die Einbeziehung von Partnern in die Wertschöpfungskette finden nicht statt.
- *Einordnung in Reifegradmodell*: Die Projektgruppe kommt zur Einschätzung, dass das Unternehmen soziale Technologien bisher nur *ad hoc* eingesetzt hat, aber schon eine Integration mit dem klassischen Arbeitsprozess (Prozessmonitoring) erreicht hat (soziale Technologien *verwoben mit dem Arbeitsprozess*). Bisher ist die Anwendung auf das *Team* beschränkt, andere Abteilungen beäugen misstrauisch die Technologieinsel, die sich die Prozessmonitoringgruppe geschaffen hat, obwohl es keinen Grund gibt, sich derart *abschottend* zu verhalten (siehe Bild 9.8).
- *Stakeholder Map*: Die jungen *Mitarbeiter* der Abteilung sind begeistert von den neuen Möglichkeiten und würden gern weitere Arbeitsaufgaben damit abbilden. Die *alten Hasen* verstehen nicht, warum man das, was man immer schon gemacht hat, ändern müsste.

Und überhaupt, macht man sich damit nicht selbst überflüssig? Die *IT* möchte das System am liebsten abschalten, da es eine Unterminierung seiner IT-Governance-Hoheit befürchtet. Anders sähe es aus, wenn es das System selbst bereitstellen und betreiben könnte. Die *Personalabteilung* hat noch nie etwas von sozialen Technologien gehört, springt aber sofort auf das Reizwort „sozial" an und will sich konstruktiv in den weiteren Prozess einbringen. Der *CTO* sieht die enormen Potenziale und stellt sich als C-Level-Sponsor zur Verfügung. Der *Abteilungsleiter* der Prozessmonitoringgruppe kann als ausgewiesener *Experte* und *Vorreiter* in der Anwendung sozialer Technologien gelten.

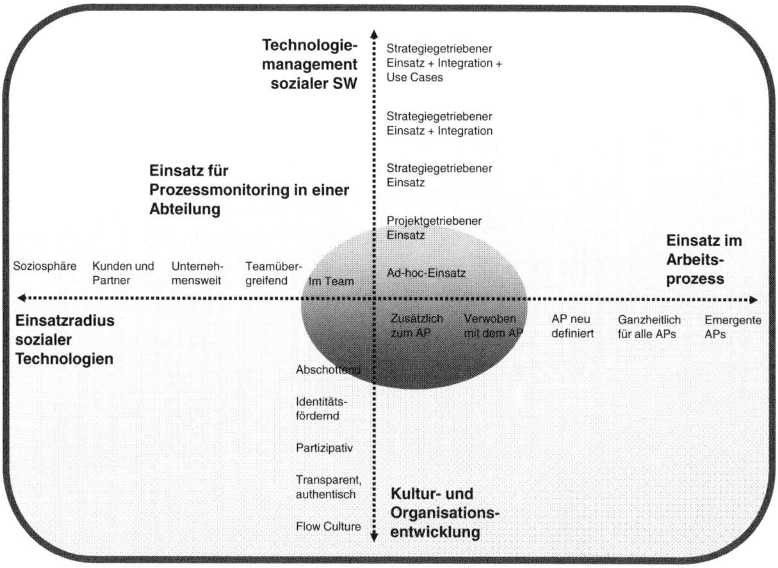

Bild 9.8: Einschätzung des Ist-Enterprise-2.0-Reifegrads der Beispielorganisation

- *Liste der Risiken und Hindernisse*: Die Projektgruppe, die das Self-Assessment vorantreibt, identifiziert folgende Herausforderungen: Es geht ein Generationenriss durch die Belegschaft, viele erfahrene Mitarbeiter stehen kurz davor, das Unternehmen zu verlassen. Vernetztes Arbeiten ist eher selten, Ursache für Fehler liegen immer in der anderen Abteilung. Das Unternehmen fürchtet sich davor, dass sensitive Daten an die Öffentlichkeit dringen. Es hat alle Mitarbeiter auf eine Geheimhaltungsvereinbarung verpflichtet. Die Mitarbeiter sind extrem belastet, für Spielereien ist einfach keine Zeit.

- *Relevanter Architekturkontext*: Momentan ist die Integration des Blog/Wiki-Systems in die Standard-IT und insbesondere das Identifikationssystem nicht gegeben, außerdem benötigt man eine spezielle Browserversion, die nicht zur Grundausstattung gehört. Eine Integration zum Intranet existiert nicht.

Outputphase 2: Enterprise 2.0 – Zielszenario

- *Vision Statement*: Unser Unternehmen sichert den verantwortungsvollen Umgang mit Wissen und fördert die abteilungsübergreifende Zusammenarbeit durch Nutzung sozialer Technologien: Wissen teilen - Generationen verbinden.
- *Identifizierter Veränderungsbedarf*: Das Unternehmen ist so groß und über mehrere Standorte verteilt, sodass nicht mehr jeder jeden kennt. Insbesondere die Identifikation von Spezialisten und Experten für gewisse Aufgaben ist schwierig. Häufig werden Teams zusammengestellt, die nicht optimal auf die Anforderungen ausgerichtet sind. Ein gewisser Bereichsegoismus sorgt dafür, dass Auslastungen lokal optimiert werden. Erstellte Dokumente verschwinden in lokalen E-Mail-Accounts. Die Ansprache und Interaktion mit Kunden soll zunächst nicht verändert werden, auch Veränderungen der typischen Wertschöpfungskonfiguration sind nicht geplant. D.h., man entscheidet sich „nur" für eine Optimierung der internen Zusammenarbeitsprozesse und möchte die wesentlich komplexeren Themen wie den Einsatz sozialer Medien in der Kundenansprache sowie Open Innovation und Co-Creation im Partnernetzwerk zunächst nicht angehen.
- *Zielreifegrad*: Das Unternehmen möchte im Rahmen eines Projektes eine Social Software Suite einführen und mit dem Intranet verbinden (Technologiereifegrad). Neben den Prozessmonitoringlösungen sollen alle weiteren Monitoringprozesse mit den Möglichkeiten der Suite gestützt und verwoben werden (Prozessreifegrad). Der CTO plant, einen internen Blog einzuführen. Neben der Prozessmonitoringabteilung soll insbesondere die Testabteilung Erfahrungen mit der Technologie sammeln. Beide sollen ihre Zusammenarbeit verstärken (Anwendungsradiusreifegrad). Kulturell möchte man die Anonymität vieler Abteilungen und Mitarbeiter mindern

und ihnen ein Sprachrohr zur Selbstdarstellung geben (Kulturreifegrad, siehe Bild 9.9).

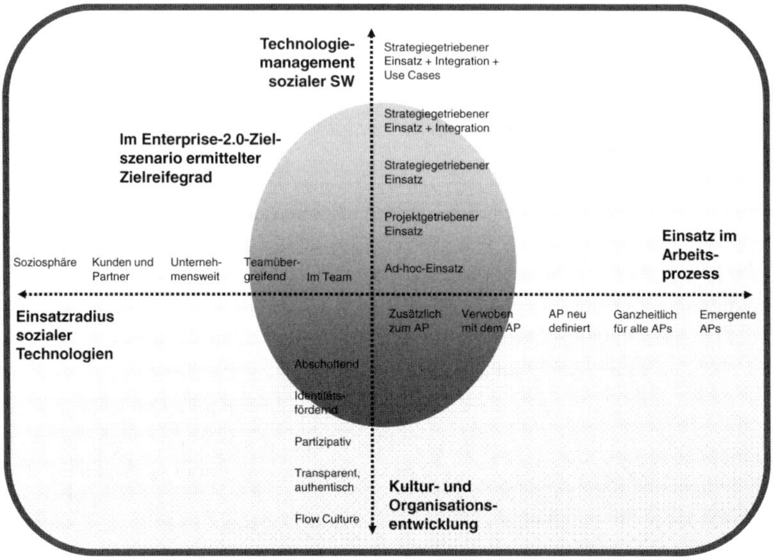

Bild 9.9: Zielreifegrad für die Beispielorganisation

- *Angestrebter Wettbewerbsvorteil*: Das Unternehmen möchte zu einer *Kostensenkung* bei Einarbeitung neuer Mitarbeiter kommen und sicherstellen, dass eine optimale Einarbeitung erfolgt. Weiterhin strebt es die bewusste Zusammenstellung von *High Performance Teams* an, die über die geeigneten Experten des Unternehmens verfügen, aber auch der Diversität des Unternehmens Rechnung tragen. Das Unternehmen strebt eine *neue Qualität* seiner Prozessmonitoringdienstleistungen an.
- *Wertversprechen, ROI*: 50 % Einsparung bei Einarbeitungszeiten; signifikante Steigerung der Kundenzufriedenheit mit den Prozessmonitoringdienstleistungen.
- *Liste Pilotanwendungen*: Identitätsanwendungen, selbst gestaltete Profile von Mitarbeitern und Abteilungen. Sämtliche Prozesse, die im Schichtrhythmus ablaufen, sollen den Schichtübergabeblog einführen. Die Personalabteilung soll ein allgemeines Einarbeitungs-Wiki bereitstellen und von den sich Einarbeitenden weiter pflegen

lassen. Die Prozessmonitoringabteilung soll versuchen, sämtliche Meetingdokumentationen für technische Weiterentwicklungen in der neuen Lösung abzubilden.

Outputphase 3: Enterprise 2.0 – Technology and Governance Frameworks

- *Anforderungsanalyse*: Aus den Erfahrungen der Pilotabteilung, aus dem geplanten Zielszenario und den dort beschriebenen Use Cases hat sich eine vorläufige, dokumentierte Liste von Anforderungen ergeben.
- *Ausschreibungsunterlagen*: Das Unternehmen beschließt, auf eine formale Ausschreibung zu verzichten und stattdessen eine eigene Bewertung möglicher Lösungen und Lösungsanbieter vorzunehmen.
- *Dokumentierte Lösungsbewertung und -auswahl:* Aufgrund funktionaler Überlegungen, Anforderungen bezüglich Integrierbarkeit sowie von Kostenbetrachtungen entschließt sich das Unternehmen für eine preiswerte Lösung einer Social Software Suite, die Social Networks, Bookmarks, Wikis und Blogs unterstützt. Das Abonnieren von Feeds wie auch das Tagging von Artikeln, Kommentaren und Dokumenten ist möglich. Eine Versionskontrolle von Dokumenten ist zunächst nicht möglich. Das Active Directory des Unternehmens ist einbindbar und somit die Quelle von Authentifizierung. Für die Migration bisheriger Contents aus dem CMS wird ein Plug-in bereitgestellt.
- *Implementierte und eingeführte Lösung*: Ein Dienstleister wird mit der Realisierung des Lösungs-Rollouts beauftragt. Nach drei Monaten soll eine Übergabe an die zentrale IT erfolgen.
- *Eingeführtes Integrations-, Qualitäts- und Governance-Konzept*: Die Lösung wird im Intranet integriert, die fachliche Eigentümerschaft erhalten die Abteilung für Prozessmonitoring und die Testabteilung. Die Unternehmenskommunikation steuert die Blog- und Wiki-Policy bei, die Policies werden in den Code of Conduct sowie den IT-Governance-Regeln integriert. Ein Wiki-Gärtner sichert die kontinuierliche Weiterentwicklung von Strukturen, Navigation und benötigter Templates. Die zentrale IT verabschiedet Service Level Agreements für das neue „Social Intranet“. Ein Steering Board entscheidet über weitere Anpassungen und Technologieerweiterungen.

Outputphase 4: Enterprise 2.0 – Rollout und Adoption

- *Realisierter und überführter Anwendungsfall*: Das bisherige Vorgehen der Prozessmonitoringabteilung wird in die neue Lösung migriert. Experten- und Abteilungsprofile entstehen. Der CTO ist Vorreiter bei der Anlage seines Profils, sein interner Blog findet zunehmend Interesse in der Belegschaft, eine rege Kommunikation entsteht. Überraschenderweise stellen sich alle Standorte mit einem eigenen Profil vor, damit hatte keiner gerechnet. Ebenfalls nicht, dass Innovation damit beginnt, ein unternehmensweites Ideenmanagement nachvollziehbar zu etablieren.
- *KPIs pro Anwendungsfall*: Das Projektteam beschließt, ein allgemeines Reporting der Nutzung der Lösung zu etablieren. Dazu zählen dann Daten zu angelegten Profilen, angelegten Arbeitsbereichen sowie die zugehörigen Aktivitätsindizes (Anlegen, Schreiben, Lesen, Verändern). Man beschließt, die erwartete Verkürzung von Einarbeitungszeiten durch eine Stichprobe mithilfe von Interviews zu überprüfen. Die Werte zur Kundenzufriedenheit werden standardmäßig erhoben, hier werden die Trends beobachtet. Für das Ideenmanagement wird ein Beobachten der Entwicklung von Ideen nach Anzahl und Status beschlossen.
- *Fortgeschriebene Liste möglicher Piloten*: Das Unternehmen überlegt, ob es den erfolgreichen CTO-Blog auch fallweise nach außen öffnet, um eventuell Feedback von Kunden und Partnern auf diesem Wege aufzunehmen. Die Personalabteilung will einen einfachen RSS-Feed auf neue Jobpositionen eröffnen, der von Interessenten abonniert werden kann.
- *Success Stories*: Der ungeplante Erfolg des Ideenmanagements verdeutlicht dem Unternehmen seine eigene Innovationskraft und Kreativität. Die Standorte pflegen plötzlich ihre eigene Identität. Das Unternehmen nutzt diese Diversität jetzt als Chance, insbesondere im Aufbau von High Performance Teams. Neue Mitarbeiter zeigen ein überdurchschnittlich hohes Commitment dem Unternehmen gegenüber, Befragungen zeigen, dass die neuen Möglichkeiten zur Einarbeitung und Zusammenarbeit sehr geschätzt werden. Höchste Produktivität und Auslastung neuer Mitarbeiter sind im Durchschnitt sechs Wochen früher gegeben.

Outputphase 5: Enterprise 2.0 – Assessment und Review

- *Lessons Learned*: Eine Sammlung aller gemachten Erkenntnisse wird erzeugt und strukturiert im Wiki abgelegt.
- *KPIs der Piloten*: Die Interviews bezüglich der Einarbeitungszeiten haben ein heterogenes Bild ergeben. Bis zu 50 % Beschleunigung wurden dort erreicht, wo eine hervorragende Dokumentation der realen Monitoringprozesse vorlag und alle Ressourcen hervorragend verlinkt und „entdeckbar" waren. Die Adoption in der Testabteilung ließ überraschenderweise stark zu wünschen übrig. Man stellt fest, dass eine Korrelation zwischen Durchschnittsalter der Abteilung und der Nutzungshäufigkeit vorliegt.
- *Entscheidungsvorlagen*: Um die Adoptionsraten zu erhöhen, wird vorgeschlagen, eine Supportgruppe ins Leben zu rufen, die einmal pro Woche eine Stunde konkrete Nutzungsbeispiele zeigt und insbesondere die Mediation zwischen Digital Natives und Nondigital Natives fördert.

Wir haben bisher ein bisschen anonym vom Projektteam gesprochen. Was macht denn ein gutes Projektteam für die Einführung von Enterprise 2.0 aus? Nun, um es kurz zu machen, neben den klassischen Erfolgsfaktoren im Projektmanagement, vor allem eines: **Leidenschaft.**

Damit wird es auch gelingen, die Hürden, die der reale Unternehmensalltag bei der Realisierung eines neuen Konzeptes vor uns auftürmt, zu überwinden.

9.4 Fazit des Buches

Die Herausbildung des digitalen Lebens- und Geschäftsraums, seine geschäftliche und private Nutzung als Informations-, Kommunikations- und Transaktionsmedium in einer globalisierten Welt, hat zu einer Veränderung der Umweltbedingungen und traditioneller Hoheitsgebiete von Unternehmen geführt.

Neben den klassischen Feldern der Auseinandersetzung von Unternehmen zur Gestaltung von Wettbewerbsvorteilen (Prozesse und Kosten, Kundenbindung und Marke, Technologie und Produkt) wird die Fähigkeit, das intellektuelle, kreative und innovative Potenzial des Unternehmens sowie all seiner Stakeholder (Kunden, Partner) schnell abzurufen, zu mobilisieren und im Verbund umsetzen zu können, ein neuer Brennpunkt der Unternehmensführung.

Das Enterprise 2.0-Konzept adressiert und unterstützt diese benötigte Wettbewerbsfähigkeit durch neue Zusammenarbeitsmuster, neue Interaktionsmuster mit Kunden sowie neue Muster der Wertschöpfung, basierend auf Prinzipien der Einbeziehung und Anerkennung.

Technologisch werden diese Muster durch soziale Software gestützt, der Einsatz der Technologie muss durch ein gesteuertes Vorgehen ergänzt werden, um die möglichen Netzwerkeffekte und Potenziale zu erzielen.

Vor den Unternehmen liegt eine längere Phase der Anpassung und Gestaltung des Übergangs zum Enterprise 2.0, die sich insbesondere in sozialen Intranets, soziale Medien nutzenden Internetauftritten und veränderten Arbeitsprozessmustern manifestieren wird.

Anhang

Die Handlungsfelder des Enterprise 2.0

Handlungsfeld	Aufgaben/ Schritte	Bedeutung für Unternehmen	Relevanz für Ihr Unternehmen?
Soziale Geschäftskonfiguration nach außen	1. Soziodigitales Profil der Zielgruppe(n) ermitteln 2. Konfiguration der sozialen Medien (Social Media Configuration) 3. Digitale Geschäftsarchitektur (Digital Business Architecture)	Gestaltung von **Wachstum** durch beobachtete und gesteuerte Interaktion mit aktuellen und potenziellen Märkten; **Agilität** in Management von Kundenerwartungen, höhere Kundenzentriertheit	
Soziale Unternehmenskonfiguration nach innen	1. Technology and Governance Framework (Enterprise-2.0-Architektur) 2. Adoption und Unternehmensdurchdringung 3. Emergenz und Selbstorganisation	**Transformation** von Geschäftsprozessen, die auf Zusammenarbeit beruhen, hin zu größerer Effizienz (**Kostenvorteile**), höherer Qualität und völlig neuen Möglichkeiten (Netzwerkeffekte); höhere **Adaptivität** durch Kräfte der Selbstorganisation	
Gestaltung der Grenzübergänge des Unternehmens (Permeabilitätskonfiguration)	1. Neugestaltung der Wertschöpfungskonfiguration 2. Neugestaltung der logisch-organisatorischen Grenzen des Unternehmens 3. Veränderung der inneren Grenzziehung des Unternehmens	**Innovationsvorteile** durch Einbeziehung von Kunden und Partner in frühe Phasen der Wertschöpfung; Nutzung **offener Geschäftsmodelle**; höhere **Leistungsfähigkeit** des Unternehmens	

Elemente sozialer Software

Element sozialer Software	Definition	Einsatz im Unternehmen	Relevanz für Ihr Unter-nehmen?
Wikis	Repositories gemeinsam erstellbarer und versionsgesicherter Inhalte	▪ Work in Progress ▪ Prozesshandbücher ▪ FAQs ▪ Glossare ▪ Wissensbank	
Blogs	Kommentierbares Tagebuch im Internet oder Intranet; stark durch einen Autor oder eine Autoren-gruppe dominiert	▪ Wissensblog ▪ Serviceblog ▪ Kampagnenblog ▪ Themenblog ▪ Produktblog ▪ Markenblog ▪ Kundenblog ▪ Krisenblog	
Social Networks	Kontaktanbahnung und Kontaktpflege im virtuellen Raum; Träger digitaler Reputation	▪ Das „neue" Telefonbuch ▪ Informelle Vernetzung jenseits klassischer Unternehmens-zuordnungen ▪ Eigendarstellung von Mitarbeitern	
Social Bookmarks	Gemeinsam einsehbare und mit Metainformation versehene Sammlung von Links im Internet oder Intranet	▪ Nutzung kollektiver Intelligenz, um die Relevanz von Links zu bewerten ▪ Hot Topics erkennen	
Mikroblogs	SMS die von Interessenten abonniert wird	▪ Kontextsensitivität zu Vertriebs- oder Projektfortschritt schaffen	
Feeds	Abonnierbare Nachrichtenkanäle	▪ Filter für Informationsflut ▪ Up to date bleiben	
Tagging	Schlagwörter für Inhalte (Dokumente, Bilder, Artikel, Videos)	▪ Semantische Bezüge darstellen ▪ Zusammenhänge sichtbar machen	
Mashups	Integration von Daten, Logik und Darstellung aus verschiedenen Quellen	▪ Wiederverwendung vorhandener Funktionalitäten in unterschiedlichen Kontexten	

Netzwerkeffekte

Netzwerkeffekt	Definition	Einsatz im Unternehmen	Relevanz für Ihr Unternehmen?
Kleine-Welt-Effekt und schwache Verbindungen	Existenz kurzer Wege zu beliebigen Personen und Themen, die zunächst außerhalb des Fokus des Unternehmens liegen	▪ Aufnahme neuer Impulse ▪ Nutzung schwacher Verbindungen	
Navigierbarkeit und Nutzbarkeit des Kleine-Welt-Effekts	Sichtbarmachung existierender Verbindungen	▪ Beziehungsgestaltung und -management ▪ Impulse in Krisen und schwierigen Situationen	
Robustheit und Ultrarobustheit	Resistenz eines Unternehmens bezüglich Information Overflow und resultierendem Entscheidungsstau sowie bezüglich Ausfall von Unternehmenseinheiten	▪ Adaptivität ▪ Agieren unter schwierigen Bedingungen ▪ Überleben	
Bevorzugte Anlagerung	Ausnutzung von Konzentrations- und Kondensationseffekten bezüglich Wissen, Relevanz, Kontakten	▪ Thought Leadership ▪ Marktführerschaft	
Unsichtbare Schule	Gleiche und konsistente, wiedererkennbare Vorgehensweise eines Unternehmens zu einem Thema	▪ Wiedererkennbarkeit „Marke" ▪ Standardisierung von Vorgehensweisen	
Hochleistungsteams	Zusammenstellung optimaler Teams bezüglich Performance, Diversität und Erfahrung	▪ Mission Impossible ▪ Breakthrough Achievements	
Klassische Netzwerkeffekte; Reed's Law	Steigerung des Wertes des Netzwerks durch Erhöhung der Teilnehmeranzahl	▪ Ausnutzung der maximalen Durchdringung der Organisation	
Kollektive Intelligenz	Ausnutzung von systemischen Rückkopplungen von Gruppen von Individuen	▪ Relevanzverstärkung ▪ Entscheidungsfindung ▪ Prognosen	
Phasenübergang zum nächsten Fitnesslevel	Optimierung einer Organisation bezüglich notwendiger Zielparameter	▪ Meisterung von Anpassung und Veränderung	

Wertversprechen von Enterprise 2.0 (1/2)

Wert-versprechen	Einsatz im Unternehmen	Relevanz für Ihr Unter-nehmen?
„One Meeting – One Place" Effiziente Meeting Organisation und Nachbereitung	▪ Verkürzung der Bereitstellungszeit für Protokolle ▪ Verbesserung der Qualität und Konsistenz von Protokollen ▪ Sicherung der Verwertbarkeit (Finden) von Ergebnissen ▪ Reduktion von E-Mails ▪ Reduktion von Speicherplatz	
„One Process – One Context" Verbesserte Geschäftsprozesse	▪ Verkürzung der Prozessdurchlaufzeit ▪ Verringerung des Arbeitsaufwand im Prozess ▪ Verbesserung der Qualität der Prozessleistung ▪ Steigerung der Kundenzufriedenheit ▪ Steigerung der Mitarbeiterzufriedenheit ▪ Verbesserung der Agilität bei Prozess-anpassungen	
„Users Create Knowledge – per default" Wissen lokalisieren, erzeugen und verbinden	▪ Kostenreduktion altes Wissensmanagement ▪ Verkürzung von Einarbeitungszeiten ▪ Transfer von Wissen in die Organisation (Prozesse, Prozeduren, Standards, Tools) ▪ Steigerung der Innovationsrate im Unternehmen ▪ Wissensbilanz	
„Openness on Demand" Einbeziehung unternehmens-externer Stakeholder	▪ Verkürzung der Rüstzeiten für Einbeziehung ▪ Steigerung des Innovationsanteils mit Kunden und Partnern ▪ Reduktion der Standardkosten für Marktforschung ▪ Verkürzung der Time to market ▪ Steigerung der Erfolgsrate Innovation ▪ Ideenmanagement mit Außenwelt	
„Users Collaborate – per default" Standardisierung von Zusammen-arbeit und Projekt-management	▪ Vekürzung der Rüstzeiten für Zusammenarbeit ▪ Verkürzung der Projektrüstzeiten ▪ Senkung von Budgetüberschreitungen ▪ Senkung von Terminüberschreitungen ▪ Verbesserte Erreichung von Projektsachzielen ▪ Steigerung der Staffing Effektivität ▪ Verbesserung der Konformität, Agilität	
„Strange Attractor" Anziehungskraft und Motivations-faktor sozialer Technologien	▪ Gewinnung von Talenten ▪ Austausch von Erfahrungen zwischen Belegschaftsgenerationen ▪ Steigerung der Durchdringungsrate sozialer Technologien im Unternehmen	

Wertversprechen von Enterprise 2.0 (2/2)

	Kostensenkung	Produktivitätssteigerung	Neue Möglichkeiten
Einbeziehung der Außenwelt	▪ Schnelleres und automatisches Vorselektieren relevanter Informationen ▪ Nutzung Social Media Research	▪ Schnellere Aufnahme von Markttrends ▪ Crowd Sourcing	▪ Gesteigerte Adaptivität, Robustheit und Ultrarobustheit der Organisation ▪ Open Innovation, Talentmagnet ▪ Wissensbilanzen
Entscheidungs- und Zusammenarbeitsprozesse mit Kunden und Partnern	▪ Schnelligkeit der Einbeziehung ▪ Zentrales Repository der Kundenanforderungen ▪ Termin, Budgeteinhaltung in Projekten ▪ Time to Market	▪ Schnellere Kundenreaktion ▪ Bessere Servicequalität ▪ Besseres Projektmanagement ▪ Höhere Innovationsrate und Innovationserfolgsrate ▪ Höhere Prozessleistungen	▪ Partner- und kundengetriebene Innovation ▪ Nächstes Fitnesslevel der Organisation ▪ Unsichtbare Schule im Unternehmen ▪ Agilität bei Prozessänderungen
Entscheidungs- und Zusammenarbeitsprozesse im Unternehmen	▪ Schnellere Bereitstellungszeiten und Einbeziehung aller relevanten Informationen ▪ Reduktion von E-Mail-Aufkommen und -Bearbeitung, Speicherplatz ▪ Sinkende Prozessdurchlaufzeiten ▪ Wissensmanagement integriert in normale Arbeitsprozesse	▪ Qualität von Arbeitsergebnissen ▪ Bessere Wissensgenerierung und Erhaltung von Intellectual Properties ▪ Sinkende Einarbeitungszeiten ▪ Lebende und lebbare Prozesse ▪ Standards für Zusammenarbeit	▪ Kontexte zu strukturierten Informationsprozessen (aus ERP, CRM ...) und unstrukturierten Bearbeitungssituationen ▪ Vernetzung und Rückkopplung von und zwischen Personen, Ereignissen, Daten, Informationen ▪ Mediation zwischen Digital Natives und Nondigital Natives

Blueprints von Enterprise 2.0 (1/2)

Abteilung	Einsatzmöglichkeiten für Enterprise 2.0	Relevanz für Ihr Unter-nehmen?
Innovation	▪ Ideenmanagement als partizipativen Prozess gestalten ▪ Innovation Jams ▪ Open Innovation ▪ Innovation Networks ▪ Innovation Tweets	
Forschung und Entwicklung	▪ Wissens-Wikis, Wissens-Bookmarks ▪ Projektmanagement-Templates ▪ News Blog ▪ Interest Groups und Kompetenz-Center als Social Networks mit eigenem Identitäts-Space ▪ Entwicklungsprozesse mit integriertem Wissens-Wiki, Issue Tracking und Communication Blog ▪ Task- und Fortschrittsmanagement im Wiki ▪ Co-Creation ▪ Crowd Sourcing, Developer Communities ▪ Open Business Models (Open Source, Open Data, Open Access, User Generated Content, Context und Services)	
Betrieb und Operations	▪ Blogs für Monitoring von Veränderungen von Anlagen und Prozessen ▪ Schichtübergabe per Blog ▪ Exception Tweets ▪ Wissens-Wiki	
Prozess-entwicklung und -management	▪ Prozesshandbücher als Wiki ▪ Prozess-Templates ▪ Best Practice Wikis ▪ KPI und Process Monitoring Wikis	
Personal	▪ Alumni-Networks in Social Networks ▪ Job Tweet ▪ „Welcome"- und Einarbeitungs-Wikis ▪ Social Employer Branding ▪ Nutzung von Arbeitgeber-bewertungsportalen ▪ Team Deployment Wikis ▪ Anziehungskraft für Digital Natives ▪ Mediation zwischen Digital Natives und Nondigital Natives ▪ Quick Rolls und Feedback-Management ▪ Ganzheitliches digitales Reputations-management der Individuen und des Unternehmens	

Blueprints von Enterprise 2.0 (2/2)

Abteilung	Einsatzmöglichkeiten für Enterprise 2.0	Relevanz für Ihr Unternehmen?
Kundenerfahrungsmanagement, Kundendialog	▪ Enterprise Blogs ▪ Kunden-Communitys ▪ Kundenforen ▪ Kunden-Wissens-Wikis ▪ Kundenbeirat ▪ Lead-Kunden-Unterstützung ▪ Lead-User-Unterstützung	
Marketing/Lead Management/ Vertrieb	▪ Social Media Configuration ▪ Sales Tweets für Heben der Cross- und Upselling-Potenziale ▪ Opportunity Development Wiki ▪ Referenzlösungs-Wiki ▪ Sales Community ▪ CRM 2.0 – Mashup zwischen Projekt/Produkt, Kunde, handelnden Personen und offenen Fragen	
Unternehmenssteuerung, Finanzen, Controlling	▪ Prediction Markets für Planung und Forecasts ▪ Risk Monitoring Blogs	
Führung und Kommunikation	▪ Executive Blog und Kommentare ▪ News Tweets ▪ Team- und hierarchieübergreifende Kommunikation ▪ Personal Blogs – digitale Reputation ▪ Strategie-Wiki ▪ Strategie-Execution – BSC-Wiki ▪ Verfolgen strategischer Initiativen ▪ Change Management Wikis ▪ Change Jams – Austausch zu Kultur und Werten einer Organisation ▪ Agenda- und Protokoll-Repositories	

Enterprise-2.0-Reifegrad (1/2)

Wo befindet sich Ihr Unternehmen beim Einsatz sozialer Software im Unternehmen?

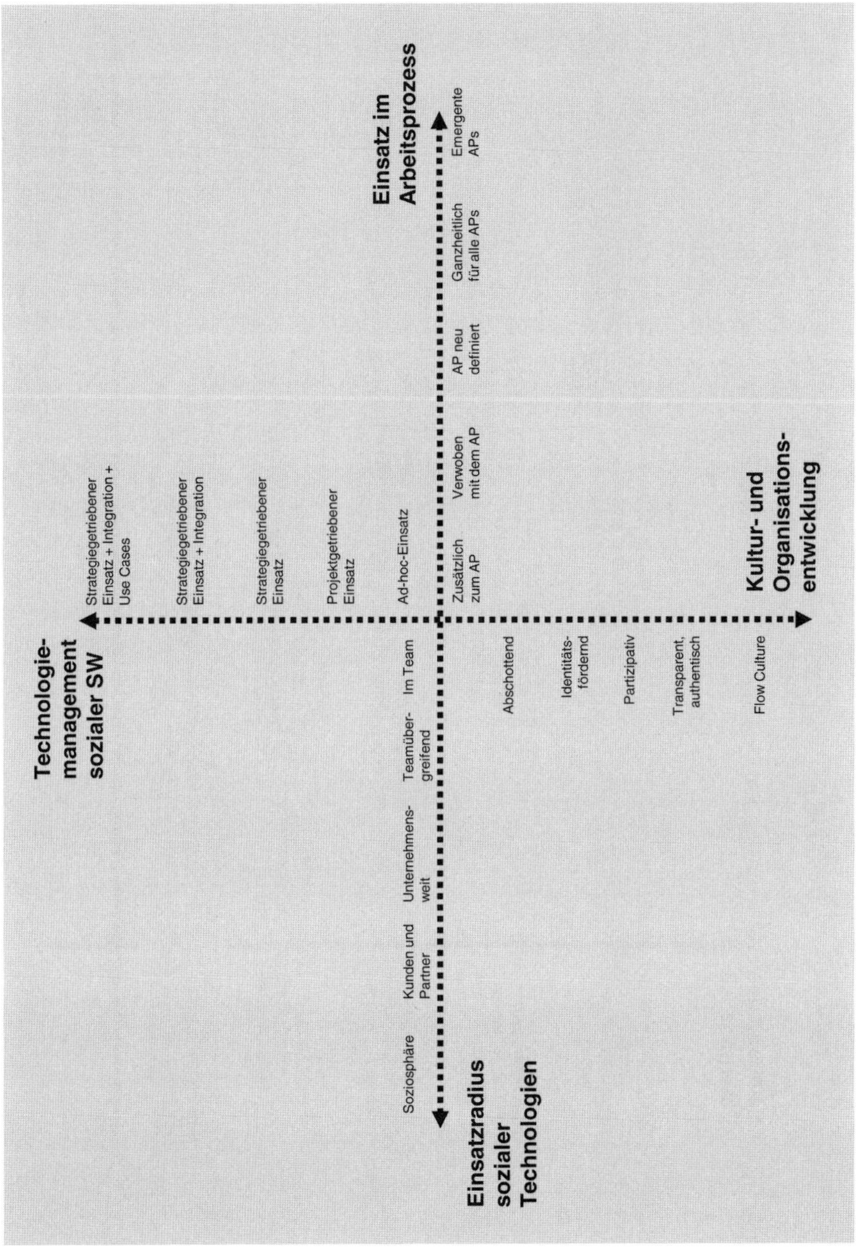

Enterprise-2.0-Reifegrad (2/2)

Auf welcher Stufe befindet sich Ihr Unternehmen?

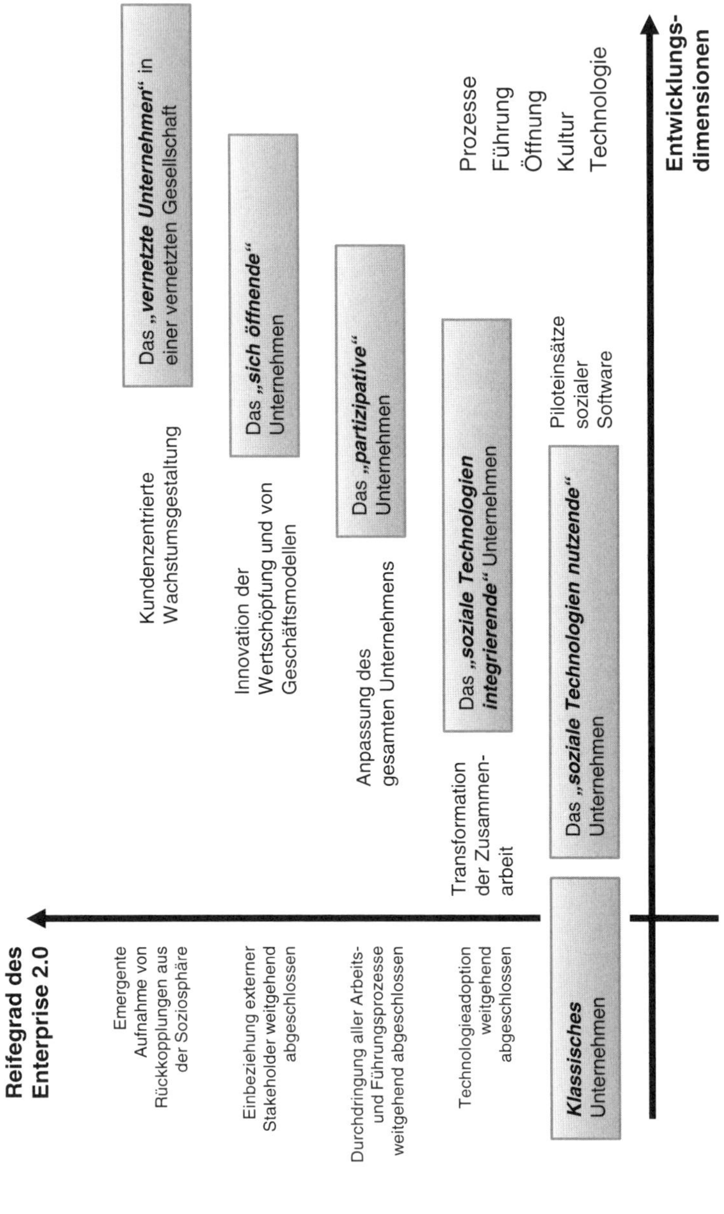

Vorgehensmodell Enterprise 2.0

1 Enterprise 2.0 – Self-Assessment

Verantwortlich
- Projektteam
- Fachabteilungen

Input
- IT-Architektur
- Dokumente
- Interviews

Aufgaben
- Handlungsfelder charakterisieren
- Kulturcheck
- Prozesse auf Verwendung sozialer Technologien analysieren
- Stakeholderanalyse
- Risiken und Hindernisse identifizieren
- Architekturscan

Output
- Iststatus
- Einordnung in Reifegradmodell
- Technologie-, Prozess-, Anwendungsradius und Kulturreifegrad
- Stakeholder Map
- Liste der Risiken und Hindernisse
- Relevanter Architekturkontext

Tools
- Handlungsfelder Enterprise 2.0 (Kap. 2)
- Liste sozialer Technologien (Kap. 3)
- Reifegradmodell (Kap. 8)
- Benchmarks und Blueprints aus Fallstudien (Kap. 6)

2 Enterprise 2.0 – Zielszenario

Verantwortlich
- Projektteam
- Sponsor C-Level
- Fachabteilungen

Input
- Ergebnisse Enterprise 2.0 – Self-Assessment
- SWOT

Aufgaben
- Formulieren der geplanten Fortschritte
  - Technik
  - Prozessadaption
  - Einbeziehungsgrad
  - Kultur

  (Technik, Prozessadaption, Einbeziehungsgrad, Kultur: Reifegrad)
- Ermitteln der präferierten Handlungsfelder
- Formulieren der geplanten Netzwerkeffekte
- Formulieren der geplanten Wertversprechen
- Ermitteln möglicher Anwendungspiloten

Output
- Zielformulierung, Vision Statement
- Identifizierter Veränderungsbedarf
- Zielreifegrad
- Angestrebter Wettbewerbsvorteil
- Wertversprechen, ROI
- Liste Pilotanwendungen

Tools
- Reifegradmodell (Kap. 8)
- Handlungsfelder Enterprise 2.0 (Kap. 2)
- Liste der Netzwerkeffekte (Kap. 4)
- Wertversprechen des Enterprise 2.0 (Kap. 5)
- Benchmarks und Blueprints aus Fallstudien (Kap. 6)
- Referenzarchitektur (Kap. 7)

3 Enterprise 2.0 – Technology and Governance Frameworks

Verantwortlich
- Projektteam
- IT, Enterprise-Architekt

Input
- Ergebnisse Enterprise 2.0 – Self-Assessment
- Ergebnisse Enterprise 2.0 – Zielszenario
- Interne IT-Architekturen und Schnittstellen

Aufgaben
- Anforderungsanalyse
- Lösungsbeschreibung
- Lösungsauswahl
- Lösungsimplementierung
- Lösungseinführung
- Integrationskonzept erstellen
- Qualitätssicherungskonzept erstellen
- Governance-Konzept erstellen
- Schulungen zur Einführung

Output
- Liste dokumentierter Anforderungen
- Gegebenenfalls Ausschreibungsunterlagen
- Dokumentierte Lösungsbewertung und -auswahl
- Implementierte und eingeführte Lösung
- Eingeführtes Integrations-, QS- und Governance-Konzept

Tools
- Liste sozialer Technologien (Kap. 3)
- Referenzarchitektur (Kap. 7)
- Investitionsrechnung
- Nutzwertanalyse

4 Enterprise 2.0 – Rollout und Adoption

Verantwortlich
- Projektteam
- Fachbereich, IT
- Kommunikation
- Change Group

Input
- Enterprise 2.0 – Technology and Governance Frameworks
- Enterprise 2.0 – Self-Assessment
- Enterprise 2.0 – Zielszenario
- Ergebnisse früherer Adoptionswellen

Aufgaben

a) Geplante Anwendungsfälle unterstützen
- Auswahl von Pilotanwendungen
- Enterprise 2.0 Champion (Person) identifizieren und unterstützen
- C-Level oder Senior Manager Support und Involvierung sicherstellen
- Realisierung
- KPIs festlegen
- Veränderung der Kultur begleiten
- Verbreitung der Pilotanwendungsfälle
- Erfolgsstorys aufgreifen und publizieren

b) Emergente Anwendungsfälle unterstützen
- Emergente Anwendungsfälle identifizieren
- Weiteres Vorgehen wie unter a)

Output
- Realisierter und überführter Anwendungsfall
- KPIs pro Anwendungsfall
- Fortgeschriebene Liste möglicher Piloten
- Success Stories

Tools
- Benchmarks und Blueprints des Enterprise 2.0 (Kap. 6)
- Enterprise-2.0-Pattern und Wertversprechen (Kap. 5)

5 Enterprise 2.0 – Assessment und Review

Verantwortlich
- Projektteam
- Process Management Group

Input
- Anwendungsfälle

Aufgaben
- KPIs der Pilotanwendungen ermitteln und messen
- Bewerten der verschiedenen Piloten und Anwendungsfälle
- Entscheidungsvorbereitung, den Piloten fortzuführen, zu erweitern oder einzustellen

Output
- Lessons Learned
- KPIs der Piloten
- Entscheidungsvorlagen

Tools
- Logbücher des Technology Framework
- KPIs der Wertversprechen (Business Case, vgl. Kap. 5)

Abkürzungen

AoP	Architecture of Participation
AP	Arbeitsprozess
API	Application Program Interface
ARPANet	Advanced Research Projects Agency Network
AS	Autonomous Systems
B2B	Business-to-Business
B2C	Business-to-Consumer
BCC	Blind Carbon Copy
BI	Business Intelligence
BSC	Balanced Scorecard
C2C	Consumer-to-Consumer
CAGR	Compound Annual Growth Rate
CAPTCHA	Completely Automated Public Turing test to tell Computers and Humans Apart
CC	Carbon Copy
CCL	Creative Commons License
CDC	Cooperate don't control
CEO	Chief Executive Officer
CGI	Common Gateway Interface
CI	Collective Intelligence
CIA	Central Intelligence Agency
CMM	Capability Maturity Model
CMMI	Capability Maturity Model Integration
CMMI-ACQ	Capability Maturity Model Integration for Acquisition
CMMI-DEV	Capability Maturity Model Integration for Development
CMMI-SVC	Capability Maturity Model Integration for Services
CMS	Content Management System

CRM	Customer Relationship Management
CSS	Cascading Style Sheet
CTO	Chief Technical Officer
DB	Datenbank
DfM	Design for Mashup
dmoz	Directory Mozilla
DNI	Data next Intel inside
DWH	Data Warehouse
EBIT	Earnings Before Interest and Taxes
E-Commerce	Electronic Commerce
EFQM	European Foundation for Quality Management
EIS	Enterprise Information Systems
EITO	European Information Technology Observatory
E-Mail	Electronic Mail
ERP	Enterprise Resource Planning
F&E	Forschung und Entwicklung
FAQ	Frequently Asked Questions
FBI	Federal Bureau of Investigation
FTP	File Transfer Protocol
GPL	GNU General Public License
HR	Human Resources
HTML	Hypertext Markup Language
HTTP	Hypertext Transfer Protocol
IaaS	Infrastructure as a Service
IM	Instant Messaging
IMP	Interface Message Processor
IP	Internet Protocol
ISP	Internet Service Provider
KPI	Key Performance Indicator
LT	Long Tail
MIT	Massachusetts Institute of Technology
NASA	North American Search Authority
NDA	Non Disclosure Agreement

NSF	National Science Foundation
NSFNet	National Science Foundation Network
OECD	Organisation for Economic Cooperation and Development
OPM3	Organizational Project Management Maturity Model
OSS	Open-Source-Software
P2P	Peer-to-Peer
PaaS	Platform as a Service
PB	Perpetual Beta
PC	Personal Computer
PLM	Product Lifecycle Management
PHP	Hypertext Preprocessor
PMBoK	Project Management Body of Knowledge
PMI	Project Management Institute
PPS	Produktionsplanungs- und Steuerungssysteme
REST	Representational State Transfer
RIPE	Réseaux IP Européens
ROI	Return on Investment
RPC	Remote Procedure Call
RSS	Rich Site Summary, RDF Site Summary oder Really Simple Syndication (abhängig von RSS-Version)
RUE	Rich User Experiences
SaaS	Software as a Service
SB	Social Bookmarks
SECI	Socialization, Externalization, Combination, Internalization
SEI	Software Engineering Institute
SLA	Service Level Agreement
SMS	Short Message Service
SN	Social Networks
SOA	Service Oriented Architecture
SOAP	Symbolic Optimizer and Assembly Program
SQL	Structured Query Language
SROI	Social Return on Investment

SRR	Simple RSS Reader
SRR	Some Rights Reserved
SSL	Secure Socket Layer
SW	Software
SWOT	Strengths, Weaknesses, Opportunities, Threats
TCO	Total Cost of Ownership
TCP	Transmission Control Protocol
TNS	Target Name Space
UaV	Users add Value
UGC	User Generated Content
URI	Uniform Resource Identifier
URL	Uniform Resource Locator
VoIP	Voice over IP
WaP	Web as Platform
WOA	Web Oriented Architecture
WoM	Word of Mouth
WWW	World Wide Web
XML	Extensible Markup Language

Glossar

Active Browsing

Ermöglicht das individuelle Modifizieren der Anzeige einer Seite im Browser (typischerweise durch Ausführung von JavaScript-Anweisungen).

Adressierungsschema

Beschreibt generell, wie der Aufenthaltsort eines Zieles oder eines Operanden gefunden werden soll. Im Internet wird zurzeit vorrangig das IPv4-Adressierungsschema im klassenlosen Inter-Domain Routing benutzt. Eine solche IP-Adresse besteht aus einem Teil, der das zu adressierende Netzwerk bestimmt und einem Teil, der den Host (Rechner) in diesem Netzwerk bestimmt. Auf Grund des zu erwartenden Engpasses an IPv4-Adressen ist bereits der Nachfolgestandard IPv6 spezifiziert.

AJAX

Asynchrones JavaScript and XML, erlaubt die Gestaltung interaktiver Web-Applikationen, die in ihrer Leistungsfähigkeit und Nutzerfreundlichkeit die klassischer Desktop-Applikationen erreichen. Ajax überkommt damit das klassische Eine-Seite-pro-Aufruf-Paradigma des Webs.

Anwendungsschicht

Häufig oberster Bestandteil aller Schichtenarchitekturen, z. B. im im OSI Modell (Open Systems Interconnection), spezifiziert wie Anwendungen in einem Netzwerk zusammen arbeiten können.

API

Application Programming Interface, Schnittstelle, mit der ein Entwickler Dienste einer Komponente ansprechen und damit für sich nutzbar machen kann.

Application Layer

Siehe Anwendungsschicht

Architecture Integration Layer

In diesem Buch verwendeter Begriff, der die technische Integration sozialer Software (social Software Stack) zu anderen Technologiestacks beschreibt und regelt, z. B. die technische Integration in das Intranet oder den Internet-Auftritt eines Unternehmens.

Autonomous Systems

Ein autonomes System im Internet ist eine Sammlung von Netzwerk-Identifikatoren (-prefixen) mit der eine einheitliche Routing-Vorgehensweise durch einen oder mehrere Internet Service Provider verbunden ist.

Bevorzugte Anlagerung

Bekannter Effekt in Netzwerken, der zur statistisch weit über dem Mittelwert liegenden Anhäufung von Verbindungen zu einzelnen Knoten des Netzwerks führt (Beispiele: Streckenverbindungen von großen Flughäfen, Verlinkung von/auf spezielle Webseiten).

Blog

Verlinkbares und kommentierbares Tagebuch im Web.

Blogosphäre

Gesamtheit aller Blogs im Web.

Broker

Vermittler (von Informationen oder anderen Gütern).

Browser

Software zum Zugriff und zur Anzeige von Informations- oder Serviceressourcen, typischerweise aus dem Web, aber auch lokale Verwendung möglich. Web Browser sind in der Lage, Ressourcen anhand ihrer URI aufzuspüren, über das richtige Protokoll mit ihnen in Verbindung zu treten und ihre Inhalte zur Anzeige zu bringen. Plugins erweitern die Standard-Fähigkeiten von Browsern, z. B. zur Anzeige spezieller Medientypen.

CaptChas

Sicherheitsmechnanismus, der in Webseiten eingebaut wird, um computerunterstützten Missbrauch zu verhindern. Typischerweise wird um die Eingabe einer nur menschenlesbaren Zeichenfolge gebeten.

CCL

Creative Commons License. Sammlung von Lizenzvereinbarungen der Creative Commons Organisation, die einem Urheber die Spezifikation, wie mit seinen Inhalten durch andere umgegangen werden darf, erlaubt. Versucht, insgesamt einen freieren Umgang mit Inhalten zu unterstützen (Copyleft statt Copyright).

Communications Layer

Schicht der frühen Internet-(und Arpanet)Architektur, die den Datentransport vom Rechner zum Netz regelt. Entspricht in etwa dem Transport Layer der OSI-Architektur.

Corporate Internet

Der Internet- oder Webauftritt eines Unternehmens.

Corporate Intranet

Das Intranet eines Unternehmens.

CRM 2.0 Mashups

Die Erweiterung klassischer CRM(Customer Relationship Management)-Funktionalität um weitere Facetten, z. B. das Traversieren einer Kunde-Projekt-Mitarbeiter-Verbindung, typischerweise über Mashups realisiert.

Crowd Sourcing

Auslagerung von Aufgaben (eines Unternehmens) mit Hilfe des Web an eine unspezifische, größere Menge von Personen, die sich im Laufe der Zusammenarbeit zu einer Community entwickeln können.

Dashboard

Instrumententafel oder Cockpit-Anzeige. Im Buch verwendet als Möglichkeit individuelle Informationsaggregationen in einem Webbrowser zu realisieren.

Digital Reputation

Gesamtheit der Anschauungen und Wahrnehmungen der Öffentlichkeit zu einer Person, einer Gruppe oder einem Unternehmen, die durch digitale Medien (für unsere Zwecke vorrangig das Web) geprägt wird.

Digitalisierung

Generell versteht man darunter die Überführung kontinuierlicher Größen in diskrete (und letztendlich binäre) Werte. Wir können die Digitalisierung von Medien und die Digitalisierung von Prozessen (Elektronisierung) unterscheiden. Mit Digitalisierung einher gehen radikale Kosteneinsparungen bzgl. Replizierbarkeit und Verteilung von Medien und Prozessen.

E-Mail

Früher, erfolgreicher Dienst des Arpa- und Internets, heute Standardapplikation zum elektronischen Informationsaustausch von (Gruppen von) Menschen.

Emergenz

Auftreten von Eigenschaften in einem System, wobei diese Eigenschaften nicht auf tieferen Ebenen des Systems (z. B. den Einzelelementen) anzutreffen sind. Typischerweise entstehen emergente Eigenschaften durch Wechselwirkungen von Elementen und Subsystemen sowie Rückkopplungen des Systems in das System. Im Buch interessieren uns die emergenten Eigenschaften von Organisationen und Teams und wie diese durch soziale Software gestützt werden können.

Entdeckbarkeit

Basisgedanke sozialer Software. Es wird alles getan, um die Findbarkeit einer angelegten Ressource und damit ihrer Nachnutzbarkeit zu unterstützen.

Enterprise 2.0

Metapher für einen neuen Unternehmenstyp, der gezielt soziale Software zur kontinuierlichen Ausnutzung und Gestaltung von Netzwerkeffekten zwischen den eigenen Mitarbeitern, Kunden und Partnern sowie den Märkten einsetzt und dazu sein gesamtes Managementsystem mit dem Ziel höherer Unternehmensfitness und dauerhafter Wettbewerbsvorteile optimiert.

Entwicklungsdimension

Bestandteil eines Reifegradmodells, anhand dessen man die Entwicklung eines Prozesses oder Systems charakterisiert.

Erlösmodelle

(Wichtig(st)er)) Bestandteil des Geschäftsmodells.

Exception Tweet

Die Übermittlung eines Ausnahmezustandes (eines Prozesses oder Systems) über ein Mikroblog-System.

Feed Management

Systematische Behandlung von abonnierten Informationskanälen innerhalb und außerhalb der Firma.

Feed-Reader

Software zur Anzeige und Verwaltung abonnierter Feeds.

Feed

Ein abonnierbarer Informationskanal.

Fitness-Level

Zustand eines Unternehmens oder einer Organisation, zielt insbesondere auf die Fähigkeit zur Anpassung und Innovation ab.

FLATNESSES

Akronym, welches von Dion Hinchcliffe verwendet wurde, um die Bestandteile einer Enterprise 2.0-Architektur zu kennzeichnen (F – Freeform, L- Links, A – Authoring, T – Tags, N – Network-oriented, E – Emergent, S – Social, S – Search, E – Extensions, S – Signals).

Flow Culture

Im Buch verwendeter Begriff, um eine Phase höchster Kreativität und Produktivität einer Person oder eines Teams zu kennzeichnen.

Folksonomies

Loses Klassifikationssystem, welches durch das kollaborative Tagging einer Vielzahl von Personen entsteht.

Forum

Element sozialer Software zum (semi-)strukturierten Austausch und zur Diskussion von Themen und Sachverhalten, im Buch nicht separat behandelt.

Geschäftsgegenstand

Bestandteil eines Geschäftsmodells, bezeichnet die Ware oder das Gut oder die Dienstleistung, die angeboten wird.

Geschäftskonfiguration

Art und Weise eines Unternehmens, Teile oder die gesamte Wertschöpfungskette zu organisieren. Umfasst ebenfalls vorbereitende oder unterstützende Schritte der Wertschöpfung, die insbesondere einen nachhaltigen Verbleib im Geschäft sichern sollen.

Geschäftsmodell

In Kurzform ein Quadrupel: bestehend aus Geschäftsgegenstand, Nutzenmodell, Erlösmodell und Geschäftskonfiguration, GM = [GG; NM; EM; GK].

Governance Layer

Sichert den adäquaten Einsatz der Enterprise 2.0-Architektur in Hinsicht auf die strategischen Ziele des Unternehmens und bei der Einbettung in die Wertschöpfung des Unternehmens.

High Performance Teams

Einer der anzustrebenden und gestaltbaren Netzwerkeffekte des Enterprise 2.0.

Host-Layer

Abstraktionsschicht im frühen Arpanet, dem Vorläufer des Internet, regelte die Nutzerschnittstelle zum Host (Rechner) und die Verbindung von Host zu Host.

HTML

Hypertext Markup Language. Die Sprache, die der Browser versteht und mit seinem Layout-Engine (Darstellungsmaschine) anzeigen kann. HTML enthält Sprachelemente für Inhalte sowie deren Layout und Design-Anordnung.

http, Hypertext Transfer Protokoll

Protokoll auf der Applikationsebene von Netzwerkarchitekturen zur Realisierung von verteilten Hperservices. Grundlage des World Wide Web.

Hyperservices

Weiterentwicklung des Gedankens vernetzter Medien (Hypermedien) zu vernetzten Diensten.

Hypertext bzw. Hypermedia

Grundidee des World Wide Web, Informationen werden als Verbund vernetzter Dokumente bzw. Medien erstellt und angezeigt.

Hypes

Ab und an aufkommende Übertreibungen, insbesondere Überschätzung der Leistungsfähigkeit und Implikationen von neuen Technologien.

Information Overload

Grundproblem der modernen Gesellschaft, Überlastung der menschlichen Fähigkeiten, Informationen aufzunehmen und zu verarbeiten.

Informations-, Identitäts-, Beziehungs-, Zusammenarbeitsmanagement

Wirkkategorien sozialer Software.

Instant Messaging

Software Applikation, die einen Echtzeitaustausch (sofortigen Austausch) von Textinformationen zwischen zwei oder mehreren Personen gestattet.

Job Tweet

Das Veröffentlichen einer offenen Jobposition (Stelle) mit Hilfe eines Mikroblog-Systems, so dass die Abonnenten des Tweets zeitnah über die Stellenausschreibung informiert werden.

Killerapplikation

Umgangssprachlich für eine Anwendung, die den Nutzen eines technischen Systems auf den Punkt bringt und damit zu seiner weiten Verbreitung beiträgt.

Kommunikationsnetzwerk

System aus Knoten und Verbindungen, so dass Nachrichten von Knoten zu Knoten ausgetauscht werden können.

Kommunikationsprotokoll

Regelt die Darstellung, Signale, Berechtigungen und Fehlerkorrektur zum Nachrichtenaustausch über einen Kommunikationskanal(-netzwerk).

Long Tail

Typische Verteilung im Verbrauch oder der Nutzung von Gütern. Eine kleine Menge von Gütern wird überproportional genutzt, eine große Menge von Gütern (der long tail) wird von wenigen genutzt. Kann mathematisch durch eine Pareto-Verteilung beschrieben werden. Für das Web hat die Long Tail-Theorie insofern Bedeutung als man glaubt, mit der Summe der Nischen im elektronischen Verteilungskanal ebenfalls ausreichend Geschäft machen zu können (z. B. Musiktitel, die nur von ein oder zwei Nutzern bezogen werden).

Mashup

Weblikation (eine Applikation im Web), die sich aus einer oder mehreren Quellen zusammensetzt und Daten, Logik oder Darstellung dieser Quellen beliebig und auf einfache Art und Weise kombiniert.

Mass Customization

Effiziente Anpassung einer Massenproduktion an individuelle Anforderungen.

Maturity Level (Reifegrad)

Element einer Skala eines Reifegradmodells, die verwendete Metrik, um die qualitative Reife zu erfassen.

Mikroblog

Kurznachrichten eines Senders im Web oder in anderen Medien, die von einer Community verfolgt werden können.

Navigierbarkeit

Im Buch verwendet als die Fähigkeit ein Netzwerk sinnvoll zu traversieren, obwohl nur lokale Informationen über die gesamte Netzwerkstruktur vorliegen.

Netzwerkeffekt

Klassisch wird darunter der Wert des Netzwerks als Funktion der Anzahl der Teilnehmer im Netzwerk verstanden. Im Buch als ausprägbare und gestaltbare Eigenschaften von Netzwerken verstanden. Insofern Zusammenhang zu Emergenz von Systemen.

Nutzensmodell

Bestandteil eines Geschäftsmodells.

Open Innovation

Konzept aus der Innovationstheorie, welches Unternehmen auffordert, ihre Innovation nicht nur aus dem Inneren des Unternehmens heraus zu gestalten, sondern weitere Stakeholder oder auch die gesamte Öffentlichkeit in den Gestaltungsprozess einzubeziehen. Das Konzept hat weitgehende Implikationen für die Gestaltung der Durchlässigkeit (Permeabilität) des Unternehmens.

OpenSocial

Sammlung von APIs (Application Programming Interfaces) für webbasierte Social Network-Anwendungen. Vorschlag eingebracht von Google, soll die Social Network übergreifende Nutzung und Interoperabilität erlauben (z. B. Austausch von Profilen, Verwendung eines Masterprofils etc.).

Paketvermittlung

Schlüsselkonzept des Nachrichtentransports in Netzwerken, welches alle Nachrichten in Pakete gleicher Länge zerlegt und mit Zusatzinformationen zu Absender, Empfänger und Fehlerkorrektur versieht. Grundlage der nahezu grenzenlosen Skalierung des Internetverkehrs.

Paradigmenwechsel

Radikale Veränderung von bisherigen grundlegenden Annahmen in Wissenschaft und Technik.

Phasenübergang

Eigenschaft physikalischer Prozesse, die ein Medium aus einem Zustand in einen neuen transformieren (z. B. Wasser wird Eis). Im Buch verwendet als Phasenübergang von Netzwerken, d.h. es wird ein Kipppunkt erreicht, von dem ab sich grundlegende Eigenschaften des Netzwerks völlig neu ausbilden und darstellen.

Pingback

Eine Form der Rückverlinkung auf einen Blog.

Podcasts

Typischerweise ein Audiofile (oder allgemeines Mediafile), welches themenbezogene Informationen bereitstellt und über Feeds abonniert werden kann.

Portlet

Darstellungscontainer für Webinhalte, die in einem Webportal durch einen Portalserver zur Ansicht gebracht werden können.

Prediction Market

Eine Möglichkeit, kollektive Intelligenz eines Unternehmens einzusetzen und zu nutzen. Zu einer interessanten Fragestellung (Akquiseerfolg bei speziellen Kunden, zu erwartende Umsätze, Termineinhaltung in Projekten) wird eine Befragung bzgl. der erwarteten Zukunft durchgeführt. Typischerweise bildet der Prediction Market die eintreffende Realität sehr zutreffend ab, da in ihm alle vorhandenen Kenntnisse des Unternehmens subsummiert werden (der Entwickler kennt die Qualität seiner Codebasis, die Einfluss auf den Projekterfolg hat, sehr genau).

Projektmanagement 2.0

Einsatz von Web 2.0-Technologien im Projektmanagement, z. B. Mikroblogs zur Kommunikation von Projektereignissen, Wikis als kondensiertes Projekt-Know-how etc.

Projektmanagementstandards

Etablierte Standards im Projektmanagement, die dessen Aufgaben, Methoden, Instrumente und Tools beschreiben und damit einen Diskurs durch Verwendung einer einheitlichen Sprache ermöglichen.

Property Rights

Nutzungs-, Einkommens- und Transferrechte an einem Gut. Faktor für die Grenzziehung von Unternehmen, um komplexe Rechtesituationen abbilden zu können.

Prozessmanagement

Gesamtheit aller Maßnahmen zum Planen, Aufsetzen, Einführen und Verbessern von Geschäftsprozessen.

Push-zum-Pull

Charakterisierung des Übergangs von einer anbieterorientierten Informationsversorgung (Push) zu einer nachfrageorientierten Informationsversorgung (Pull).

Qualitätssicherungslayer

Im Buch verwendete Schicht, die den adäquaten Einsatz sozialer Software sichert, insbesondere Plausibilitätsprüfungen, Sicherung qualitativ hochwertiger Inhalte, Richtlinien zur Erstellung sozialer Medien, regelt den Übergangsbereich von Technologie zur Organisation.

Referenzarchitektur

Referenzarchitekturen stellen für eine Klasse von Problemen anerkannte Lösungsmuster in Form von Bauplänen und Schnittstellenbeschreibungen bereit.

Reifegradmodell

Reifegradmodelle stellen eine abstrahierte und idealisierte Darstellung von Entwicklungsstufen von Systemen oder Prozessen dar. Sie beschreiben entlang verschiedener Entwicklungsdimensionen des Systems den erreichten oder erreichbaren Reifegrad (Maturity Level) sowie typische Maßnahmen, um von einem Reifegrad zum nächsten zu kommen.

REST-Ansatz

Spezieller Architekturstil für verteilte Systeme (wie das WWW), der von Roy Fielding, einem der Autoren des http-Protokolls eingeführt wurde. REST fordert die Einhaltung gewisser Beschränkungen (constraints) in der Gestaltung verteilter Architekturen. Unter anderem zählen dazu die Forderung, dass Client und Server über eine zustandslose Verbindung und ein einheitliches Interface kommunizieren. REST APIs für die Konsumierung von Diensten im Web haben sich auf Grund ihrer Einfachheit und klaren Semantik daher breit durchgesetzt.

Reverse Mentoring

Geförderter Austausch innerhalb der Belegschaft eines Unternehmens, der insbesondere junge, technologieaffine Personen, mit den erfahrenen Arbeitskräften und Führungskräften eines Unternehmens zusammenbringt, mit dem Ziel, die Nutzung neuer (Web 2.0-)Technologien zu verbreitern, auch Reverse Coaching genannt (Reverse, da die Lehrrichtung von den „Jungen“ zu den „Erfahrenen“ weist).

Rich Media Applications

Spezielle Form einer Web-Anwendung, die insbesondere durch den reichhaltigen Einsatz zeitsensibler Medien (Audio, Video) und die Verwendung desktopähnlicher User Interface-Komponenten gekennzeichnet ist (auch Rich Internet Application).

Rich Media Content

Medieninhalte einer Rich Media Application.

Routing-Tabellen

Schlüsselkonzept des Internets, um den Weitertransport von Nachrichtenpaketen im Netz zu gewährleisten. Eine Routing-Taballe enthält Wegbeschreibungen (und ihre Kosten) zu Zielen im Netzwerk aus der lokalen Sicht des Routers oder Computers, der die Routing-Tabelle enthält. Damit ergibt sich eine lokale Sicht der Topologie des Netzwerks für den Router. Durch Anwendung dieses Prinzips für alle Router im Netz erreicht man, dass keine globale Kenntnis der Gesamttopologie des Netzes vorhanden sein muss und trotzdem eine zuverlässige Übermittlung zu beliebigen Stellen im Netz möglich wird.

RPC

Remote Procedure Call. Technologie, die das Ausführen von Unterprogrammen (Routinen) auf entfernten Computern und den Rücktransport der Ergebnisse unterstützt.

Rüstzeit

Im Buch verwendeter Begriff, um die Zeit, die für die Vorbereitung eines speziellen Prozesses benötigt wird, zu beschreiben, z. B. die Vorbereitungszeit, um ein Projektteam arbeitsfähig zu haben.

SaaS

Software as a Service. Ermöglicht die Nutzung von Softwarediensten (z. B. E-Commerce, CRM oder Projektmanagement) über das Netz, ohne dass dazu eine Installation beim Nutzer erfolgen muss. Einher damit gehen die Möglichkeiten, diese Dienstleistungen auf-Anforderung (on-demand) anzubieten und nur den Teil, der tatsächlich genutzt wird, zu bepreisen (Utility pricing). Die Fortsetzung dieses Gedankens führt zu IaaS (Infrastructure as a Service, z. B. Speicherplatz auf-Anforderung) und zu PaaS (Platform as a Service, z. B. Bereitstellung einer virtuellen Linux-Umgebung) und damit insgesamt zu Cloud Computing. Durch Cloud Computing werden große Teile der gesamten Wertschöpfungskette der IT einer starken Industrialisierung (und damit Gesetzen einer Massenproduktion, commodity) unterworfen.

Schichtenabstraktion

Allgemeines Gestaltungsprinzip für die Reduktion von Komplexität bei Entwurf und Zusammensetzung technischer Systeme. Typischerweise kann eine Schicht die Dienste der darunter liegenden Schicht nutzen, ohne sich um die Details dieser Schicht kümmern zu müssen.

Screen Scraping

Die Fähigkeit, Daten aus der Anzeige eines Computerterminals zu extrahieren. Im vorliegenden Zusammenhang bedeutet es, Daten aus einer Website zu extrahieren, siehe auch Active Browsing.

Seitenorientierung

Frühes Konzept der Browser-Webserver-Interaktion, jeder Kontakt des Browsers zum Webserver führt zum Ausliefern einer vollständigen Seite durch den Server und die Anzeige derselben durch den Browser, inzwischen erweitert und modifiziert, z. B. durch Ajax (siehe Ajax).

Selbstorganisation

Innere Veränderung und Strukturierung eines offenen Systems (welches also im Austausch (Energie, Information, Materie) mit seiner Umwelt steht) hin zu größerer Komplexität, ohne direkte Anweisungen für diese Strukturierung zu bekommen. Im Verlauf der Strukturierung werden typischerweise emergente Eigenschaften beobachtet. Ein Unternehmen, welches zur Selbstorganisation fähig ist, reagiert auf gewisse Problemstellungen (Veränderung der Umweltbedingungen), agiler und damit erfolgreicher als Unternehmen, die explizite Strukturierung erfordern. Zu diesen Fragestellungen liegen keine finalen Antworten vor.

SLATES

Akronym von A.P. McAfee zur Charakterisierung einer Enterprise 2.0-Architektur, später von D. Hinchcliffe erweitert zu FLATNESSES. (S - Search, L - Linking, A - Authoring, T - Tags, E - Extensions, S - Signals).

SOA

Service Orientierte Architektur, Gestaltungsprinzip für die Dekomposition und Integration komplexer Softwaredienstleistungen. Typischerweise wird Funktionalität in kleine, voneinander unabhängige, lose gekoppelte Einheiten (Services) zerlegt, die von Interessenten zusammengesetzt und konsumiert werden können. Wurde lange Zeit als Königsweg zur Strukturierung von Enterprise-Architekturen verfolgt, inzwischen ist leichte Ernüchterung zum Thema eingekehrt. An der Validität der Grundannahmen besteht allerdings wenig Zweifel.

Social Bookmarks

Frei zugängliche Lesezeichensammlung im Web (d. h. eine Sammlung von Links auf interessante Webseiten). Lesezeichen können semantisch annotiert (getaggt) werden, außerdem wird vermerkt, wie viele andere Personen ebenfalls dieses Lesezeichen gesetzt haben. Damit kann kollektive Intelligenz zur Einschätzung von Relevanz eines Lesezeichens genutzt werden.

Social Commerce

Versuch den einsamen E-Commerce des Individuums durch soziale Interaktion anzureichern und damit zumindestens in die Nähe des alten Einkaufserlebnisses im Warenhaus zu kommen oder auch ein gänzlich neues Einkaufserlebnis zu schaffen. Einfache Formen betreffen die Aggregation von Warenbewertungen und Nutzung derselben (collaborative filtering), es setzt sich fort mit Kundencommunities. Fortgeschrittene Konzepte versuchen, im Prozess der Warenauswahl im E-Commerce Shop eine Interaktion mit Gleichgesinnten aufzubauen.

Social hacking

Auch social Engineering, Konzept welches versucht, für einen Sicherheitsangriff das schwächste Glied in der Kette (den Menschen) zu verunsichern und auszunutzen. Durch die neue Offenheit des Web 2.0 ergeben sich viel mehr Anknüpfungspunkte als früher, um vertrauensrelevante Vorspiegelung falscher Tatsachen zu erreichen.

Social Internet

Die Veränderung von Kommunikation, Kundenansprache und Zusammenarbeit durch den Einsatz von sozialen Medien und sozialer Software im Internet. Beschreibt insofern die neuen und sich herausbildenden Formen der Corporate Internets.

Social Intranet

Neben das Corporate Intranet tritt das Social Intranet. Letzteres ist durch massiven Einsatz sozialer Medien und sozialer Software gekennzeichnet und ist Träger neuer Formen von Zusammenarbeit, Kommunikation und Führung.

Social Network

Softwaresysteme zur Kontaktanbahnung und Kontaktpflege von Personen.

Social Return of Invest

Gegenbegriff zu Return of Invest (ROI), der nur eine betriebswirtschaftliche Betrachtung einer Investition vornimmt. Social Return of Invest beurteilt dagegen die sozialen Folgen (Kultur, Wohlbefinden, Kreativität) einer Investition.

Soziale Nutzung (des Web)

Einsatz der Technologien des Web für die Befriedigung der Kommunikations- und Interaktionsbedürfnisse von Menschen (z. B. Streben nach Selbstdarstellung und Anerkennung).

Soziale Software

Soziale Software ist Software, die Menschen verbindet und verbündet und gemeinsames Arbeiten unterstützt.

Soziosphäre

Im Buch verwendeter Begriff, um die Gesamtheit der im digitalen Lebens- und Geschäftsraum auftretenden Akteure und Strukturen und der zwischen ihnen ablaufenden Interaktionen zu beschreiben.

Tagcloud

Visuelle Darstellung von nutzergenerierten Tags, wobei die Gewichtung (tpyischerweise die Häufigkeit) der Tags in der Größe der Fonts (oder ihrer Farbe) zum Ausdruck kommt. Manche TagClouds sind auch bereits semantisch strukturiert, d. h. Zusammenhänge von Tags werden durch räumliche Nähe in der Darstellung der Tags gekennzeichnet.

Tag, Tagging

Schlüsselwort oder Begriff, der als Metadatum für einen zu charakterisierenden Sachverhalt, für ein Lesezeichen, Bild, Video oder eine Datei dient. Tagging ist dann die Vergabe eines oder mehrerer Tags.

Technology Stack

Allgemeines Prinzip zur Sammlung und Darstellung aller Schichten und Komponenten, die benötigt werden, um eine komplexe technologische oder Software-Dienstleistung zu erbringen. Im Buch verwendet als Social Technology Stack, d. h. alle Schichten und Komponenten die benötigt werden, um die komplexe Wirkungsweise sozialer Software zu erzeugen. Andere Technology Stacks betreffen z. B. den TCP/IP Stack, den W3C Technology Stack oder den J2EE Technology Stack.

Topologie

Allgemein die Lehre von den räumlichen Eigenschaften von Objekten, im Buch nur im Sinne von Netzwerktopologie verwendet, d. h. die räumlichen (Ausdehnungs- und Anordnungs-)Eigenschaften von Netzwerken wie dem Internet.

Trackback

Eine Form der Rückverlinkung auf einen Blog.

Transaktionskosten

Kosten, die für Vorbereitung, Durchführung und Abschluss eines wirtschaftlichen Austauschs im Markt anfallen. Häufig werden dazu Informationskosten (Suche), Anbahnungskosten, Verhandlungskosten sowie Abwicklungs- und Kontrollkosten gezählt. Einer der dominierenden Faktoren, von denen man annimmt, dass sie implizit und explizit die Grenzziehung von Unternehmen beeinflussen.

Transaktionsmedium

Ein Medium ist ein Vermittler zwischen Quelle und Senke. Ein Transaktionsmedium ist dann ein Vermittler von Transaktionen (Übertragung von Gütern und Informationen) zwischen Quelle und Senke. Z. B. sind Quelle und Senke die zwei Parteien, die sich in einer Kauftransaktion gegenüberstehen, also Käufer und Anbieter. Wichtig ist, dass das Internet/Web auch als Vermittler solcher Transaktionen dient und nicht nur etwa als Informationsmedium agiert.

Ultrarobustheit

Eigenschaft von sozialen Netzwerken (z. B. Unternehmen), mit Information Overflow und dem Ausfall ganzer Subeinheiten (Abteilungen) umzugehen und dabei ihre Funktionsfähigkeit beizubehalten. Die Eigenschaft wird positiv durch eine spezielle Vernetzungsart beeinflusst.

Unsichtbare Schule (invisible college)

Unterschiedlich verwendeter Begriff. Im Buch wird damit auf eine Eigenschaft sozialer Netzwerke (z. B. in einem Unternehmen) Bezug genommen, die dadurch gekennzeichnet ist, das ein gemeinsames Grundverständnis, eine gemeinsame Vorgehensweise für die Erledigung von Arbeitsaufgaben vorhanden ist, womit eine höhere Produktivität einhergeht. Unsichtbare Schulen werden durch spezielle Vernetzungsarten positiv unterstützt.

Unternehmenskonfiguration

Die Art und Weise ein Unternehmen auf seine Aufgabe auszurichten, umfasst die Führung, Strategie, Ausrichtung auf den Kunden, Ressourcen- und Prozesskonfiguration und die Entfaltung des menschlichen Potenzials.

URL

Uniform Resource Locator. Spezifiziert, wo eine Ressource im Web gefunden werden kann und wie man sie ansprechen muss.

Use Case

Im Buch verwendet im Sinne eines Anwendungsfalls für soziale Software in einem Enteprise 2.0-Szenario.

User Generated Content

Nutzergenerierter Inhalt, Ergebnis und Metapher für den Wechsel von einer unternehmensgesteuerten und -beherrschten Inhalteproduktion zu einer Inhalteproduktion von Individuen.

User Generated Services

Nutzergenerierte Dienste, Fortsetzung des Gedankens nutzergenerierter Inhalte und Ausdehnung auf allgemeine Services, insbesondere durch Mashups oder auch Apps (Applikationen) realisiert.

Virtuelle Welten

Computergenerierte 2D- oder 3D-Umgebung, die von Avataren bevölkert wird. Hinter den Avataren stehen in der Mehrzahl reale Personen. In virtuellen Welten und in erweiterten Realitäten (augmented reality) ergeben sich neue Interaktionsmöglichkeiten (z. B. für Lehr- und Lernzwecke) für Menschen.

Vorgehensmodell

Vorgehensmodelle stellen die im Rahmen eines Gestaltungs- oder Einführungsprozesses notwendigen Aufgaben, Aktivitäten und Schritte in einer logischen Gesamtsicht von einzelnen, miteinander verbundenen Phasen dar.

Web 2.0

Bezeichnung in der Phase in der Entwicklung des Web, die etwa ab 2005 beginnt. Inhaltlich charakterisiert durch die Definition von Tim O'Reilly: „Web2.0 versteht das Netz als eine *Plattform*, welche alle *verbundenen Geräte* umfasst; Web 2.0-Applikationen sind solche, die die *intrinsischen Vorteile* dieser Plattform als Standard ausnutzen: sie liefern Software als einen *immergrünen Service* aus, welcher besser wird, je mehr Leute ihn nutzen, welcher Daten von *verschiedenen Quellen* konsumiert und neu *mischt*, einschließlich individueller Nutzer als Quelle, die ihre eigenen Daten und Dienste bereitstellen in einer Form, welche das „Neumischen" durch andere ermutigt und dabei Netzwerkeffekte durch eine *„Architektur der Partizipation"* schafft und das seitenorientierte Metaphor von Web 1.0-Anwendungen überkommt, um *reichhaltige Nutzererfahrungen* zu ermöglichen."

Web 2.0-Marketing

In Kurzform: Die gezielte Einbeziehung der Nutzer der Produkte in den Kommunikations- und Interaktionsprozess zu den Produkten mit den Mitteln des Web.

Webserver

Gegenstück zum Webbrowser. Computer mit einer Software, welcher Anfragen von Browsern, die über das Protokoll http (und weitere Protokolle) Inhalte anfordern, akzeptiert und diese Inhalte bereitstellt.

Webwidget

Eigenständig lauffähiger Code, der in beliebige HTML-Seiten eingebettet werden kann. Bekannte Realisierungen von Widgets sind Uhrzeitanzeigen, Wettervorhersagen, Börsenticker, Flugplaninformationen.

Wertschöpfungskonfiguration

Die Art und Weise eines Unternehmens, seine horizontale und vertikale Wertschöpfung sowie die unterstützenden Prozesse dazu zu gestalten.

Wiki

System und Ergebnis zur gemeinsamen, versionsgesicherten Erstellung von Inhalten.

Wiki-Gärtner

Person im Unternehmen, die für die fortwährende Anpassung und Pflege eines Wikis Verantwortung trägt. Zu ihren Aufgaben zählen die kontinuierliche Pflege der Navigationsstrukturen, behutsame inhaltliche Anpassungen, Herbeiführung von Konsens in Streitfällen, Design- und Layout Anpassungen sowie Archivierung und Entsorgung obsoleter Inhalte.

Wissensbilanz

Vorgehen zur strukturierten Erhebung und Entwicklung des intellektuellen Kapitals eines Unternehmens.

WOA

Web Oriented Architecture. Gestaltungsprinzip für Enterprise-Architekturen, verschärft noch einmal die Anforderungen einer SOA. Im Buch als Vorschlag für die Integration des social Software Stack mit dem vorhandenen Intranetstack oder anderen Technologiestacks gebraucht.

Literatur

Abbate 1999
Abbate, J.: Inventing the Internet. MIT Press. 1999.

Albert, Jeong, Barabasi 1999
Albert, R., Jeong, H., Barabasi, A.-L.: Diameter of the World Wide Web. Nature 401, 130-131. 1999.

Alby 2006
Alby, T.: Web 2.0. Konzepte, Anwendungen, Technologien. Hanser Verlag. 2006.

Anderson 2007
Anderson, C.: The Long Tail. How Endless Choice is Creating Unlimited Demand. Century Verlag. 2007.

ATT 2008
AT&T: Social Networking in Europe. Independent Market Research Report. Commissioned by at&t. Published by C. Taylor. October 2008.

Back, Gronau, Tochtermann 2008
Back, A., Gronau, N., Tochtermann, K. (Hrsg.): Web 2.0 in der Unternehmenspraxis. Oldenbourg. 2008.

Barabasi, Albert 1999
Barabasi, A-L., Albert, R.: Emergence of Scaling in Random Networks. Science 286, 509-512. 1999.

Barabasi 2002
A. L. Barabasi: Linked. How everything is connected to everything else and what it means for business, science and everyday life. PLUME Book, 2002.

Barabasi 2005
Barabasi, A-L.: Network Theory – The Emergence of the Creative Enterprise. Science 308, p. 639. 2005.

Bernoff, Li 2008
Bernoff, J., Li, C.: Groundswell: Winning in a World Transformed by Social Technologies. McGraw-Hill Professional. 2008.

Buhse, Stamer 2008
Buhse, W., Stamer, S.: Enterprise 2.0: Die Kunst, loszulassen. Rhombos-Verlag. 2008.

Crawford 1987
Crawford, C. M.: New product failure rates: A reprise. Research Management, 30(1987) 4: S. 20–24

Dawson 2009
Dawson, R.: Implementing Enterprise 2.0. A practical guide to creating business value inside organizations with web technologies. Advanced Human Technologies. 2009.

DeutschlandOnline 2004
Wirtz, B.W., Schmidt-Holtz, R., Beaujan R.: Deutschland Online 2, Bericht 2004. T-Online International AG.

DNADigital 2009
Buhse, W., Reinhard, U. (Hrsg.): DNAdigital – Wenn Anzugträger auf Kapuzenpullis treffen: Die Kunst aufeinander zuzugehen. Whois Verlag. 2009.

Elberse 2008
Elberse, A.: Should you Invest in the Long Tail? Harvard Business Review. July-August. 2008.

Edwards 2007
Edwards, P.: Managing Wikis in Business. Open University Business School. Milton Keynes, UK. 2007. MBA study.

Fielding 2000
Fielding, R.: Architectural Styles and the Design of Network-based Software Architectures. Dissertation. University of California, Irvine. 2000.

Forrester 2008
Young, G.O. et al.: Forrester TechRadar™ For Vendor Strategists: Enterprise Web 2.0. Studie. 29 Seiten. Erhältlich unter forrester.com.

Forrester Survey 2008
Young, G.O.: The Enterprise 2.0 Buyer Profile: 2009. Studie. 13 Seiten. Erhältlich unter forrester.com

Friedmann 2006
Friedman, T. L.: The world is flat. Penguin, 2006.

Geneme 2008
Busch. D.M.: Qualitätsmanagement in organisationsinternen Wikis am Beispiel des Wik-Service der Bundeswehr. S. 285-294. In Meißner, K., Engelien, M. (Hrsg.): Virtuelle Organisation und Neue Medien 2008.

Workshop GeNeMe 2008 Gemeinschaften in Neuen Medien. TU Dresden, 1./2.10. 2008. TUDPress. 2008.

Guimera 2005
Guimera, R., Uzzi, B., Spiro, J. Amaral, L.A.N.: Team Assembly Mechanisms determine collaboration Network structure and team performance. Science 29, April 2005. Vol. 308, S. 697-702.

Happ 2006
Happ, S., Wünsche, A., Röhrborn, D., Henkel, F.: Blogs, Wikis, Webcasts: Utilization of State-of-the-Art Communication Instruments for Project Management. In PMI Global Congress 2006 EMEA. Proceedings. Madrid, Spain. 2006.

Homburg 2008
Homburg, C., Schäfer, H., Schneider, J.: Sales Excellence. Vertriebsmanagement mit System. Gabler. 2008.

HSS 2007
Happ, S., Schönefeld, F., Siepmann, M.: Veränderungen und Erweiterungen von Geschäftsmodellen durch Web 2.0: Anpassungsoptionen für Unternehmen und Organisationen. In Meißner, K., Engelien, M. (Hrsg.): Virtuelle Organisation und Neue Medien 2007. Workshop GeNeMe 2007 Gemeinschaften in Neuen Medien. TU Dresden, 1./2.10. 2007. TUDPress. 2007.

HSV 2007
Happ, S., Schönefeld, F., Volejnik, U.: Vom Web 2.0 zum Unternehmen 2.0: Kommunikation und Prozesse im Wandel. In: Proceedings Knowtech 2007.

Humphrey 1990
Humphrey, W.S.: Managing the Software Process. Addison-Wesley. 1990.

KPMG 2007
G. Matuszak: Enterprise 2.0: Fad or Future, KPMG International. Studie. 2007.

Lünendonk 2007
Lünendonk IT Markt Listen: IT-Service Unternehmen in Deutschland. 2007. www.luenendonk.de.

Mader 2008
Mader, S.: Wikipatterns. Wiley & Sons. 2008. (2. Auflage).

McAfee 2006
McAfee, A.P.: Enterprise 2.0: The Dawn of Emergent Collaboration. MIT Sloan Management Review. S. 21-28. 2006.

Newman 2003
Newman, M.E.J.: The structure and function of complex networks. SIAM Review, Vol. 45, No. 2 (2003), S. 167-256.

Newman, Thomas 2008
Newman, A., Thomas, J.: Enterprise 2.0 Implementation: Integrate Web 2.0 Services into Your Enterprise. Mcgraw-Hill Professional. 2008.

Nonaka, Takeuchi 1995
Nonaka, I., Takeuchi, H.: The Knowledge-Creating-Company: How Japanese Companies Create the Dynamics of Innovation. Oxford University Press. 1995.

O'Reilly 2005a
O'Reilly, T.: What Is Web 2.0. http://www.oreillynet.com/pub/a/OReilly/tim/news/2005/09/30/what-is-web-20.html?page=1

O'Reilly 2005b
O'Reilly, T.: Web 2.0: Compact Definition. http://radar.oreilly.com/archives/2005/10/web_20_compact_definition.html

Orlowski 2008
Orlowski, A.: Chopping the Long Tail down to Size.
www.theregister.co.uk./11/07/long_tail_debunked

Reichwald, Piller 2006
Reichwald, R., Piller, F.T.: Interaktive Wertschöpfung. Open Innovation, Individualisierung und neue Formen der Arbeitsteilung. Gabler. 2006.

Richter, Koch 2007
Richter, A., Koch, M.: Enterprise 2.0: Planung, Einführung und erfolgreicher Einsatz von Social Software in Unternehmen. Oldenbourg. 2007.

Richter, Koch 2009
Richter, A., Koch, M.: Zum Einsatz von Social Networking Services im Unternehmen. Vortrag. Wirtschaftsinformatik WI 2009. Wien. 2009.

Schmidt 2006
Schmidt, J.: Social Software: Onlinegestütztes Informations-, Identitäts-, und Beziehungsmanagement. In: Forschungsjournal Neue Soziale Bewegungen, Nr.2/2006, S. 37-46.

Schönefeld 2005
Schönefeld, F.: Enterprise Content Management für Digitales Publizieren. In: Bruns, K., Meyer-Wegener, K.: Taschenbuch der Medieninformatik. Fachbuchverlag Leipzig im Carl Hanser Verlag. 2005.

Schönefeld 2007
Schönefeld, F.: Mashups. EAI mit Web 2.0. Computerwoche 24/2007. S. 26-27.

Stähler 2002
Stähler, P.: Geschäftsmodelle in der digitalen Ökonomie. Merkmale, Strategien und Auswirkungen. Josef Eul Verlag. 2. Auflage. 2002.

Starke 2008
Starke, G.: Effektive Software-Architekturen. Ein praktischer Leitfaden. 3. Auflage. Hanser. 2008.

Stephan 2004
Stephan, M.: Technologische Diversifikation von Unternehmen, Gabler Edition Wissenschaft, 2004.

Tapscott 2006
Tapscott, D., Williams, A.D.: Wikinomics: How Mass Collaboration Changes Everything. Portfolio Hardcover. 2006.

Watts 2004
Watts, D.J.: Six Degrees: The Science of a Connected Age. W. W. Norton & Co. Paperback. 2004.

Watts 2003
Dodds, P.S., Watts, D.J., Sabel, C.F.: Information Exchange and Robustness of Organizational Networks. April 2003. Working Paper Series, Center on Organizational Innovation, Columbia University.

Zarnekow, Brenner 2004
Zarnekow, R., Brenner, W.: Integriertes Informationsmanagement - Vom Plan, Build, Run zum Source, Make, Deliver, in: Zarnekow, R.; Brenner, W.; Grohmann, H. H. (Hrsg.): *Informationsmanagement - Konzepte und Strategien für die Praxis*, Dpunkt, Heidelberg 2004, S. 3–24

Zerfaß 2005
Zerfaß, A., Boelter, D.: Die neuen Meinungsmacher. Nausner & Nausner. 2005.

Zerfaß, Möslein 2009
Zerfaß, A., Möslein, K.M.: Kommunikation als Erfolgsfaktor im Innovationsmanagement: Strategien im Zeitalter der Open Innovation. Gabler. 2009.

Index

Der Autor

Dr. Frank Schönefeld studierte Informatik (Informationsverarbeitung) an der Technischen Universität Dresden, wo er 1989 zum Thema PROLOG und relationale Datenbanken promovierte. Von 1991 an arbeitete er für die Digital Equipment Corporation (DEC) in München als Senior Software Engineer an verschiedenen Fragestellungen der Modellierung von Produktdaten und speziellen Algorithmen relationaler Datenbanken (Hash Joins). 1995 arbeitete er für das Campus-based Engineering Center von DEC in Karlsruhe und kam dort mit den neu aufkommenden Java-, Multimedia- und Webtechnologien in Berührung.

1996 wurde Dr. Schönefeld Leiter der Qualitätssicherung und später der SW-Entwicklung der Siemens-Nixdorf Advanced Technologies für biometrische Gesichtserkennung. 1997 erhielt er dafür mit weiteren Kollegen den Siemens-Innovationspreis. Aus den Arbeiten heraus wurde die Firma Cognitec gegründet, die heute weltweit erfolgreich am Markt agiert.

1998 übernahm Dr. Schönefeld eine Business Unit der Multimedia Software GmbH Dresden (heute T-Systems Multimedia Solutions GmbH). Seit 2003 ist er Mitglied der Geschäftsleitung (Prokurist) der Firma, die sich als Marktführer für webbasierte Projektdienstleistungen in Deutschland etabliert hat. In der Geschäftsleitung vertritt er insbesondere die strategischen Fragen zu Technologieentwicklung und Innovation. Gegenwärtige Interessen sind die Themen Web 2.0, Enterprise 2.0 und Cloud Computing. Daneben engagiert er sich für Business Excellence auf europäischer Ebene im Rahmen der EFQM sowie auf regionaler Ebene für die Stärkung der Softwareindustrie durch Gründung und Leitung des IT-Netzwerks Software-Saxony.

Lehrverpflichtungen zu Themen im E-Business und klassischen Datenbank-Themen haben ihn regelmäßig an die BTU Cottbus und andere Hochschulen geführt.